U0043597

鄭伯壎、郭建志、任金剛◎編著

大學館

■組織管理系列叢書1

組織文化
員工層次的分析

大學館 UR032
◆組織管理系列叢書1◆

組織文化：員工層次的分析

主　　編——鄭伯壎、郭建志、任金剛
作　　者——鄭伯壎、郭建志、任金剛、黃國隆、王建忠
發 行 人——王榮文
特約編輯——呂宜靜
出版發行——遠流出版事業股份有限公司
臺北市汀州路 3 段 184 號 7 樓之 5
郵撥／0189456－1
電話／2365－1212　　傳真／2365－7979
香港發行——遠流（香港）出版公司
香港北角英皇道 310 號雲華大廈 4 樓 505 室
電話／2508－9048　　傳真／2503－3258
香港售價／港幣 150 元
法律顧問——王秀哲律師・董安丹律師
著作權顧問——蕭雄淋律師
2001 年 7 月 16 日　初版一刷
行政院新聞局局版臺業字第 1295 號
售價新台幣 450 元（缺頁或破損的書・請寄回更換）

ISBN 957－32－4397－0
YLib 遠流博識網
http: //www. ylib. com　　E-mail: ylib@ylib. com

組織文化：員工層次的分析

鄭伯壎、郭建志、任金剛編著

目錄

序

自從英國管理學家 Andrew W. Pettigrew 於 1976 年在丹麥哥本哈根發表「組織文化之創造」的論文以來，組織文化的議題就受到全球相關人士的重視。不管是學術研究者、理論建構家、實務工作者、或專業顧問，都對組織文化發生極大的興趣。以學術研究者與理論建構家而言，文化可以用來剖析理性特質較弱的組織，以補充傳統組織理論，如科層論與系統論的不足；其次，文化可以用來解釋許多組織現象，例如，組織購併的成敗、組織革新時的抗拒變革、以及組織績效的高低等。對實務工作者與專業顧問而言，文化不僅能對組織營運的良窳提供合理的解釋，而且也是企業主持人的重要管理工具，透過文化的型塑與變革，可以創造出更有效能的組織，而不致被競爭激烈、變動快速的時代潮流所湮沒。

截至目前爲止，扣除一些一廂情願的報導以及不夠嚴謹的分析，有關組織文化的研究報告與學術論文，累積至少千篇，較知名的組織研究期刊，如 Administrative Science Quarterly、Organizational Dynamics、Journal of Management 都曾出過專刊，針對此議題做詳細而充分的討論；甚至評論性的專業書刊，如 Research in Organizational Change and Development，也曾針對組織文化發行專號，專門討論組織文化與組織發展間的密切關係。凡此種種，均可見組織文化受注目的一斑。

然而，由於研究者背景的迥異、切入角度的不同，以及研究旨趣的分歧，以致於研究者對組織文化的研究取徑很難取得共識，而發展出多元多樣的風貌。根據史丹福大學教授 Joanne Martin 的分析，研究者對組織文化的探討至少有三種不同的假設：有的研究者持*整合假設*（*integration hypothesis*）的看法，認爲組織文化具有一致、和諧、且整體化的基本特徵，每個組織均能展現其獨特而一致的文化面相；持*分化假設*（*differentiation hypothesis*）的研究者則強調文化的不一致性，認爲每個組織很少產生共有、整合性的文化樣貌，只有多元的次文化、次文化間的矛盾與動態變化，才是重要的研究課題；持*模糊假說*（*ambiguity hypothesis*）的研究者，則認爲組織中的各種文化型態是共存的，彼此間交織成一張綿密的大網，很難做客觀的分析，主觀的詮釋分析才是較佳的作法。由於基本假設的不同、關心焦點的差異，而導致了種種不同的研究結果。雖然如此，我們仍可依照客觀- -主觀（objectivity-subjectivity）及整合- -衝突（consensus-conflict）兩個向度，將過去組織文化的研究整理在座標圖上。

此座標圖呈現了四個象限，第一象限可稱之爲詮釋主義（interpretative paradigm）的組織文化研究，包括了意義共享（shared meaning）、組織象徵論（organizational symbolism）等方面的研究。第二象限爲功能主義（functionalism），所有企業文化、組織價值觀、及文化認知等方面的研究都可含蓋在內。第三象限可稱之爲激進結構主義（radical structuralism），包括了政治意識型態的文化研究。第四象限則爲激進人文主義（radical humanism）含蓋了意義的建構與解構的研究，涉及的是較後現代的組織文化探討。根據瑞典組織社會學家 Mats Alvesson 的統計，現行的組織文化研究大多集中在功能主義與詮釋主義的研究上，激進與批判的研究較少；而在功能主義與詮釋主義的研究中，又以功能主義爲主流。

統合

客觀	主觀
功能主義 • 企業價值 • 企業文化 • 文化認知	*詮釋主義* • 文化基模 • 組織象徵 • 共享意義
• 政治意識型態 *激進結構主義*	• 意義的建構與解構 *激進人文主義*

衝突

圖　現行各種組織文化研究的歸類

雖然功能主義的研究將文化視爲一種研究變項（culture as variable）、持整合假說的觀點、採用量化研究的作法，不免會簡化組織文化的豐富內涵，並忽略了組織內的共享意義。然而，卻也使得組織之間的文化比較變得可能，組織文化的形塑與改變成爲可以掌控的對象。透過量化的研究與分析，我們可以瞭解組織所處的文化脈絡、以及組織現時所展現的文化風貌與類型，以作爲文化型塑與改變的基礎出發點。這種功能主義的組織文化研究，對著重領導、組織設計與創新的管理學家與組織研究者而言，都具有非凡的意義，極具研究吸引力。對具有心理學背景、從事組織行爲研究的我們，更是如此。

一九八五年，我（指鄭伯壎）到美國羅德島開會，在哈佛大學的書店買到了麻省理工學院教授 Edgar Schein 的「組織文化與領導（Organizational culture and leadership）」一書，那時此書給我的震撼相當大，作者以其慣有的平述筆調娓娓道來，一點也沒有學院派的艱澀難懂，也沒有脫離現實的井底洞見，卻清楚指出了什麼是組織文化：

> *組織文化是指一組共有的基本假設，是組織在解決自身的外在適應和內在整合問題時發展出來的。由於運作良好，所以在遇到相關問題時，會被視為有效的解決方法，不但會被組織當成正確知覺、思考、及感覺的方式，而且會傳授給新加入的成員。*

此書雖然寫的很好，但我仍然看不出組織文化研究的門道，只覺得 Schein 質化、臨床的研究方式頗爲新鮮。一九八七年，我赴柏克萊加州大學進修一年，那時日本管理紅透半邊天，研究者都在思考日本式管理的奧秘，自然也對組織文化的研究頗爲賣力。其中，Charles O’Reilly Ⅲ（現爲史丹福大學教授）是主要的典型之一。他的研究作法是十分心理學的，發展問卷測量組織文化，再探討組織文化和組織與個人的效能的關係。基本上，我對 O’Reilly Ⅲ欠缺理論架構，只蒐集現有文獻來編製組織文化測量的工具的作法是不太贊成的；但對

Schein 完全採用參與觀察的方式來掌握組織文化，也有一些意見，理由是無法做大樣本的量化分析與企業間的比較。回國之後（一九八八年）就一直在想，如何擷長補短，兼採兩家之長來進行組織文化的研究？比較恰當的作法也許是可以採用Schein的理論架構與臨床研究途徑，找幾家具有清楚文化特色的公司，進行訪談，再去發展測量工具，探討組織文化的相關議題。問題是這些公司要去哪裡找呢？

有些歷史事件的發生，的確十分機緣湊巧的。當我在考慮組織文化研究對象的選擇時，台灣飛利浦正好準備進行組織文化的診斷與改變，以因應未來十年企業環境的變化。於是，台大心理學系的組織文化研究小組終於有了研究對象與切入點。我們在 Schein 的外界適應（external adaptation）與內部整合（internal integration）之基本假設（basic assumption）的基礎上，以局內人（或主位）（emic approach）的立場去發展問卷，並採契合論（fit theory）的觀點，去分析個人與文化契合對個人效能的影響，結果發現文化價值觀的契合的確是影響員工效能的重要因素。就在這項基礎上，我們投入大量的心神與精力，持續對組織文化的相關議題進行探討，包括組織文化與效能、組織文化與組織教化、組織文化的跨國比較等，組織類型含蓋企業、學校、醫療、及宗教組織。屈指一算已逾十年，雖然研究成果不算最好，但仍有一些議題已具有某種程度的累積性，而值得彙整成書。

在本書當中，總共匯集了七篇論文，含蓋三項重要議題，包括組織文化概念的釐清與測量、組織文化與員工效能、及組織文化在人員甄選上的應用。在第一項主題上，涉及了組織文化的界定、源起、及其與心理學家傳統有興趣的主題組織氣候間的關聯。更重要的是，我們將組織文化的探討聚焦在價值觀上，而方便進行測量，並有利於量化研究的遂行，用以探討組織文化與員工效能間的關係。在第二項主題中，我們提出契合度（fit）的概念，來說明文化契合與員工效能的關係。結果發現，當員工期望的組織文化與實際的組織文化契合時，員工個人的效能較高；反之，當契合度低時，員工的效能也較低。除了員工期望與實際文化的契合（稱之爲員工主觀契合，subjective fit）之外，我們亦提出了上下契合（hierarchical fit，即上司與部屬對組織文化的共識）的概念。由於第二項研究的結果頗爲穩定，我們認爲將此結果應用在員工甄選上，將可彌補傳統甄選方式的不足。因此，在第三項主題中，探討文化契合在人員甄選上的應用，並率先指出：文化契合的甄選策略是重要的人員甄選策略之一。結果亦證實此一策略的確具有預測效度，可以提高組織選人的效能。

總之，透過以往的努力，我們對組織文化及其相關議題已經有一些基本的認識。俗話說：「學然後知不足」，做研究何嘗不然，做了研究之後，我們才知道需要回答的問題更多，需要面對的挑戰更大一期盼本書的出版能夠拋磚引玉，激發更多更細緻的研究，使我們對組織文化的瞭解能更上一層樓，也促使組織文化的創新與管理變得更爲可能。

鄭伯壎、郭建志、任金剛謹識

於國立台灣大學工商心理學研究室

2001 年 5 月 20 日

壹、

組織文化的
本質與衡鑑

1. 組織文化：概念與測量
2. 組織文化與組織氣候

組織文化：
概念與測量

鄭 伯 壎

國立臺灣大學心理學系

本文曾發表於*中華心理學刊*，32卷，1990年

<摘要>

本研究的主要目的是探討組織文化中價值觀的內容，並作為編製問卷的依據。以 8 位組織高級幹部為對象，採用持續團體面談法，針對組織文化價值觀的類別與內容加以討論，發現可以獲得有關的陳述句，以說明九大價值觀的向度，並編成初步組織文化價值觀的問卷。以五家公司 345 位幹部與職員為對象，施測初步問卷，經過項目分析選題之後，發現各價值觀分量表的內部一致性信度在.70 與.89 之間。另外以四家特性不同的公司 775 位員工為對象，發現除了敦親睦鄰的價值觀之外，在其餘八大價值觀上，組織均有顯著差異，顯示組織文化價值觀量表具有區分效度，可以有效區分組織間的差異。此外，亦發現工作功能與外在適應價值觀有密切關係，但與內部整合價值觀關係不大。最後，討論了本研究的限制、涵義及未來研究的方向。

前言

許多組織的訓練人員或管理顧問師都有類似的經驗，當組織內的人員到外面去接受訓練之後，其訓練效果都會持續一小段時間。然而，隨著時間的消逝或是個人重返工作崗位，則這種訓練效果就消失了，在教育訓練上，把這種效果稱爲囊化作用 (encapsulizing) (McCormick & Ilgen, 1980)。爲何在外面的訓練機構中已經明顯地發現行爲改變的現象，但回到工作崗位卻故態復萌呢？這個問題的原因頗多，但是最重要的一個原因是組織文化的因素使然。早在二次大戰前後， Lewin 在麻省理工學院創立團體動力學的實驗室以來，心理學家就嘗試著利用團體動力學的方式來改變個人的人際行爲，例如敏感度訓練(sensitivity training)、T-組訓練(T-group training)，後來並導致組織發展(organizational development)學術的興起。但在 1980 年左右，組織心理學家已經發現，光靠組織發展的技巧，尤其是針對個人行爲的改變方面，並不能有效地改變個人行爲，一旦個人重返組織之後，其原來的行爲會再發生，理由是組織中的組織文化並沒有改變。因此，目前在討論組織變革(organizational change) 的主題時，一定要把組織發展的技術與策略管理一起討論 (Beckhard, 1975；Tunstall,1983)。也就是說 ，組織的政策制定者必須採取可能的策略，來改變或重新塑造組織文化；同時，亦著手改變組織成員的個人行爲，方可收取最大的效果 (Schein, 1985)。

另一方面，當我們從一個組織跳槽到另一個擁有不同文化的組織時，也會發現必須面對一種新的語言、奇怪的風俗習慣、陌生的景觀、以及無法預知的行爲反應。對於一個常換公司的人來說，這種經驗尤爲明顯。由此可見，文化現象普遍存在於不同的組織內。

事實上，對企業組織的特性，有人曾將之比擬爲宗教團體，透過組織文化的運作，展現出現代企業的經營精神，使得不同員工在舉手投足之間表現出類似的風格：

> 這些公司組織的成員是新的世界性傳教團體，他們的信仰是讓生意興隆，而成長率和收益乃是美德的試金石。他們的聖經是電腦輸出的資料，會議室是彌撒堂。產品銷售把他們的教義傳到世界各地，人們對他們的訊息都企足而望。……國籍的分辨法已被刪除……不管在任何國家，只要為同一家公司服務，則制服必定相同：莊重的西服，特選的領帶和光亮的皮鞋。他們之中表現優異的，可以到布魯塞爾、日內瓦或印地安那波利城（Indianapolis）渡假一個星期，他們就像自動販賣機一樣，只要將硬幣投入，隨時可以生產。馬克斯宣稱普羅階級無祖國，向來都不符事實。但對當今普羅階級的雇主而言，這是正確的（Galbraith, 1987, pp 261-263）。

換言之，組織本身有其看不見的特質（invisible quality），包括某些組織風格、組織角色或做事方式，這些特質會深深影響到組織的結構特性、組織成員的行爲及組織效能，因此，組織文化也就成了熱門的研究主題。光是 1983 年，美國就出版了三本專輯來探討組織文化的現象，包括「組織符號論」(Organizational Symbolism)、管理學季刊 (Administrative Science Quarterly) 及組織動力學 (Organizational Dynamics) 的專集等，共蒐集了三十篇組織文化的論文，分別從不同的觀點及角度來探討組織內的文化現象 (Ouchi & Wilkins, 1985)。進一步來說，雖然瞭解組織文化是一項困難而複雜的工作，但這個努力是值得的，因爲當我們瞭解文化之後，許多組織內的迷思與不理性，都將豁然開朗 (Schein, 1985)。

然而，什麼是組織文化呢？文化與組織研究又有什麼關係呢？有關組織文化的定義頗多，爭議更大（如 Deal & Kennedy, 1982； Ouchi, 1981； Pascale & Athos, 1981； Schein, 1968； Tagiuri & Litwin, 1968； Van Maanen, 1976, 1979），但可以根據 Smircich (1983) 的整理，將組織文化的意義限制在較小的領域中，而與比較管理、組織認知、組織象徵、潛意識的組織等研究有所區分（如圖一所示）。一般來說，這種限制是相當有意義的：首先，組織文化並不像一般的文化具有無所不包的特性，而是有一定範圍的； 第二，這些範圍內的內容或類別是可以被瞭解、控制、管理、甚至是可以改變的 ； 第三，由於組織文化是可以被管理的，因此，如果一個組織能夠真正瞭解其整體文化與次文化，則應可運用這種洞見作爲一種策略的原動力（ Beckhard & Harris, 1977； Peters & Waterman, 1982）。甚至也可以利用組織發展的技巧，在必要時改變公司的組織文化。

圖一 文化理論與組織理論的交集

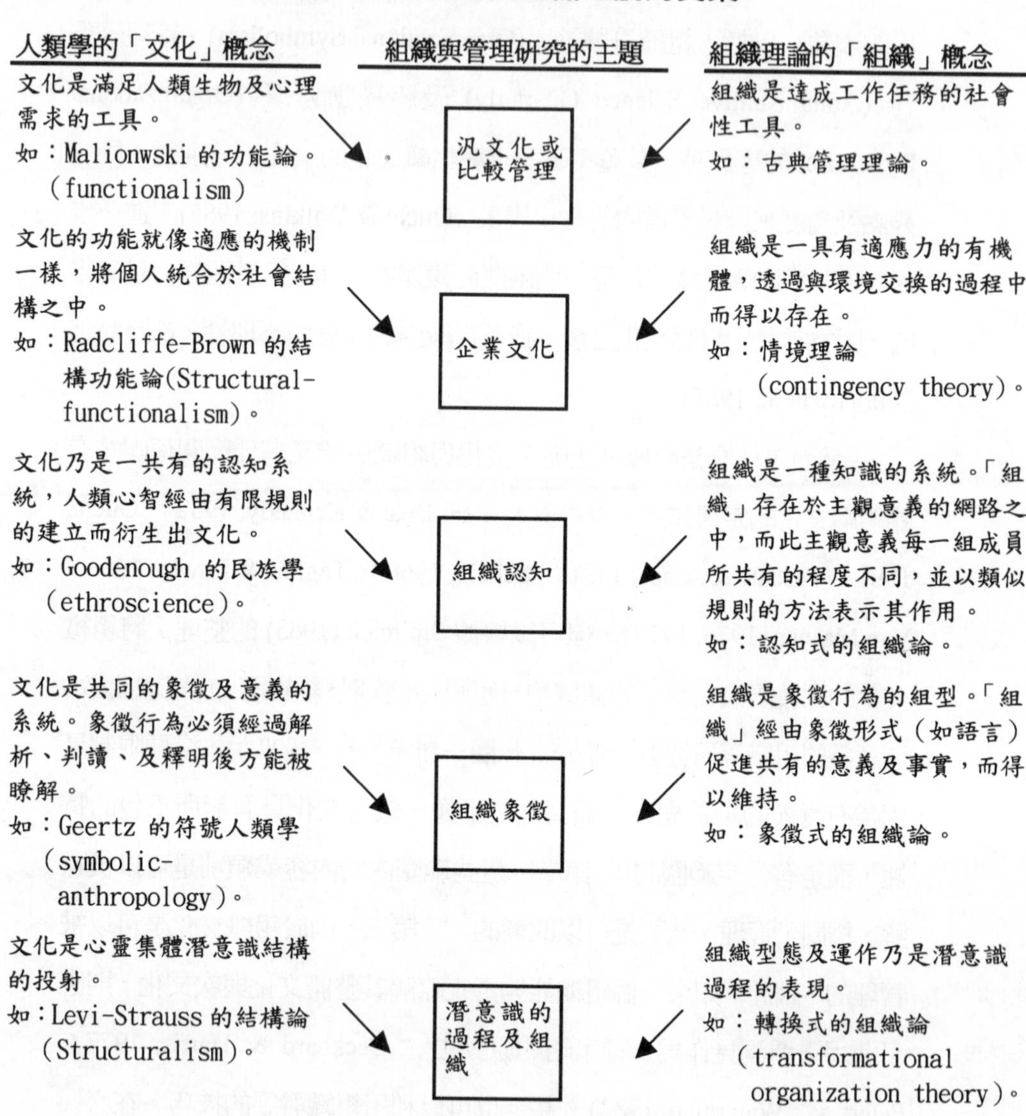

人類學的「文化」概念
組織與管理研究的主題
組織理論的「組織」概念
文化是滿足人類生物及心理需求的工具。
如：Malionwski 的功能論。（functionalism）
汎文化或比較管理
組織是達成工作任務的社會性工具。
如：古典管理理論。
文化的功能就像適應的機制一樣，將個人統合於社會結構之中。
如：Radcliffe-Brown 的結構功能論(Structural-functionalism)。
企業文化
組織是一具有適應力的有機體，透過與環境交換的過程中而得以存在。
如：情境理論（contingency theory）。
文化乃是一共有的認知系統，人類心智經由有限規則的建立而衍生出文化。
如：Goodenough 的民族學（ethroscience）。
組織認知
組織是一種知識的系統。「組織」存在於主觀意義的網路之中，而此主觀意義每一組成員所共有的程度不同，並以類似規則的方法表示其作用。
如：認知式的組織論。
文化是共同的象徵及意義的系統。象徵行為必須經過解析、判讀、及釋明後方能被瞭解。
如：Geertz 的符號人類學（symbolic-anthropology）。
組織象徵
組織是象徵行為的組型。「組織」經由象徵形式（如語言）促進共有的意義及事實，而得以維持。
如：象徵式的組織論。
文化是心靈集體潛意識結構的投射。
如：Levi-Strauss 的結構論（Structuralism）。
潛意識的過程及組織
組織型態及運作乃是潛意識過程的表現。
如：轉換式的組織論（transformational organization theory）。

來源：採取自 Smircich(1983)

依據上述狹義的組織文化的觀點，則應可將組織文化界定爲：「組織文化應被視爲一個獨立而穩定的社會單位所具有的一種特質。如果能證明某一群人在解決組織內外部問題的過程中共享許多重要經驗，則可以假設：長久以來，這類共同經驗已經使組織成員對週遭的世界及他們在週遭世界上所處之地位有了共同的看法。必須有足夠的共同經驗，才能導致一個共同的觀點，而且這個共同的觀點必須經過足夠的時間，才能被視爲理所當然而不知不覺」(Schein, 1985)。就這個意義來說，文化是一種「團體經驗的學得產物」(learned product of group experience)。由於這種文化的概念大多根植於團體動力學與團體成長的理論，而非立基於人類學中有關「文化包含甚廣」的理論。因此，當研究組織文化時，並不需要去辨讀一種完全陌生的語言、一套風俗習慣或其他種種無所不包的事項。

換言之，由於我們所研究的是一個在較大主流文化中所發展的社會單位，因此也可以利用學習理論來發展一個動態的組織文化概念：文化是學習而來的，隨著新的經驗而發展，如果能夠瞭解其中之學習過程的動力學，則文化是可以改變的。

總而言之，無論是在那一個組織結構層面上，都可將「組織文化」視爲基本假設的一個模式(**是某個特定團體在其學習處理外在的適應與內部的整合問題時所創造、發現、或發展而來的**)，由於這個模式運作得很好，因此被視爲值得教給新成員，當作認知、思考、與知覺的正確方式。也由於這類假設一再重複作用，因此它們很可能被認爲理所當然，而讓人不太能夠察覺。

既然如此，那麼什麼是組織文化的基本假設呢？其內容爲何呢？如果我們檢討一下現存的文化價值觀敘述或有關文化的研究，將會發現大多數的分析者只是列出他們認爲重要的主要類屬，但卻很難找出這些類屬的理論基礎（如 Miller, 1984；Peters & Waterman, 1982）。爲了避免這種缺失，將以 Schein (1985) 的理論爲依據，說明組織文化的各種內容向度。依照 Schein 的說法，組織文化大約包括了五種向度，第一個向度爲組織與環境的關係：說明了組織所處的各種環境，以及組織與環境所具有的從屬關係，究竟是組織控制環境，環境控制了組織，或是兩者之間和睦相處？第二個向度爲制定決策的依據：究竟組織的決策是根據何種標準而來，包括了傳統、宗教、法律、爭辯、試誤、還是科學驗證？換言之，組織成員是如何檢定真理的，俾作爲執行任務的依據。第三個向度爲人性的本質：包括對基本人性的假設是「偏善、偏惡、還是無所謂善惡之分」；「人性是穩定的？還是善變的？」等想法。第四個向度是人類活動的本質：指的是人類活動究竟是在控制環境、被環境支配、還是兩者和諧共存？第五個向度則是人類關係(human relationship)的本質：說明何者是人類關係的終極基礎，是以繼承（lineality）、旁系（collaterality）或是個人(individuality）爲基礎的；此外，也論及組織內的關係，尤其是組織內權力分配的基礎何在？這可能包括了專制、父式權威、諮詢、參與、授權、或是合夥（collegiality)的型態（Schein,1985）。雖然上述向度乃是 Schein 借用 Kluckhohn 及 Strodbeck(1961)的想法，但其實際內涵已經有相當程度的不同。例如，就第一個向度而言，Kluckhohn 等人所指的是人與自然的關係，而 Schein 指的則爲組織與環境的關係。就人類活動的本質而言，Kluckhohn 等人指的是理想化的性格類型，認爲有的民族或社會強調人應不斷努力來克服障礙，有的強調沉思冥想，有的強調感官快樂的追求。然而，Schein 指的是當組織面對問題時，如何去切入問題的核心，採用何種方法來解決。就人際關係的本質而言，Kluckhohn 等人強調人與人之間的適當關係，包括個人取向、同儕取向、及團體取向；然而 Schein 所強調的乃是組織內上司與部屬間的權力關係、成員間的相互影響力、及成員之間的情感關係。因此，可以說前者所指的乃是泛泛的人際關係，後者則強調組織內的人際關係，把人際關係限制在特定的領域之內。進一步而言，透過上述組織文化向度的掌握，大致能說明組織文化的範疇與內涵，並能與過去 Kluckhohn、Schein 等人的研究與概念有承上啓下的關係。

既然組織文化有一定的範疇，是存在組織成員的認知當中的，則可以透過質與量的研究方法 (qualitative & quantative method)來加以衡鑑，尤其是價值觀的層次。當然，這兩種方法都各有其優缺點，但在進行組織文化研究時，應可收互補之效。就質的研究法而言，其優點爲可以利用單位流行的用語來描述組織的文化、可以獲得較深入、較透徹的資料與訊息、在面對爭論性的問題時能隨時修正探討的方法、同時對較欠缺的訊息能作更進一步的挖掘與追蹤。至於量的研究法的優點爲較易於做橫斷面 (cross-sectional)的研究與比較，可以針對不同的單位或由不同的研究者重複進行衡鑑 (replicability of the assessment)、具有共同的參考架構來解釋資料 (Cooke & Rousserou,1984)等，因此，兼採此兩種方法來蒐集資料或驗證理論，應可收取最大的效果。

本研究在研究策略上，首先將採用持續團體面談(interative group interview)的質的方式，由專家與組織內部的成員一起努力 (joint effort)來探討組織文化的本質。這至少有兩種明顯的好處：第一、避免主觀上的偏差；第二、克服內部的盲點 (invisibility)。換言之，透過外界專家與組織內部成員的共同合作，根據現有的文化構念(construct)，透過行爲活動、價值信念的掌握，應能有效釐清組織文化的內涵。接著，再以這些價值內涵爲主，進行問卷編製的工作，希望發展出組織文化的衡鑑工具，俾能進行組織文化的量化研究，發揮量的研究法能做組織間比較，便於重複驗證等優點。

實際上，利用問卷的方式來衡鑑組織文化的研究並非沒有，但在數量上顯得十分稀少，同時，又存有一些理論與方法的問題：首先、問卷所測量的組織文化內容類別，都是研究者自已認爲重要的類別，但卻不一定能反應組織文化真正的內涵。例如，有的人認爲 Barnard 的「主管的三個主要功能」是重要的，因此列入組織文化的類別中(丁虹，民 76)；有的人則認爲文化網絡、象徵表現也是重要的，亦列入組織文化的類別裏(陳家聲與余伯泉，民 78)，而沒有從理論架構中，直接去思考組織文化應有的內容與類別；其次，在方法上，研究者亦忽略了問卷應具有的心理計量(Psychometrics)特性，例如：信度、效度、反應心向(response set)等。因此，有必要整體去檢討組織文化的內涵，並採取心理計量學的策略來發展組織文化的衡鑑工具。

換言之，在釐清組織文化的定義之後，本研究將以 Schein(1985)的內容分類爲理論基礎，採用合理-理論法（rational-theoretical approach)的問卷編製策略，利用持續團體討論的方式，蒐集與組織文化有關的價值觀及可能的價值觀向度來發展初步的組織文化衡鑑問卷。接著再採內部一致法（internal consistency approach）的策略，以企業組織成員爲對象來蒐集資料，並進行項目分析的工作，俾使最後發展之問卷具有與一定水準的內部一致性信度。除此之外，也要採用行爲基準評定量表編製法（Procedure of behaviorally anchored rating scale）（Casio，1987)來查核原先發展的組織文化價值觀向度，期使各問卷題目均能符合各價值觀向度的內容及意義。最後，爲了說明組織文化的團體或集體特性(group/collective characteristics)，將探討組織特性與組織文化價值觀會有顯著差異。亦即，組織文化價值觀問卷應具有區分效度（discriminant validity)，可以區分各組織間的不同。

研究一

研究目的

本研究的主要目的是根據 Schein (1985)的架構，採用持續團體面談之定性研究途徑 (qualitative approach)，以掌握可能的組織文化價值觀向度及可能的行為事例。

研究方法

受訪者

在進行組織文化內涵的辨識性研究時，通常會選擇一歷史性、具有明確文化內容的企業組織進行研究。理由是此種組織大致已經形成一穩定的文化，能夠辨認其可能的文化內涵（Schein, 1985）。本研究主要的訪談對象是一家經營電子業的多國籍企業。選擇此一企業的主要理由，除了高級企業經理人的樣本不易找尋之外，亦有其他理由：第一、電子業是臺灣地區最大的產業，每年的生產毛額在各製造業中排名榜首；第二、這家企業在臺灣已有二十多年的歷史，目前營業額大約為三百億新臺幣，員工有近萬名，並已大致擁有明確的組織文化，能夠凸顯各種組織文化的內容。第三、整體而言，這家企業在經營績效上，表現不錯，可以算是一家傑出的企業，因此獲得的組織文化價值觀應該與組織效能有關，這在實用上是相當重要的。參與團體討論的經理有八位，均屬該公司的高級幹部，除了其中一位較為資淺，有四年年資以外，其餘年資均在十一年以上，甚至高達十八年以上者，表示在該公司創立不久，即在此公司服務。因此，對公司組織文化的形成與改變，應具有一定的洞察力。參與者的年齡平均為四十二歲、教育程度均在大學以上、全部為男性、亦頗善於表達自己的意見。除此之外，上述高級管理人員分別來自不同的部門，包括財務、物管、行銷、生管、品管、開發、工程、及工廠，這有助於凸顯部門組織文化的不同，而可以涵蓋各種可能的組織文化價值觀。由於本研究並不擬探討臺灣企業本土化的價值觀為何，因此，上述作法應該是可以接受的。

研究工具

研究工具主要為團體面談表(group interview sheet)，是依照 Schein (1985) 對組織文化假設的五個向度衍生而來，這五個向度包括組織與環境的關係、事實 (reality)、真理(truth) 的本質及決策的基礎、人性的本質、人類活動的本質、及人類關係的本質。

就組織與環境的關係而言，主要是探討組織對其基本身份與角色的認定及假設，因此，要討論的問題包括：(1)公司的主要任務或基本功能為何？為何公司能夠存在？其繼續存在的主因為何？(2)公司所面對的外在環境(如經濟的、政治的、科技的、社會文化的)有哪些？公司與外在環境的關係如何？是否兩方面能夠和諧相處？公司的命運是操在外界環境的手裡，或是自己能夠主宰或控制外在環境？

就事實、真理的本質及決策的基礎而言，是想探討組織對事實或真理的基本假設，瞭解組織成員採取行動、蒐集資料、及下定決策的方式，因此要討論的主題有：(1)公司在做決策時，主要是根據何種精神來做的？例如客觀的標準、集體的共識、或是主觀的經驗；(2)當公司成員對某項決策產生強烈衝突時，公司會如何處置？

就人性的本質而言，主要是探討組織對於人性的基本假設，以及這些假設在組織人性管理上的應用。針對此一向度，團體面談的討論問題包括：(1)公司對員工人性的假設為何？較偏X理論、Y理論、或中性理論？認為員工來公司工作的主要動機何在？(2)公司在招募人員及晉升員工的標準何在？什麼是公司考核工作績效的標準？

就人類活動的本質而言，主要是探討組織採取行動的假設，這種假設能夠凸顯人類與其週遭環境適當而自然的相對關係。例如，有的組織假設人定勝天、主動解決問題、及沒有什麼事是不可能的「實踐取向(doing orientation)」；而有的組織則強調人類臣屬於自然、接受命運安排的「存在取向(being orientation)」的假設；最後，有的組織則認為人類在自然之中，必須充分展現自己的天賦才能，以臻於天人合一之和諧境界的「相稱存在取向(being-in-becoming orientation)」。因此，本向度主要討論的問題包括：(1)公司對員工之自我發展、自我實現或發揮自我潛能的要求如何？(2)面對外力阻礙或其他各種問題時，公司會採取何種措施？這種措施是否反映了公司某種深層假設或取向？(3)公司的創立者及現有領導者對於自己與自然之相對位置的基本假設為何？

就人類關係的本質而言，主要是探討組織內人際關係與權力關係的基本假設，期能有效管理組織之親和、自尊等社會需求。這方面討論的問題包括：(1)在組織管理上，公司較強調競爭或是合作的重要性？做決策時，公司較偏向個人決策或是集體決策？(2)組織內的權力分配如何？領導者的領導作風偏向專斷或是授權？員工是否有參與決策的機會？

總之，根據組織文化假設的五個向度，發展出十一個主要的討論問題，編成團體面談表，以進行持續性的團體討論。

研究步驟

本研究在選擇參與者之後，即進行持續團體討論，以蒐集資料。持續團體討論可以分成下述幾個步驟：

第一、投契關係(rapport)的建立：在進行團體面談以前，面談者與八位經理互相介紹，並將研究目的告訴參與者，請參與者放鬆心情，以避免參與者產生防衛的情緒。

第二、組織文化概念的介紹：詳細說明組織文化的意義、組織文化的理論，讓參與者能清楚瞭解組織文化的概念。同時，亦說明參與者扮演的共同探索(joint exploration)者的角色，不但要呈現組織內重要事例的刺激，也要對這些刺激加以闡示與說明，俾掌握組織文化的深層假設與價值觀。

第三、正式面談的進行：當參與者領會組織文化概念，並瞭解自己的角色之後，即開始進行正式面談。面談之前，研究者首先介紹面談的程序及面談應注意的事項，同時，將組織文化假設各個向度的意義向參與者說明，請參與者事先思考上述主題。接著，即依照基本假設的五個向度，逐一與參與者討論。討論時乃著重於事例的呈現、分析、及闡釋，以掌握事例背後的價值觀。例如，當環保問題造成公司與當地居民的緊張時，公司能盡力去改善環保的問題，即表示公司具有「作社區好鄰居」的價值與信念。此外，在進行面談時，對參與者所發表的意見儘量紀錄下來。如果對某一主題，大家有不同的意見，則儘量加以澄清，直到大家有共同的想法爲止。在此階段裏，研究者花了不少時間，甚感費時費力。總計持續團體討論大約進行了半年，花了約 30 個小時。

第四、紀錄資料的內容分析。面談資料蒐集完畢之後，即針對組織文化基本假設的五種向度進行內容分析。內容分析時，主要是針對組織文化的價值觀進行分析的，並將獲得之各種價值觀撰寫爲陳述句，一一條列出來，作爲編製初步問卷的根據。

第五、以九十八位電子製造廠職員進行預試工作，將題意重複、不清楚或內部一致性較低之題目刪除，編製爲初步問卷。

研究結果

組織與環境的關係

經過分析之後，參與者認爲組織與社區、地方、政府及顧客的關係可以說明組織與環境間是否和諧相處的關係，經過歸類之後，可以凸顯社會責任、敦親睦鄰及顧客取向的價值觀。有關這些價值觀的項目及可能影響的組織制度與實際作法，如**表一**所示。由**表一**可知，社會責任的價值觀顯示了組織與地方、政府、國家及人類間的共存關係，因此其價值項目包括了工作機會、地方繁榮、培養人才、經濟發展、遵守法令、提高生活及增進福祉等方面。而敦親睦鄰的價值觀，則在說明組織能與社區和睦相處，共存共榮，甚至能進一步改善社區環境，而非製造公害，因此，社區居民喜歡與公司爲鄰。至於顧客取向的價值觀則在說明組織瞭解顧客至上的原則，而能提供顧客週到的服務，同時亦能即刻處理顧客的抱怨。總計測量社會責任的題目有九題、敦親睦鄰者有五題、顧客取向者有三題。

就組織制度或實際作法而言，獎學金的提供、慈善行爲、誠實納稅、配合政府政策、職業訓練等可凸顯社會責任的價值觀；而零污染計畫、重視社區、建教合作等可反映敦親睦鄰的價值觀；至於顧客服務中心的設立、利益分享、售後服務、行銷調查、及交貨準時則可反映顧客取向的價值觀。

組織內的決策基礎

科學求真是組織對真實或真理的一種假設，皆在利用科學求真的精神，有系統去蒐集資料，並對事實去加以驗證，使得組織在做決策時，能夠符合客觀的原則，有關此種價值觀的項目及組織制度或實際作法，如**表二**所述。由**表二**可知，參與者認為講求科學求真精神、不做表面文章、實事求是、相信統計數字、運用科學方法、強調數據與量化、系統實證、客觀標準、不以直覺做判斷、及強調品管等項目，

表一　組織與環境關係之價值觀與實際作法

價　值　觀	實　際　作　法
社會責任	
·提供地方工作機會	·獎學金
·促進地方繁榮進步	·參與社團活動
·提升臺灣工技水準	·職業訓練中心
·培養臺灣科技人才	·冬令救濟
·培養臺灣管理人才	·慈善活動團體
·貢獻臺灣經濟發展	·產品安全分析
·切實遵守國家法令	·暑假工讀訓練
·提高人類生活水準	·產品外銷，賺取外匯
·創造財富增進福祉	·誠實納稅
	·配合政府產業政策
敦親睦鄰	
·參與社區公益活動	·零污染計畫
·能與居民和睦相處	·組織文康團體
·居民傲與公司為鄰	·定期拜訪社區居民
·不會製造產業公害	·社區員工優先錄用
·改善社區環境品質	·建教合作
	·捐贈
顧客取向	
·提供顧客週到服務	·服務中心
·即刻處理顧客抱怨	·售後服務
·以顧客至上為原則	·利益分享
	·顧客滿意度調查
	·準時交貨

表二 組織內決策基礎之價值觀與實際作法

價值觀	實際作法
科學求真	
・講求科學求真精神	・利潤中心
・員工不做表面文章	・成本控制
・本著實事求是作風	・投資效益評估
・盡量相信統計數字	・差異分析
・科學方法解決問題	・年度預算
・會強調數據與量化	・全公司品質改善(CWQI)
・應用系統實證方法	・製造良品率
・重視客觀精確標準	・統計品管(SQC)
・不以直覺來做判斷	・電腦化
・強調統計品質管制	・製程標準化

可以說明科學求真的價值觀。而在組織制度及實際作法方面，此種價值觀會表現在利潤中心、成本控制、效益分析、差異分析、年度預算、品質改善、製造良品率、統計品管、電腦化、及製程標準化等制度上。一般來說，在工程師文化的組織裏，常會凸顯出這種科學求真的價值觀(Rogers & Larsen,1984；Morita，Reingold & Shimomura,1986)。總計，測量科學求真價值觀的題目有十題。

人性的本質

企業組織對員工的看法雖然有人性本善、人性本惡、或人性無善惡等類別，但參與者認爲從員工是否正直、是否追求績效，更可說明企業組織中員工的本質。就正直而言，所謂正直就是誠實、前後一致，以負責的態度採取行動，而終可贏得同事、顧客、及企業組織的信任。就績效而言，指的是企業組織是否強調績效與賞罰的關係、重於工作成果甚於工作過程。事實上，這兩種價值觀，即正直與績效，也是 Miller(1984)在「美國企業精神(American Spirit)」一書中所特別強調的重點之一，有關上述價值觀的項目及組織制度或實際作法，如**表三**所述。

表三　組織內人性本質之價值觀與實際作法

價　值　觀	實　際　作　法
正直誠信	
・不做違法違規勾當	・誠實納稅
・不可拉關係走後門	・不拿回扣
・陞遷考慮員工操守	・不送禮
・培養員工正直情操	・不賭博
・強調服務奉獻精神	・不搞小圈圈
・切實履行公司承諾	・組織稽核
・員工值得尊敬信賴	・禁止接受賄賂
・強調守時守法守信	・禮物歸公
・表現正派經營形象	
表現績效	
・加薪與工作表現有關	・績效獎金
・陞遷與工作表現有關	・利潤中心
・紅利與工作表現有關	・考績制度
・考核評估相當公平	・目標管理
・考核評估相當公正	・優良進料
・考核評估相當公開	・製程品保
・水準以上工作績效	・客戶品保
・獎金配合公司利潤	・看板管理
・強調利潤分享員工	
・致力激勵工作績效	
・強調健全績效評估	

就正直誠信而言，不做違法勾當、不靠關係走後門、陞遷考慮操守、培養正直情操、強調服務奉獻、履行承諾、員工值得尊敬、強調守時守法守信、著重正派經營，均可說明正直誠實的價值觀。因此，在這種價值觀的影響下，企業組織會誠實納稅、不拿回扣、不送禮、不賭博、不搞小圈圈、不接受賄賂、禮物歸公、亦有嚴密的組織稽核等實際作法。就表現績效的價值觀而言，企業組織會強調加薪、陞遷、紅利與工作表現有關，考核應該公平、公正、公開，績效評估健全，高標準的工作績效，利潤應與員工分享，獎金配合績效，同時，也會致力於工作績效的激勵。換言之，工作績效的強調、回饋、獎賞、及測量都與表現績效的價值觀有關，另一方面，組織的制度或實際作法，亦可反映此種價值觀，包括績效獎金、利潤中心、考績制度、目標管理、優良進料、製程品保、客戶品保、及看板管理等。總計反映正直誠信價值觀的題目有九題，而表現績效價值觀的題目有十一題。

人類活動本質

就此向度而言，參與者認爲企業組織應以追求卓越爲原則，以便能夠人定勝天、克服環境的困難險阻。**表四**是反應追求卓越、學習創新價值觀的項目及可能的實際作法。由**表四**可知，在說明卓越創新的價值觀方面，包括強調員工有求新求善精神、能自我教育突破現狀、具積極負責態度、具旺盛求勝心、嚴格自我要求、期許一流表現、具高昂服務精神，同時，亦強調組織當局要提供員工成長機會、讓員工學習新知識與技能、具高度冒險精神、堅持獎優汰劣、學習創新追

表四　人類活動本質之價值觀與實際作法

價值觀	實際作法
卓越創新	
·具有求新求善精神	·獎懲制度
·自我教育突破現狀	·人才培育
·具有積極負責態度	·新技術引進
·具有旺盛的求勝心	·新產品開發
·嚴格要求提高標準	·專利獎助
·自我期許一流表現	·製程更新
·提供成長發展機會	·研發組織
·不斷改善精益求精	·研發費用
·商品與科技創新化	·新產品營業額
·生產高層次的產品	·研發人力
·學習新知識與技能	·獎勵提案
·具有高度冒險精神	
·強調產品領先同行	
·一向堅持獎優汰劣	
·學習創新追求卓越	
·具有高昂服務精神	

求卓越、不斷改善精益求精、使得商品與科技創新化、商品能領先流行。至於組織制度及實際作法方面，包括獎優汰劣、人才培育、新技術引進、新產品開發、專利獎助、製程更新、管理、研究發展組織、費用、人力、新產品營業額、及獎勵提案制等。事實上，創新的價值觀在高科技組織是頗爲常見的，正如 Rogers(1986)所說的：「沒有創新，就無法繼續生存」。總計，測量卓越創新價值觀的題目有十六題。

人類關係的本質

根據參與者討論的結果，組織內的人類關係可以從上下是否甘苦與共、彼此之間是否形成共識或具團隊精神來加以說明。所謂甘苦與共，是指企業組織內上司與下屬之間的相處和睦、企業組織對員工的照顧能不分階級而一視同仁，公司與員工之間沒有距離；至於共識則指組織內的決策是由成員共同負擔的，成員都有參與決策的機會，同時，權力亦並非集中在少數高階人員的手裏。有關甘苦與共及團隊精神兩種價值觀的項目及組織制度或實際作法，如**表五**所示。

由**表五**可知，就甘苦與共的價值觀而言，主要是強調公司與員工是否形成一企業家族，對企業中的成員是否照顧，彼此相處融洽，其包括的價值觀項目有：企業組織強調環境配合員工需要、一視同仁對待員工、努力改善環境、提升員工生活品質、高低員工一樣關懷、人性化的管理；同時，允許工會的存在、勞資和諧、公司工會相處和諧；除此之外，組織內的員工能夠信任公司、上下員工相處和諧、互相信任、視上司爲知己、上下一體患難與共。而在實際作法上，企業組織會採下述作法，以凸顯甘苦與共的價值觀，包括員工輔導、生涯規劃、工會組織、員工福利、勞工保險、退休計劃、利潤分享、股票持有、大哥哥大姐姐制、品管圈、走動管理、社團組織、勞資協調會、忘年會、稱呼、及各種辦公設施等。

表五　人類關係本質的價值觀與實際作法

價　值　觀	實 際 作 法
甘苦與共	
・環境配合員工需要	・員工輔導
・信任公司解決糾紛	・生涯規畫
・公司工會相處融洽	・工會組織
・上下員工相處和諧	・員工福利
・員工彼此互相信任	・勞工保險
・對待員工一視同仁	・退休計畫
・求助公司而非工會	・利潤分享
・幫助公司解決問題	・股票持有
・極端強調勞資和諧	・大哥哥大姐姐制
・視上司為知心朋友	・品管圈(QCC)
・公司努力改善環境	・走動管理
・提升員工生活品質	・社團組織
・上下一體患難與共	・勞資協調會
・高低員工一樣關懷	・忘年會
・強調人性化管理	・稱呼
・強調工會的重要性	・物理環境
團隊精神	
・員工能夠參與決定	・授權幅度
・計畫徵詢部屬意見	・溝通系統
・採納基層員工意見	・會議形態
・高階不否決低階意見	・利潤中心
・容易形成一致看法	・單元成本
・實施多數同意方案	・矩陣式組織
・採取參與管理方法	・委員會制
・強調貢獻團體智慧	・團體績效
・上下採取一致措施	・投票表決
・重視員工所提意見	
・決策徵詢部屬意見	

就團隊精神的價值觀而言，其價值觀項目包括：採用參與方法、員工參與決定、計畫與決策徵詢部屬意見，並採納之、重視員工意見、上下採取一致措施、形成一致看法、實施多數同意方案、及強調貢獻團體智慧等，由此可說明團體決策、參與管理的本質。而實際作法或組織制度方面，則包括授權幅度、溝通系統、會議型態、利潤中心、單元成本、矩陣式組織、委員會制、團體績效、及投票表決制等作法，亦可反應團隊精神的價值觀。總計測量甘苦與共價值觀的題目有十六題，而團隊精神價值觀的題目有十一題。

根據上述深度面談的內容與分析之後的資料，可以得到九十個測量組織文化中價值觀的題目，可以測量社會責任、敦親睦鄰、顧客取向、科學求真、正直誠信、表現績效、卓越創新、甘苦與共、及團隊精神等九個方面的價值觀。

預試結果分析

組織文化中價值觀問卷以 98 位某電子廠職員為施測對象，蒐集資料並加以分析之後，將題意重複、題意不清、內部一致性較低的題目加以刪除，俾使問卷更具可靠性。結果刪除了社會責任中的「切實遵守國家法令」一題、敦親睦鄰中的「不會製造產業公害」一題、科學求真中的「員工不做表面文章」、「重視客觀精確標準」等二題、正直誠信中的「強調服務奉獻精神」、「切實履行公司承諾」等二題、學習創新中的「生產高層次的產品」、「具有高度冒險精神」等二題、及甘苦與共中的「幫助公司解決問題」、「視上司為知心朋友」、「強調工會的重要性」等三題，總共刪除十三題，剩餘七十七題，編製成正式問卷，以進行較大樣本的施測工作。

除此之外，這七十七個題目與九個價值觀向度，亦曾呈現給五位大學生進行 Smith 與 Kendall(1963)所謂的轉譯(retranslation)工作，要求他們將七十七個題目歸類至九個價值觀類別之中。結果發現受試者均大致同意(佔總人數之 60%到 80%)將各題目納入原先歸類的價值觀當中。換言之，在語意及內容上，各價值觀項目應該能夠反映該價值觀向度的意義。

一般來說，本研究依照 Schein(1985)之架構，利用與當事人共同探索的方式，所獲得的價值觀向度，是與過去 Peters 與 Waterman (1982)、 Miller (1984) 的研究有異曲同工之妙。

Peters 等人訪問了美國四十三家獲利能力高且成長快速的模範公司，發現這些公司有些共同的特徵，包括崇尚實驗、接近顧客、創新精神、尊重員工、形成共識、做內行事、組織單純、自主自律等八大特徵；而 Miller 則與多家財星五百大企業高階主管討論後，認爲有八項基本價值觀是具競爭力之新企業文化的核心，這些價值觀包括目標、卓越、共識、一體、績效、實證、親密、正直等八大原則。這些特徵與原則和本研究的結果是有點類似的：除了社會責任與敦親睦鄰價值觀是本研究所特有的之外，其餘價值觀均與過去研究有若干雷同之處，如科學求真與崇尚實驗、實證原則類似，卓越創新與創新精神、卓越原則類似，詳細比較，如**表六**所示。

表六　組織文化價值觀的內容比較

Peter & Waterman (1982)	Miller (1984)	本研究
崇尚實驗	實證原則	科學求真
接近顧客	—	顧客取向
創新精神	卓越原則	卓越創新
尊重員工	一體原則/親密原則	甘苦與共
形成共識	共識原則	團隊精神
做內行事	目標原則	—
組織單純	—	—
自主自律	—	—
—	正直原則	正直誠信
—	績效原則	表現績效
—	—	社會責任
—	—	敦親睦鄰

研究二

研究目的

本研究的主要目的是探討組織文化價值觀量表各向度的內部一致性信度，並透過項目分析的方式，選擇適切的價值觀陳述句。

研究方法

受試者

本研究受試者分別來自五家電子公司中的十一個部門(其中六個部門為製造工廠，五個部門為管理單位)，受試者的工作性質含蓋了生產、工程、管理、後勤、及業務，職位都是較高階層的職員。就年齡而言，30 歲以下的樣本佔 11.6%，31 至 35 歲佔 30.4% ，36 至 40 歲佔 27.5%，41 至 45 歲佔 16.8% ，46 歲以上佔 10.7%，未答者佔 2.9%；就性別而言，男性佔 87.5%，女性佔 8.7%，未答者佔 3.8%；就工作性質而言，生產佔 12.5%，工程佔 40.3%，管理佔 24.6%，後勤佔 13.3%，業務佔 5.5%，未答者佔 3.8%；就年資而言，一年以下佔 6.7%，一至三年佔 18.3%，三至五年佔 19.1%，五至十年佔 26.7%，十至十五年佔 14.2%，十五年以上佔 11.6%，未答者佔 3.5% ；就教育程度而言，高中 (職)佔 3.8%，專科佔 18.6 %，大學佔 64.1%，研究所佔 11.0%，未答佔 3.5% ；就單位而言，A 公司佔 18.6%，B 公司佔 25.5%，C 公司佔 23.7%，D 公司佔 10.7 %，E 公司佔 19.7%，未答佔 3.8%，總計樣本有 345 人。

研究工具

本研究之研究工具爲研究一所編製之企業組織文化價值觀量表(Values in Organizational Culture Scale，簡稱 VOCS)，受試者以李克特式四點量表來回答問卷中的題目，說明個人同意題目陳述的程度。

研究步驟

在選取樣本之後，研究者分赴各公司施測或委託公司的有關部門施測，施測時，大計是採團體施測(group test)方式，將受試者集中一處填答問卷；但也有少部份的受試者因爲業務繁忙，攜回填答，再行繳交。資料蒐集完畢之後，進行廢卷處理工作，將明顯不合作者，包括空白過多、反應趨勢(response set)明顯的問卷汰除，以進行統計處理。統計處理主要是想探討組織文化價值觀問卷本身的信度或內部一致性，因此採項目分析(item analysis)的方式加以分析。

研究結果

組織文化價值觀量表的項目分析，如**表七**所述。由**表七**可知，就社會責任向度而言，各題與校正後總分(即扣除該題得分後的總分)的相關在.52與.64之間，本向度的信度Cronbach α爲.84；就敦親睦鄰向度而言，各題與校正後總分的相關在.50與.69之間，其信度Cronbach α爲.70；就科學求真而言，各題與校正後總分的相關在.29與.66之間，將相關較低的兩題——即「會強調數據化與量化，.29」、及「不以直覺來做判斷，.30」刪除之後，其信度Cronbach α 爲.76；就正直誠信而言，各題與校正後總分的相關在.27與.52之間，將相關較低的「表現正派經營形象，.27」刪除之後，此向度的信度Cronbach α爲.72；就表現績效而言，各題與校正後總分的相關在.07與.78之

表七　組織文化中價值觀之項目分析(N=267)*

價值觀	校正後之題目與總分相關	刪除題目後之α值
I、社會責任		
I 1.提升臺灣工技水準	.5803	.8264
I 2.創造財富增進福祉	.5406	.8360
I 3.貢獻臺灣經濟發展	.6338	.8212
I 4.提供地方工作機會	.5199	.8336
I 5.促進地方繁榮進步	.6120	.8228
I 6.提高人類生活水準	.6215	.8242
I 7.培養臺灣科技人才	.6213	.8213
I 8.培養臺灣管理人才	.5795	.8264
Cronbach's α=.84		
II、敦親睦鄰		
II 1.參與社區公益活動	.6356	.6899
II 2.居民傲與公司爲鄰	.4969	.7632
II 3.改善社區環境品質	.6860	.6599
II 4.能與居民和睦相處	.5146	.7549
Cronbach's α=.78		
III、顧客取向		
III 1.以顧客至上爲原則	.4576	.7114
III 2.即刻處理顧客抱怨	.5582	.5740
III 3.提供顧客週到服務	.5646	.5618
Cronbach's α=.70		
IV、科學求真		
IV 1.本著實事求是作風	.3158	.7590
IV 2.強調統計品質管制	.4456	.7342
IV 3.會強調數據與量化	.2917	.7585
IV 4.不以直覺來做判斷	.3989	.7429
IV 5.盡量相信統計數字	.5534	.7154
IV 6.講求科學求真精神	.6571	.6954
IV 7.科學方法解決問題	.5083	.7218
IV 8.應用系統實證方法	.5182	.7220
刪除 IV 1，IV 3 後之 Cronbach's α=.76		
V、正直誠信		
V 1.培養員工正直情操	.4193	.6899
V 2.強調守時守法守信	.4950	.6723
V 3.表現正派經營形象	.2730	.7234
V 4.陞遷考慮員工操守	.5200	.6635
V 5.員工值得尊敬信賴	.4475	.6845
V 6.人情關係沒有好處	.5047	.6673
V 7.不做違法違規勾當	.3612	.7042
刪除 V 3 後之 Cronbach's α=.72		
VI、表現績效		
VI 1.水準以上工作績效	.0703	.8847
VI 2.考核評估相當公平	.5783	.8363
VI 3.考核評估相當公正	.7449	.8200
VI 4.考核評估相當公開	.7761	.8177
VI 5.加薪與工作表現有關	.6798	.8254
VI 6.強調建全績效評估	.6716	.8265
VI 7.紅利與工作表現有關	.5234	.8419
VI 8.致力激勵工作績效	.5109	.8433
VI 9.陞遷與工作表現有關	.6906	.8250
刪除 VI 1 後之 Cronbach's α=.88		
VII、卓越創新		
VII 1.嚴格要求提高標準	.5298	.8854
VII 2.具有求新求善精神	.5569	.8842
VII 3.一向堅持獎優汰劣	.4330	.8895
VII 4.自我期許一流表現	.5672	.8842
VII 5.商品與科技創新化	.5850	.8831
VII 6.不斷改善精益求精	.5840	.8835
VII 7.自我教育突破現狀	.5611	.8841
VII 8.強調產品領先同行	.4654	.8884
VII 9.學習創新追求卓越	.6559	.8805
VII 10.具有旺盛的求勝心	.6781	.8787
VII 11.提供成長發展機會	.5231	.8859
VII 12.學習新知識與技能	.5622	.8840
VII 13.具有積極負責態度	.6975	.8779
VII 14.具有高昂服務精神	.6525	.8804
Cronbach's α=.89		
VIII、甘苦與共		
VIII 1.上下員工相處和諧	.4790	.8350
VIII 2.求助公司而非工會	.3561	.8425
VIII 3.公司努力改善環境	.5864	.8273
VIII 4.公司工會相處融洽	.4251	.8383
VIII 5.信任公司解決糾紛	.1189	.8561
VIII 6.對待員工一視同仁	.5989	.8264
VIII 7.強調人性化的管理	.6848	.8202
VIII 8.上下一體患難與共	.5621	.8294
VIII 9.極端強調勞資和諧	.4697	.8357
VIII 10.環境配合員工需要	.4275	.8382
VIII 11.員工不會勾心鬥角	.5994	.8267
VIII 12.高低員工一樣關懷	.5503	.8301
VIII 13.提升員工生活品質	.5601	.8294
刪除 VIII 5 後之 Cronbach's α=.86		
IX、團隊精神		
IX 1.上下採取一致措施	.3072	.8557
IX 2.高階否決低階意見	.5554	.8379
IX 3.重視員工所提意見	.6115	.8337
IX 4.採納基層員工意見	.6311	.8313
IX 5.計畫徵詢部屬意見	.5338	.8396
IX 6.實施多數同意方案	.3963	.8493
IX 7.容易形成一致看法	.4708	.8443
IX 8.強調貢獻團體智慧	.5640	.8373
IX 9.員工能夠參與決策	.5829	.8357
IX 10.決策徵詢部屬意見	.6111	.8332
IX 11.採取參與管理方法	.6367	.8317
刪除 IX 1 後之 Cronbach's α=.86		

* 由於有的問卷填答不齊全，真正列入分析的樣本只有 267 人。

間，刪除相關最低的「水準以上的工作績效，.07」之後，其信度 Cronbach α 爲.88；就卓越創新而言，各題與校正後總分的相關在.43與.70之間，其信度 Cronbach α 爲.89；就甘苦與共而言，各題與校正後總分的相關在.12與.68之間，刪除「信任公司解決糾紛，.12」後，其信度 Cronbach α 爲.86。換言之，組織文化價值觀量表各分量表的信度在.70與.89之間，表示各分量表的內部一致性還算不錯，應該能夠接受。

研究三

研究目的

爲了瞭解組織文化價值觀是否能有效區分組織間的差異，本研究以大樣本調查的方式，比較具不同特性的組織在組織文化價值上的差異。

研究方法

受試者

本研究受試者分別來自四家電子公司的 775 位員工，受試者涵蓋了各種特性的員工。就年齡而言，25 歲以下佔 10.06%，26 至 30 歲佔 19.61%，31 至 35 歲佔 25.81%，36 至 40 歲佔 20.26%，41 歲以上佔 21.68%，未答佔 2.58%；就性別而言，男性佔 65.81%，女性佔 28.00%，未答佔 6.19%；就工作性質而言，生產佔 49.42%，工程佔 26.19% ，管理佔 11.23% ，後勤佔 9.03%，未答佔 4.13%；就年資而言，3 年以下佔 27.61%，3 至 5 年佔 15.48%，5 至 10 年佔 24.52%，10 年以上佔 29.29%，未答佔 3.10%；就教育程度而言，國中以下佔 19.48% ，高中佔 14.58%，高職佔 21.94%，大專以上佔 40.65%，未答佔 3.35%。

選擇的四家公司，雖然均屬於電子業，但由於製造產品、市場競爭、所在地區、員工習性、及工作環境的不同，因此，共有不同的文化特色。底下是這四家公司的簡要描述：甲公司具有 16 年的歷史，員工約 1,800 人，從事電腦顯示器的設計、生產、及銷售，由於採 OEM 的生產，競爭廠商較少；員工大多爲高中畢業之女性作業員，頗重視績效，但技術水準不高；地處北部工業區，員工離職率稍高。乙公司則有 21 年歷史，員工約 3,400 人，從事彩色與黑白映像管的生產，爲臺灣地區最大的映像管供應商，競爭能力頗強。由於地處客家村，大多數基層的生產員工均爲當地的客家人，而管理階層則爲外地人，因此，工會活動較爲頻繁，同時，年紀大的員工不少，亦兼營副業。比起來，此家公司的內部整合較差。丙公司有 25 年的歷史，員工 1,700 人，是一家高科技公司，專事積體電路及半導體的生產，競爭廠商不少，大多爲日本公司，因此，頗爲注重行銷與品質。員工多來自臺灣南部鄉村，較爲純樸，而由於生產較爲自動化，員工具備的技術水準較高，流動率亦較低。丁公司與丙公司較爲類似，不但位處同一個工業區，員工來源大抵類似，而且亦採自動化的生產方式，專事電阻與電容器等被動電子元件的生產。根據上述四家公司的素描，大概可以推斷丙、丁兩家公司的甘苦與共、團隊精神、科學求真、卓越創新、正直誠信、及表現績效的價值觀較高，而乙公司較低；顧客取向、社會責任、及敦親睦鄰等價值觀，則以乙、丙、丁公司較高，甲公司較低。同時，丙、丁兩家公司的價值觀較爲類似。

研究工具

本研究工具爲經研究二項目分析後之組織文化價值觀量表及背景資料。背景資料包括組織成員的年齡、性別、工作性質、年資、教育程度、及組織類別等項目。

研究步驟

本研究首先以團體施測方式，研究者分赴各個工廠或公司，將受試者集中一處作答，接著將廢卷汰除。最後，則進行不等格雙因子變異數分析(unequal cell two-way ANOVA) 的統計工作，以探討組織文化價值觀是否會因組織類別、工作性質的不同而有顯著差異，以瞭解組織文化價值觀量表是否具區辨效度，能夠區分組織的不同。

研究結果

社會責任價值觀

各組織、工作別之社會責任價值觀平均數、標準差、及 F 檢定結果，如**表八**所示。由**表八**可知，組織類別與工作功能對社會責任價值觀具有顯著的主要效果。就組織類別的主要效果而言，乙、丙、丁三家公司明顯地高於甲公司；就工作而言，生產部門員工的社會責任價值觀較高，而工程、管理、及後勤部門者較低。此結果可能的解釋是生產部門強調產品的製造，相對於其他功能，較直接與社會大眾、社會群體、及企業倫理有關，因此，社會責任價值觀較高。

表八　各功能別、組織別之社會責任價值觀平均數與標準差

功能*	甲			乙			丙			丁		
	M	SD	N	M	SD	N	M	SD	N	M	SD	N
生產	24.27	3.53	78	24.28	3.87	190	24.33	3.97	40	24.59	3.85	56
工程	19.70	3.04	50	21.83	3.91	78	21.76	4.24	29	22.00	3.97	38
管理	19.85	3.43	26	21.08	3.99	26	20.83	4.26	12	21.40	3.90	20
後勤	20.44	4.34	18	21.15	4.58	20	24.33	4.69	9	22.68	4.55	19

* 變異數分析結果：組織具主要效果—F（3, 693）=19.30, $p<.001$
功能具主要效果—F（3, 693）=35.50, $p<.001$

敦親睦鄰價值觀

各組織、工作功能之敦親睦鄰價值觀平均數、標準差、及 F 檢定結果，如**表九**所示。由**表九**可知，工作功能對敦親睦鄰價值觀具有顯著的主要效果：生產部門的員工敦親睦鄰價值觀較高，而管理部門者較低。這可能是生產部門的人員大多是來自當地社區的居民，而管理部門的人員則來自外地，因此，生產部門的敦親睦鄰價值觀較高。

表九　各功能別、組織別之敦親睦鄰價值觀平均數與標準差

功能*	甲			乙			丙			丁		
	M	SD	N	M	SD	N	M	SD	N	M	SD	N
生產	10.96	2.52	73	10.68	2.75	197	10.82	2.52	38	11.42	2.35	55
工程	10.61	1.74	46	10.49	2.16	77	10.55	1.95	31	9.83	2.18	36
管理	9.96	2.21	27	10.12	1.83	25	9.85	2.08	13	10.76	1.89	21
後勤	10.33	1.97	18	10.47	2.59	19	11.13	2.23	8	10.37	2.11	19

* 變異數分析結果：功能具主要效果—F（3,687）=4.73, p<.01

顧客取向價值觀

各組織、工作功能之顧客取向價值觀平均數、標準差、及 F 檢定結果，如**表十**所示。由**表十**可知，組織類別與工作功能對顧客取向價值觀具有顯著的主要效果：就組織類別而言，乙、丙、丁三家公司明顯高於甲公司；就工作功能而言，生產部門的員工顧客取向價值觀較高，而工程、管理、及後勤部門者較低。為何生產部門的顧客取向價值觀較高？

從企業流程的觀點來看，當生產部門完成產品製造之後，透過行銷過程，馬上會送到消費者手上，其與消費者之消費者之間的距離較其他部門爲短，因此，較強調顧客取向價值觀。

表十 各功能別、組織別之顧客取向價值觀平均數與標準差

功能*	甲			乙			丙			丁		
	M	SD	N	M	SD	N	M	SD	N	M	SD	N
生產	8.32	1.87	77	8.65	1.98	201	8.80	1.87	40	8.62	1.74	58
工程	7.30	1.56	50	7.87	1.62	79	8.37	1.83	31	8.37	1.90	39
管理	7.50	1.55	27	7.36	1.68	25	8.04	1.76	13	7.19	1.76	21
後勤	8.00	1.54	19	7.34	1.72	19	8.15	1.87	10	7.87	1.43	19

* 變異數分析結果：組織具主要效果—F（3,713）=3.66, p<.05
功能具主要效果—F（3,713）=12.95, p<.001

科學求真價值觀

各組織、工作功能之科學求真價值觀平均數、標準差、及 F 檢定結果，如**表十一**所示。由**表十一**可知，組織類別對科學求真價值觀，具顯著之主要效果：丙、丁兩家公司的科學求真價值觀較高，而甲、乙公司較低。

正直誠信價值觀

各組織、工作功能之正直誠信價值觀平均數、標準差、及 F 檢定結果，如**表十二**所示。由**表十二**可知，組織類別對正直誠信價值觀，具顯著之主要效果：乙公司的正直誠信價值觀較其他三家公司為低。

表十一　各功能別、組織別之科學求真價值觀平均數與標準差

功能*	甲			乙			丙			丁		
	M	SD	N	M	SD	N	M	SD	N	M	SD	N
生產	15.21	2.94	77	14.96	2.98	188	15.53	2.82	40	17.02	2.63	56
工程	14.60	2.22	48	14.80	2.18	79	16.03	2.85	30	15.74	3.02	39
管理	14.74	2.01	27	14.36	2.06	25	14.92	2.39	12	15.62	3.02	21
後勤	14.95	2.51	19	14.71	3.67	17	15.40	3.66	10	16.37	2.63	19

* 變異數分析結果：組織具主要效果—F（3,692）=9.39, p<.00

表十二　各功能別、組織別之正直誠信價值觀平均數與標準差

功能*	甲			乙			丙			丁		
	M	SD	N	M	SD	N	M	SD	N	M	SD	N
生產	17.51	2.57	78	16.85	2.72	198	17.95	2.09	39	18.11	2.42	56
工程	16.78	2.26	46	16.67	2.20	79	17.81	2.26	31	17.41	2.16	39
管理	17.19	1.67	27	17.00	2.77	25	16.69	2.06	13	17.52	2.66	21
後勤	18.44	2.04	18	16.89	1.82	19	17.33	2.06	9	17.79	2.23	19

* 變異數分析結果：組織具主要效果—F（3,702）=4.21, p<.01

表現績效價值觀

各組織、工作功能之表現績效價值觀平均數、標準差、及 F 檢定結果，如**表十三**所示。由**表十三**可知，組織類別與工作功能對表現績效價值觀具有顯著的主要效果：就前者而言，乙公司的表現績效價值觀較低，而丁公司與甲公司較高；就後者而言，後勤、管理及工程部人員的表現績效價值觀較生產部門人員爲高，顯示這些部門的人員較強調工作績效的評估、績效的獎勵及工作表現的激勵。可能的原因是生產部門是屬一種裝配性的工作，員工之間互依性較高，較難估算員工個人的貢獻，因此較不強調個人的績效表現（Szi-lagyi & Wallace, 1983）。

表十三　各功能別、組織別之表現績效價值觀平均數與標準差

功能*	甲			乙			丙			丁		
	M	SD	N	M	SD	N	M	SD	N	M	SD	N
生產	17.84	4.17	75	17.17	4.31	187	17.28	3.88	39	19.45	4.51	53
工程	19.71	2.98	48	18.05	3.68	80	18.71	2.88	31	18.50	4.09	36
管理	19.19	3.22	27	18.92	2.40	26	19.00	2.34	12	20.16	2.09	19
後勤	20.21	2.92	19	18.30	4.65	20	18.56	2.83	9	19.85	2.72	20

* 變異數分析結果：組織具主要效果—F（3,685）=8.62, p<.001
功能具主要效果—F（3,685）=5.25, p<.001

卓越創新價值觀

各組織、工作功能之卓越創新價值觀平均數、標準差、及 F 檢定結果，如**表十四**所示。由**表十四**可知，組織類別對卓越創新價值觀，具顯著之主要效果：丁公司的卓越創新價值觀較高，其次爲丙與甲公司，乙公司較低。

表十四　各功能別、組織別之卓越創新價值觀平均數與標準差

功能*	甲			乙			丙			丁		
	M	SD	N	M	SD	N	M	SD	N	M	SD	N
生產	37.84	5.47	76	36.44	5.77	188	39.18	4.81	38	41.98	4.81	55
工程	36.81	3.33	48	36.08	4.83	78	38.42	4.59	31	38.95	4.18	40
管理	36.15	3.45	27	35.79	3.12	24	38.23	3.32	13	40.11	4.53	19
後勤	37.65	5.29	17	35.79	6.11	19	41.11	5.58	9	38.65	5.29	20

* 變異數分析結果：組織具主要效果—$F(3, 687) = 18.43$, $p < .001$

甘苦與共價值觀

各組織、工作功能之甘苦與共價值觀平均數、標準差、及 F 檢定結果，如**表十五**所示。由**表十五**可知，組織類別對甘苦與共價值觀具有顯著的主要效果：丁公司的甘苦與共價值觀較高，其次爲丙與甲公司，乙公司較低。

表十五　各功能別、組織別之甘苦與共價值觀平均數與標準差

功能*	甲			乙			丙			丁		
	M	SD	N	M	SD	N	M	SD	N	M	SD	N
生產	30.50	5.07	74	27.95	5.41	190	29.63	5.57	38	33.44	5.46	55
工程	29.80	2.94	49	29.12	4.42	78	31.87	4.51	30	30.95	4.36	38
管理	30.08	3.99	25	29.80	3.96	25	29.69	3.52	13	31.30	4.01	20
後勤	30.94	3.99	18	28.47	5.45	19	30.44	4.19	9	31.83	4.97	18

* 變異數分析結果：組織具主要效果—F（3,683）=15.55, p<.001

團隊精神價值觀

各組織、工作功能之團隊精神價值觀平均數、標準差、及F檢定結果，如**表十六**所示。由**表十六**可知，組織類別對團隊精神價值觀，具顯著之主要效果：丁與丙公司的團隊精神價值觀較高，而乙公司較低。

表十六　各功能別、組織別之團隊精神價值觀平均數與標準差

功能*	甲			乙			丙			丁		
	M	SD	N	M	SD	N	M	SD	N	M	SD	N
生產	25.00	4.82	75	23.49	4.90	188	24.59	4.89	39	27.31	4.98	55
工程	25.17	2.56	47	24.18	3.92	78	26.86	3.92	29	25.67	4.43	39
管理	25.92	3.97	26	25.20	2.52	25	25.42	4.50	12	26.45	3.53	20
後勤	24.47	3.17	19	23.79	4.60	19	26.00	4.67	10	27.16	3.80	19

* 變異數分析結果：組織具主要效果—F（3,685）=12.87, p<.001

根據上述分析，可以發現除了敦親睦鄰價值觀之外，其餘八項價值觀均隨組織特性而有所不同，同時，亦大致支持了前面的假說，即丙、丁兩家公司的甘苦與共、團隊精神、科學求真、卓越創新、正直誠信、及表現績效的價值觀較高，而乙公司較低；顧客取向、與社會責任價值觀則以乙、丙、丁公司較高，甲公司較低。敦親睦鄰價值觀之所以沒有顯著差異，可能是四家公司所處的地區均爲鄉村社區，與鄰居相處的模式大致類似，同時，屬於電子業，不太會製造公害，而不會遭到鄰居的抵制或圍廠，因此，所強調的敦親睦鄰價值觀差不多。爲了進一步說明，可以將四家公司在九大價值觀的平均得分繪成圓形圖(circumplex)，結果可以發現四家公司都特別強調正直誠信與社會責任，而較少強調表現個人績效，這也許是此行業的一個特性。此外，丙、丁兩家高科技公司在圓形圖中較爲類似，亦可凸顯這兩家公司的組織文化價值觀較爲類似(如圖二所示)

就工作功能的劃分而言，在各外在適應的價值觀(包括社會責任、敦親睦鄰、及顧客取向)上，不同的工作功能具有顯著的差異：生產部門的價值觀要大於其他工程、管理、及後勤等部門。這說明了，在外在適應的價值觀方面，不同部門可能擁有不同的次文化。然而在內部整合價值觀(即其餘六種價值觀)上，除了表現績效價值觀之外，各工作功能均無顯著差異。顯示在內部整合的價值觀方面，因工作功能產生的差異較小。

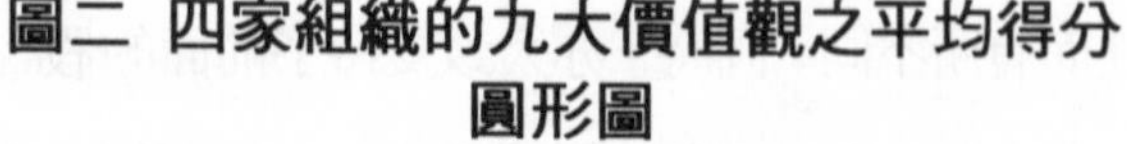
圖二 四家組織的九大價值觀之平均得分圓形圖

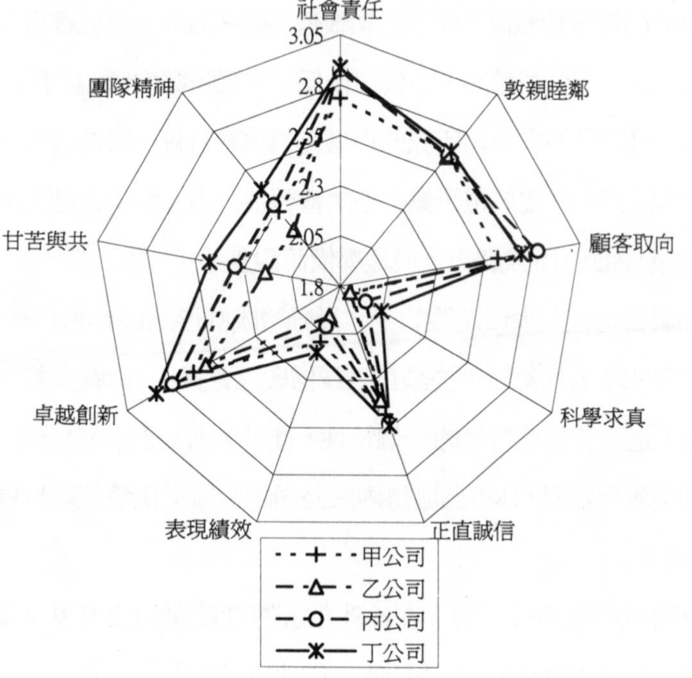

結論與建議

由以上三個研究的結果，大致可以獲得下列的結論：(1)利用深度面談的方式，可以瞭解組織文化價值觀所包含的內容與向度；(2)依照價值觀的內容與向度，可以編製一套具一定內部一致性信度與效度的問卷；(3)組織文化價值觀確實是組織中團體經驗的習得產物，會因組織的不同或工作團體的不同而有顯著的差異。同時，對外在適應價值觀而言，工作功能也有部份的影響效果。

就第一個結論而言，我們發現透過持續性團體面談，以Schein(1985)對文化假設的五大問題進行討論，經內容分析之後，可以獲得社會責任、敦親睦鄰、顧客取向、科學求真、正直誠信、表現績效、卓越創新、甘苦與共、團隊精神等九個向度，分別說明組織文化價值觀的內涵與意義。此結果與 Peters 與 Waterman(1982)在「追求卓越(In search for excellence)」一書中所強調的，以及 Miller(1984)在「美國企業精神(American spirit)」中主張的向度很類似。因此，透過較嚴謹的方式，利用深度面談，可以獲得更周延的組織文化價值觀向度，並與過去組織行爲學家所主張的卓越公司的價值觀有若干雷同之處。

在本研究價值觀向度的決定力面，我們原先擬採用生態因素分析(ecological factor analysis)的方式（Langbein & Lichtman, 1978），以各組織在各題上的得分的平均數爲基礎，進行因素分析，以便查核組織文化價值觀的向度。可惜由於組織樣本數太少而作罷，因此，以組織爲主要研究對象，抽取大量組織樣本進行研究是有必要的。不過，在價值觀向度的掌握方面，首先研究者根據五種向度擬出深度面談表，再出八位經理人根據討論之向度去獲得價值觀的有關事例及內容，最後則再由五位大學生進行轉譯(retranslation)工作，將有關的事例或內容歸類到有關的價值觀向度中，透過這種行爲基準量表編製法的方式應可以確保各問卷題目能準確地歸類在有關的價值觀向度中。另外，本研究在做「事實、真理的本質」問題的深度面談，沒有討論到時間及空間的本質兩個附屬向度，也是不足之處。然而，最近，Schriber 與 Gutek(1987) 已經對時間向度做了詳細探討，應可補足本研究的不足。此外，由於本研究的面談對象為某電子公司的經理人員，因此，獲得的價值觀向度是否能應用於別的行業，必須做進一步的研究。

就第二個結論而言，本研究的組織文化價值觀量表各分量表的信度 Cronbach α 在.70 與.89 之間。由於各量表的題數並不多，因此各量表內部一致性還不錯，應該可以接受。至於效度方面，本量表的編製乃根據 Schein(1985)的理論而來，應該具有一定程度的建構效度(construct validity)。除此之外，各組織文化價值觀亦大致能區分組織間的差異，而具有區分性效度 (discriminant validity)。雖然如此，未來的研究仍然必須探討各價值觀與組織承諾、團體績效、組織效能間的關係，以掌握各組織文化價值觀與組織效標間的關係，使本問卷亦具有預測效度或效標關聯效度。

就第三個結論而言，本研究發現在工作功能與組織文化價值觀的關係上，工作功能與外部適應價值觀較為密切，而與內部整合價值觀關係較小，顯示工作功能分化較易導致外部適應價值觀的差異，但對內部整合價值觀的影響較小。換言之，這似乎說明了一個現象，就內部整合價值觀而言，此種價值觀可能是同一組織成員由於共享許多重要經驗，因此，在內部整合上有了共同的看法，同時，此種共同看法是有別於其他組織的，也並不因所從事的工作不同，而有不同的看法。然而，對外部適應價值觀而言，則無此現象，而進一步受到工作功能的影響。雖然這種推論也許是成立的，但由於本研究所掌握的工作功能只有生產、管理、後勤、及工程四種工作性質，仍然有必要針對整個組織營運的流程，抽取其不同目標、時間觀之行銷、研究、開發、製造等方面的工作功能加以探討(**Szilagyi & Wallace, 1983**)，以進一步確定工作功能與組織文化價值觀間的關係。

根據以上的討論，未來的研究應該針對下述主題來加以探討：1.以組織爲研究單位，探討各行業包括製造業或服務業、勞力密集或資本密集、大企業或小企業間組織文化價值觀的差異，以建立各行業之典型組織文化價值觀或常模，便於各組織比較。2.探討組織文化價值觀與組織效能的關係，俾瞭解有效組織文化（effective organizational culture）的條件與內涵；3.探討組織社會化與組織文化價值觀間的關係，以幫助組織設計較佳之組織社會化方案與計畫。4.瞭解影響組織文化價值觀的要素，包括創辦人、外界環境的改變、或內部環境的變化等，以便使實務工作者能夠擬出適當的組織發展策略，促進組織文化之更新。

參考文獻

丁虹(1987)：＜企業文化與組織承諾之關係研究＞。國立政治大學企業管理研究所未發表之博士論文。

陳家聲、余伯泉(1989)：＜企業文化活力系統整合報告＞。中國生產力中心委託研究報告。

Galbraith, J. K. (1987). ＜**The age of uncertainty**＞.徐淑真譯(1989) ，《富裕之路》。臺北：桂冠圖書公司

Miller, L. (1984). ＜**American spirit**＞.尉謄蛟譯(民 73)。美國企業精神。臺北：長河出版社。

Morita, A.,Reingold, E. M. and Shimomura, M. (1986). ＜**Made in Japan-Akio Morita and Sony**＞. 天下譯(1987)。《新力與我》。臺北：經濟與生活出版公司。

Rogers, B.(1986).＜**The IBM way**＞. 陶瑞清譯(1988)。《行銷巨人 IBM》。臺北： 經濟與生活出版公司。

Rogers, E. M. and Larsen, J. K.(1984). ＜**Silcon Valley fever**＞.朱家一、陳怡蓁譯(1987)。《矽谷熱》。臺北：經濟與生活出版公司。

Beckhard, R. (1975). Strategies for large system change. In E. H. Schein (Ed.) , **The art of managing human resources**. pp157-171. New York: Oxford University press.

Beckhard, R. and Harris, R. J. (1977). **Organizational transitions: Managing complex change**. Reading, M ass. : Addison-Wesley.

Cascio, W. F. (1987). **Applied psychology in personnel management.** Englewood Cliff, NJ: Prentice-Hall.

Cooke, R. and Rousserou (1984). The organizational culture inventory: A quantitive assessment of culture. In K. Roberts (Ed.), **1988 BA205 Reader**, University of California at Berkeley. pp 207-224.

Deal, T. E. and Kennedy, A. A. (1982). **Corporate cultures**. Reading, Mass.: Addison-Wesley.

Kluckhohn, F. R. and Strodbeck, F. L. (1961). **Variations in value orientations.** New York: Haper & Row

Langbein, L. I. and Lichtman, A. J. (1978). **Ecological inference**. Beverly Hills, CA.: Sage.

McCormick, E. J. and Ilgen, D. (1980) **Industrial psychology.** Englewood Cliffs, NJ: Prentice-Hall.

Ouchi, W. G. (1981) **Theory Z**. Reading, Mass.: Addison-Wesley.

Ouchi, W. G. and Wilkins, A. L. (1985) Organizational Culture. **Annual Review of Sociology**, 11,457-483.

Pascale, R. J. and Athos, A. G. (1981) **The art of Japanese management**. New York: Sinion & Schuster.

Peters, T. J. and Waterman, R. H., Jr. (1982) **In search for excellence**. New York: Haper & Row

Schein, E. H. (1968): Organizational socialization and the profession of management. **Industrial Management Review**, 9, 1-5.

Schein, E. H. (1985): **Organizational culture and leadership**. San Francisco: Jossey-Bass.

Schriber, J. B. and Gutek, B. A. (1987). Some time dimensions of work: Measurement of an underlying aspect of organizational culture. **Journal of Applied psychology**, 72(4), 624-650.

Smircich, L. (1983). Concepts of culture and organizational analysis. **Administrative Science Quarterly**, 28, 339-358.

Smith, P. C. and Kendall, L. M. (1963). Retranslation of expectations: An approach to the construction of unambiguous anchors for rating scales. **Journal of Applied psychology**, 47, 149-155.

Szilagyi, A. and Wallace, M. (1983). **Organizational behavior and performance** (3rd ed.).Glenview, Ill.: Scott, Foresman.

Tagiuri, R. and Litwin, G. H.(Eds). (1968). **Organizational climate: Exploration of a concept**. Boston: Division of Research, Harvard Graduate School of Business.

Tunstall, W. B. (1983) Cultural transition at AT & T. In E. H. Schien (ed.). **The art of managing human resources**. New York: Oxford University press. pp 157-171.

Tunstall, W. B. (1985). Breakup of the Bell system: A case study in cultural transformation. In R. H. Kilman & Covin, T. J.(eds.), **Gaining control of the corporate culture**. San Francisco: Jossey-Bass. pp 44-65.

Van Maanen, J. (1976). Breaking in: Socialization to work. In R. Dubin (Ed.), **Handbook of work, organization and society**. Chicago: Rand McNally.

Van Maanen, J. (1979). The self, the situation, and the rules of interpersonal relations. In W. Bennis (Ed.), **Essays in interpersonal dynamics**. Homewood, Ill.: Dorsey.

組織文化與組織氣候

任金剛

國立中山大學人力資源管理研究所

黃國隆

國立台灣大學工商管理學系

鄭伯壎

國立台灣大學心理學系

本文是第一作者在*國立台灣大學商學研究所之博士論文*，由後兩者指導完成，1996 年

<摘要>

組織文化對組織效能的影響，顯然得透過管理實務方能致之，因此，組織氣候在組織文化與效能間，扮演著重要的角色；究竟組織氣候在此一機制中扮演何種角色，發揮何種效果，殊值探討。可惜，現有文獻大多忽略了此項重要議題。

本研究首先藉由文獻整理，將組織文化與組織氣候這兩個經常為研究者混為一談的概念，加以區分；接著，研究者討論過去常用的文化效能直接模式；再引進組織氣候的概念，針對組織文化、組織氣候、與個人效能三者間的關係，導出文化效能過程模式；最後，經由三個的研究，進行此兩種模式間的比較驗證。

研究一藉由訪談的資料與現成的量表，修訂並發展組織文化價值觀量表，並分別以三個性質不同的樣本，探討其建構效度、區辨效度、及內部一致性信度。研究二則藉由訪談的資料，發展組織人力資源氣候量表，並以因素分析，說明建構效度。研究三則分別進行相關、多元迴歸、淨相關等分析，以比較文化效能直接模式與文化效能過程模式的預測力。結果發現雖然兩種模式對員工效能皆具有一定程度的解釋力，但文化效能過程模式的解釋力更高。此外，在分群分析之後，亦發現組織氣候對各種組織文化與各種員工效能間具有補足或強化的效果。

緒論

研究動機

組織文化是組織研究近年來的新興課題，此種現象可由下列二方面看出端倪：首先，由組織文化的文獻及出版品來看，近年來與組織管理相關的雜誌、書籍及期刊，都呈現出競相出版以組織文化為主題的盛況，比如坊間一些有關企業文化的通俗書籍（如 Deal & Kennedy, 1982；Ouchi, 1981；Pascal & Altho,1981；Peters & Waterman, 1982），均曾名列暢銷書之林。一些報章雜誌對企業文化也多有專文報導（如 Business Week, 1980；1984；Fortune, 1984；Kilmann, 1985；Langley, 1984；Salmans, 1983；Uttal, 1983）。在學術界方面，組織文化的文章近年也大量出現，如 Barley、Meyer 及 Gash（1988）以組織文化為關鍵字眼，利用電腦檢索 6 個資料庫，在 1975 至 1986 年間找出 192 篇有關組織文化的發表文章；Alvesson 與 Berg（1992）擴大檢索的期限，發現在 1942 至 1986 年間，有關企業文化的發表文章有 281 篇。 其次，由其他相關領域普遍引進組織文化概念的現象來看，組織文化也為其他領域廣泛接受。目前在管理其他領域方面，可以發現不少研究將組織文化的概念與該領域的重要課題連結，如人力資源管理（如 du Gay & Salaman, 1992；McDonald & Grandz, 1992）、行銷管理（如 Deshpande & Webster, 1989；Jaworski, 1988）、國際企業（如 Norburn, Birley, Dunn, & Payne, 1990；Lei, Slocum, & Slater, 1990）、策略管理（如 Fiol, 1991；Goll & Sambharya, 1990；Pettigrew, 1985）。

不過許多研究者在進行組織文化的研究時，經常會問一個重要問題：究竟組織文化與組織或個人效能有何關係？此種關係是透過何種機制來發揮效果的？由於組織文化對效能影響，必須透過管理實務方以致之，因此組織氣候在文化與效能關係當中，顯然扮演一個重要角色。然而，組織氣候在此一機制中所扮演的角色，究竟是發揮中介效果？還是干擾效果？則殊值討論。截至目前爲止，上面的問題都尚未獲得滿意的回答。因此，值得吾人做進一步的探索。筆者也正是基於此動機，而進行本研究。本研究除了藉由文獻的整理與探討，以找出組織文化與組織氣候的區分之外，也將針對組織文化、組織氣候、與個人效能三者間的關係，提出文化過程模式，並透過實際的調查資料，進行驗證。

總之，本研究之主要目的爲下列三項：

1. 針對組織文化與組織氣候的特性，發展出不同的測量工具。
2. 建構組織文化、組織氣候、與個人效能間的可能模式。
3. 進行組織文化、組織氣候、與個人效能間可能模式的驗證。

組織文化的概念

雖然組織文化在學術界及實務界掀起一陣旋風，但它到底指稱的是甚麼，則有多種不同的看法。檢視各個學者的說法，可以發現不同學者間的看法並不一致，對於組織文化的概念也多有不同。以下將從組織文化的主題、層次、研究途徑三方面來探討組織文化的意涵。

組織文化的研究主題到底是什麼？Schein（1992）曾針對有關組織文化眾多的說法，歸納出 10 類主要的定義，分別代表著不同的研究主題。這些主題包括：

1. 成員互動時可觀察到的行爲準則，包括了組織中所使用的語言、習慣、傳統、儀式。
2. 團體規範，是指組織中隱而不察的標準及價值觀。
3. 信奉的價值觀（espoused values），是指組織所公開表達及公告的方針及價值觀。
4. 正式的哲學，是指組織的政策及理想的方針。
5. 遊戲規則，是指要在組織中生存及成功，成員所需遵守之隱而不見的規則。
6. 氣候，是指成員對組織的知覺及感覺。
7. 型塑的技術（embedded skill），是指組織成員無需依靠書面的記載，就能將事務代代相傳的方式。
8. 思考習慣、心理模式、語言典範，是指組織成員所共有的認知架構。
9. 共享的意義，是指組織成員間對事務顯現出共同的了解。
10. 原始暗喻、整合的象徵（root metaphors or integrated symbols），是指組織成員所發展出來的想法、感覺、印象，可以代表組織的特色。

針對組織文化主題的紛亂現象，Smircich（1983）整理及連接了有關的組織理論及文化理論，對應出五類組織文化研究的主題，包括比較管理、企業文化、組織認知、組織象徵論及組織的潛意識歷程，使得組織文化研究者得以清楚的瞭解組織文化定義的源頭。其中比較管理研究將文化視為組織的外在變項，探討不同國家的管理行為與員工態度；企業文化的研究將文化視為組織的內在變項，是可以改變、控制及管理的，並探討其與策略、變革、績效、員工效能間的關係；組織認知的研究將文化視為組織的原始暗喻，研究組織內共有的認知體系與規則；組織象徵的研究亦將文化視之為一種暗喻，探討組織內的各種象徵，並加以分析、解讀與詮釋；組織潛意識歷程的研究將文化視之為潛意識心理歷程的表現，利用心理分析的觀點來分析組織。

雖然組織文化的研究分歧，但是 Schein 對組織文化概念的定義卻仍是多數研究者所能接受的定義。Schein（1992）將組織文化界定為：「是一組共有的基本假設，是在組織解決自身的外在適應和內在整合問題時學會的，由於運作良好所以將之視為是有效的，並在遇到相關問題時，會將之當成正確的知覺、思考、感覺的方式，教導給新成員」。依據此種說法，可將組織文化視為一個獨立而穩定的社會單位所具有的一種特質，由於該一單位的成員在解決組織內、外部問題的過程中，會共享許多重要的經驗，經由這類共同的經驗，成員對周遭的世界及他們在周遭世界上所處之地位產生共同的看法，而這些共同的看法在經過足夠的時間之後，成員會視爲理所當然而不能察覺它的存在（Schein, 1985）。

在概念上，Schein（1992）將組織文化視爲是一種基本假設，但從分析的角度來看時，可藉由組織文化的可視性進一步將之分爲三個層次，包括人工飾物（artifacts）、信奉的價值觀（espoused values）及基本的基層假設（basic underling assumptions）一般而言，針對同樣的研究題目，各個研究者因自身的訓練背景及典範偏好，會各自引用不同的定義來源，採用不同的研究途徑與方法、探討不同的層面。組織文化的研究，自然也不例外（Alvesson, 1993）。藉由 Schein（1992）的分類也可以看出，不同的組織文化研究，也深受研究者的學術背景影響，而採用不同的研究途徑。

Ouchi 與 Wilkins（1985）嘗試將組織文化的研究分爲宏觀分析取徑及微觀分析取徑兩大類，發現如就研究者的學術背景來看，宏觀分析取徑者大多是具備人類學與社會學的訓練，較喜歡採用整體的、符號語言學的及質的研究途徑來探討組織文化的內涵與形成的歷程。微觀分析取徑者多具備心理學的訓練，他們兼採深度訪談、內容分析、問卷調查及量化方法來瞭解組織文化。Smircich 與 Calas（1987）更進一步採用主題、典範觀點及知識觀點的理論等三種架構做爲組織文化文獻的分析架構，在主題上，比較管理與企業文化是將文化視爲變項，而組織認知、組織象徵論及組織潛意識歷程則將文化視爲原始暗喻；在典範觀點上前二者則是從功能主義者的觀點，後三者則是詮釋主義者的觀點；在知識觀點的理論上，前二者是著重在技術的旨趣，後三者則是著重在實踐及解放的旨趣。

綜合 Ouchi 與 Wilkins（1985）、Smircich（1983）、Smircich 與 Calas （1987）的看法，可將組織文化的研究分成二類，一類是採取詮釋主義者的想法，將組織看成是一種文化（organization is culture）現象，所以組織行動是築基於成員間共有的意義上，因而應從成員間訂定意義的過程中進行研究，研究目的是放在對整個組織的描述及解釋，此類研究的最大貢獻在於提出另一種研究典範。由於在知識論上採行詮釋主義的看法，此類的研究採用主位（emic）的局內人觀點，認爲文化是有其特殊性的，所以要採行質的方法進行研究，以表現出當地的觀點（native point of view）。另一類研究則是採取功能主義者或實證主義的想法，將文化視爲是組織所擁有的事物（organization has culture）。雖然此類研究也認爲應該對成員的價值及意義進行探討，但是將之當成變項，研究的目的除了描述、解釋之外，更進一步要能預測或操控文化。由於在知識論上採行實證主義的看法，此類的研究多採用客位（etic）的局外人觀點，認爲文化之間必定有其共通的地方，所以要採行量化方法研究，以便進行比較與類推。

本研究對於研究的主題、層次、研究途徑，則抱持著以下的看法：第一、在組織研究的領域中，直接引用人類學家有關文化無所不包的觀點，未必合適（Morey & Luthans, 1985）。因爲這樣的觀點，固然掌握了文化整體性的性質，顯現出文化與其他概念的不同，但這樣的想法也將會妨礙組織文化的研究。按照這種觀點，文化既是無所不包，所以有關組織的所有概念都可隸屬在文化之內，而對這些概念的研究都可說成是組織文化的研究（Trice & Beyer, 1984）。此種用法也會賦予文化毫無限制的解釋能力，造成組織中的一切現象都可以用文化解釋。但是當只用文化來涵括組織的一切現象時，事實上等於沒有提供任何的解釋，因此 Alvesson（1993）也將文化稱為懶人所使用的字眼。而 Smircich（1983）的分析架構區分出了組織文化的五種主題，同時也將企業文化與比較管理、組織認知、組織象徵論及組織的潛意識歷程做了分辨，提供了組織文化研究者相當重要的參考依據。首先，釐清了組織文化研究的各種源頭；其次，幫助研究者瞭解組織文化所可能意涵的不同主題；第三，將企業文化的研究限制在較小的範圍之中，使得研究者可以進行更精確的研究（鄭伯壎，民 79）。

第二、不同文化層次的資料，代表了資料不同的客觀程度、蒐集的難易程度及文化的解讀程度（Rousseau, 1990）。如人工飾物層次的資料是顯而易見，也無須多做推論，所以在主、客觀的程度中較為客觀；在資料蒐集上，也是唾手可得、俯拾皆是；但用以解讀組織中許多相牴觸的表象時，卻難以理解。基本假設則是看不到的，研究者只能透過推論得出，所以主觀介入的程度非常重；在資料的取得上，因涉及到組織及成員的深層部份，並不容易獲致；但是當用以解讀組織中不相容的部份時，卻易於理解。價值觀則是居於人工飾物及基本假設之間，所以在資料的客觀程度、蒐集的難易程度及解讀的程度，也介於其間。

雖然 Schein（1992）認爲基本假設才是組織文化研究的真正重點，但是基本假設不易做操作性的界定及測量，所以一般採用量化研究者多是以價值觀爲組織文化操作性上的定義，以進行測量(Hofstede, Neuijen, Ohayv, & Sanders, 1990；O'Reilly, Chatman, & Caldwell, 1991；Ott, 1989；Wiener, 1988），而不是採用基本假設。

第三、組織文化的研究途徑可分爲質化與量化二類，這二類研究途徑各有其特長之處，研究者進行研究時，自然可採取不同的研究途徑。當然從文化的獨特性來看，採用質化研究，最能發揮研究文化獨特性的長處，不過根據實際的檢視，卻發現將文化視爲變項並嘗試進行量化操控的研究，逐漸居多（Barley, et al., 1988），這也代表量化研究在組織文化的研究中是勢在必行。但採行量化的方式，並不代表就要放棄質化方法的一些重要想法，反而應該藉助質化研究的想法，增進研究的精準性。因爲量化研究爲了便於比較，多是由研究者強制建立起一些可以比較的標準，再將所有的對象都放在這標準上面進行評比，而不管這樣的標準是否真正是研究對象所在意的或是有不同意義的。質化方法則因爲採用的是局內人（研究對象）的觀點、局內人的用法，使得可以用當事人的語言，更精準的描述出組織的現象；這遠非量化研究採用局外人（研究者）的架構，對組織加以描述所能比擬。所以量化方法若能採用質化研究的這種觀點，透過組織內成員的幫助，建立起一套不會曲解成員觀點、弄擰成員經驗的測量工具，則一方面可以有進行比較的優點，另一方面也可以有精確的優點。

組織文化與效能

組織文化能在短短的期間內，迅速成爲實務界與學術界矚目的焦點，最主要的原因在於許多人認爲企業文化會影響到該一個企業的效能（Deal & Kennedy, 1982；Denison, 1984；Gordon, 1985；Kilmann, Saxton, & Serpa, 1985；Kotter & Heskett, 1992；Ouchi & Wilkins, 1985；Pascale & Athos, 1981；Schwartz & Davis, 1981）。

企業文化既然會影響到企業的效能，這種影響的情形究竟如何？一般學者多認爲卓越的企業多有著強勢的文化，也就是一個企業愈擁有強勢的文化則該企業的經濟績效愈佳。何謂強勢的文化？Sathe（1985）認爲文化的強度（strength）取決於三者，一、厚度（thickness），組織所擁有重要假設的數目，多者稱爲厚重文化（thick culture），少者稱爲薄弱文化（thin culture）；二、共有度（extent of sharing），組織成員間所共有重要假設的數目，多者對組織及成員有較大的影響；三、順序的明確度（clarity of ordering），組織的共有價值觀及信仰有明確的優先順序，當成員遇到利益衝突時，在擇選上有確切的依循。Kilmann、Saxton 與 Serpa（1985）則將組織文化的影響力，區分成三種情形：第一、文化的方向性（direction），即文化影響組織營運方向的正確程度；第二、文化的普及度（pervasiveness），即組織成員間文化共有的程度；第三、文化的強度（strength），即組織內成員對文化遵守的程度。所以當文化的方向正確，且爲成員共有並非常遵守時，是所謂的強勢文化；當方向正確，但不爲成員共有或不遵守時，是所謂的弱勢文化。這樣的說法，也包括了 Kotter 與 Heskett（1992）所提的適應性的文化，也就是只有當文化能幫助組織預測及適應環境變遷時，此種文化才能導致長期優越的績效；這包括願意冒險、主動投入組織、主動支援同事、互信、熱忱、接受改變及創新、創業精神。

綜合上述對強勢文化的說法，可以了解若是要加強績效，則必須要讓多數成員擁有組織所應具備的文化內容，也就是文化的內容相當重要，只要多數成員具備這樣的文化內容，組織的績效自然提昇。而強勢文化的效果則來自：一、目標的一致性（goal alignment），使得成員的步伐一致；二、由於有著共同的價值觀，會對員工產生內在激勵；三、不需依賴正式的科層結構，就能提供組織所須的結構與控制（Kotter & Heskett, 1992）。

在實際的研究中，Siehl 與 Martin（1990）回顧了組織文化與組織績效間的論文，找出以財務績效作爲組織績效的論文，發現研究者通常用財務比率爲操作性績效，其中最常用的爲資產報酬率（return on assets）、淨值報酬率（return on equity）、銷售報酬率（return on sales）、每股盈餘（earnings per share）等四種。他們並找出文化和財務績效間，有以下的三種關係：第一、直接連接。企業利潤的關鍵在於有適當的強勢文化，雖然對適當的定義不同，但對強勢的定義相仿：信奉的價值觀與行爲一致且多數成員對公司都有相同的看法。若組織文化無法產生此種一致及共識，則視爲弱勢文化。第二、直接連結但方向相反。

認爲並非文化影響績效，而是績效影響文化的內容。財務績效的水準可導致企業信奉某些價值觀，以便改進企業形象，並對不尋常的利潤水準提供社會期望的解釋。而高績效可能使信奉且執行某些價值觀成爲可行。第三、權變。認爲文化和策略諧調的公司，比不諧調的公司在績效上較佳，亦即文化和策略相牴觸時，利益上的混淆和衝突增加、策略遭受排斥、財務績效自然受到傷害。

但是當對這些研究論文做進一步審視時，會發現不論是那一種關係，實際上只能得到非常有限的支持，最主要是因爲抽樣程序、樣本大小、文化／績效的測量等方法上的不足。例如爲了概化，需要大量的組織樣本，爲了對文化得到深度徹底的瞭解，需要大量的時間、費用、及耐心，但對大量的組織收集這樣的文化資料幾乎是不可能的，因太耗費時間、經費。同樣的，對較多組織進行深度的個案研究也是不可能的。所以組織間的比較及找出適當的對照組雖是必要，但卻是難以執行的。此外，多數的研究者不易建立完整特定的績效模式，並在其中加入一些控制變項；凡此種種，皆成爲研究方法上的夢魘（Kotter & Heskett, 1992；Siehl & Martin, 1990）。

強勢文化的影響並不應只針對財務績效，也包括個人的效能。事實上 Siehl 與 Martin（1990）認爲文化對財務績效的影響，可能是透過對財務績效的非財務面的直接影響，亦即藉由企業中成員有著共有的價值觀，而提昇了員工的個人效能，如生產力、承諾、忠誠、留職、出勤、士氣、身心健康、工作滿足等，進而間接影響了企業的財務績效。因此，從微觀的員工個人信念與行為切入，可能可以解答文化與效能關的問題。

Ouchi 與其同僚（Ouchi, 1980；Wilkins & Ouchi, 1983）沿用交易成本（transaction cost）觀點（Williamson, 1975），探討在研究組織形式與控制中經常碰到的一項重要議題，就是「如何讓有限理性的自利團體，能感受到公正性（equity）」。除了沿用交易成本中原有的市場（market）與階層（hierarchies）兩個解決方式之外，他們更提出第三種的解決方式：朋黨（clan）。這種方式是透過組織文化的塑造，讓組織員工具有共同的價值觀，以形成朋黨式的組織。從交易成本的觀點來看，由於成員與組織之間有著共有的價值觀，形成相互一致的目標；因此，彼此之間的交換是互利且共生的，並不需要採取嚴密的監控方式，如此交易成本自然降低。為甚麼朋黨的方式會有這樣的效果？因為在這樣的管理方式之下，成員相信：「就長期而言，雙方的交換必然是公平的，組織絕對不會佔員工的便宜」。成員對組織既然產生信任感，自然會對組織會有承諾感、忠誠度（Alvesson & Lindkvist, 1993）。

從上述的論點可知，縱使組織文化對組織層次的經濟效能，仍有許多可以質疑的地方；但對於個人層次的個人效能，卻有著一定的影響。也就是組織可藉由成員間共有價值觀的建立，提昇成員的承諾感與忠誠度，並激發成員多表現出角色外的行為，提高成員個人的效能。再經由個人效能的提高，間接促成了企業的財務績效，這才是 Siehl 與

Martin（1990）認為強勢文化對財務績效可能影響的真諦。

組織文化對個人效能的影響，除了上述強勢文化的模式之外，另有一種常見的模式，所謂的契合（match）模式，也可稱為符合（fit）模式或一致性（congruence）模式（Enz, 1986；Enz, 1988；Meglino, Ravlin, & Adkins, 1989；Meglino, Ravlin, & Adkins, 1992；O'Reilly, Chatman, & Galdwwell, 1991；Posner, Kouzes, & Schmidt, 1985；丁虹，民 76；郭建志，民 81；黃子玲；民 82；鄭伯壎，民 82；鄭伯壎、郭建志，民 82）。

所謂的契合文化模式是認為，當個人的價值觀與組織的價值觀相契合時，則成員對組織會有正面的工作態度與工作行為；也就是要增進成員的效能，則必須要讓成員的價值觀與組織的價值觀在方向上一致並接近。此一模式與強勢文化模式最大的差異在於，契合模式認為沒有所謂的一律適用的文化內容；文化要能影響成員的效能，則成員與組織在價值觀上的契合，要比價值觀的內容強度更重要；而成員能與組織契合的文化才是好的文化，成員的效能才會愈佳。

與以往組織的研究相較，契合模式最大的不同點在於，契合模式在探討影響成員效能的因素時，不只是注意到個人特質對成員的影響，同時也注意到組織的情境特質對成員的影響；也就是契合模式同時納入了個人特質與組織情境二個因素，並將此二者何以能影響成員效能的歸因，放在個人能否與組織契合上。此種作法不但增加了模式的動態性，更避免了以往特質論與情境論孰輕孰重的爭論。不過在處理契合的現象時，必須先要注意到二個議題，1) 如何方能稱之為契合？也就是如何處理契合的測量問題；2) 契合的對象是誰？也就是誰和誰契合。

如何量測契合呢？一般而言，多數組織研究者在探討契合時，皆採用剖面相似指標（profile similarity indices；PSIs）做為測量上的指標，將原本二組的剖面資料結合成單一的資料，用以代表整體契合的情形或一致性的程度（Edwards, 1993）。其中平方差和、絕對差和、幾何差和及等距尺度相關是較常用的指標。

採用絕對差和或平方差和做為契合的指標，是假設當成員的價值觀與組織的價值觀相類似時，即雙方面的差距接近於零時，個人的工作效能較高；反之，當雙方面的差距大於零時，不管是成員的價值觀或組織的價值觀何者較高，則個人的工作效能較低。採用幾何差和做為契合的指標，則是假設當組織價值觀高於個人價值觀時，成員的工作效能較高；反之，當組織價值觀低於個人價值觀時，成員的工作效能較低。採用等距尺度相關做為契合的指標，是假設當成員的價值觀與組織的價值觀間是正相關時，個人的工作效能越高；反之，成員的價值觀與組織的價值觀間是負相關時，個人的工作效能越低。不過從契合的真正意義而言，不及與超過應該都是屬於不契合或不一致的狀況，而絕對差和或平方差和不但顧及契合的意義，同時也顧及了原始分數的影響，應是測量契合的較佳指標。

至於文化契合的對象呢？一般而言，可分爲二類，第一類是從組織成員個人的層次來看，第二類則是從整個組織的層次來看。從成員個人層次來看，契合的對象有下列三種：1) 個人價值觀與組織價值觀的契合，實際的作法是先計算出組織價值觀的平均數，再利用個人價值觀的分數與整個組織價值觀的平均數，導出契合的指標；2) 個人期望價值觀與實際知覺價值觀的契合，實際的作法是利用個人所期待的價值觀分數與個人知覺到的實際價值觀分數，導出契合的指標；3) 部屬價值觀與直屬上司價值觀的契合，實際的作法是直接導出個人價值觀與直屬主管價值觀間的契合指標。從整個組織的層次來看，契合的對象有下列四種：1) 部屬階層價值觀與主管階層價值觀的契合，實際的作法是先各自計算出部屬階層與主管階層價值觀的平均數，再導出二者間的契合指標；2) 部門與部門間價值觀的契合，實際的作法是先計算出各部門價值觀的平均數，再導出部門間的契合指標；3) 組織價值觀與組織實務的契合，實際的作法是先各自計算出組織價值觀與組織實務的分數，再導出契合的指標；4) 不同時間點價值觀的契合，實際的作法是先各自計算出不同時間上價值觀的分數，再導出契合的指標。若針對的是組織的價值觀，此一契合指標可以告知組織文化的變遷程度；若針對的是個人的價值觀，則此一契合指標可以告知個人在組織中社會化的程度。

雖然契合文化帶來了動態的觀點，可是契合文化模式也仍有一些問題存在。雖然契合性的研究廣泛採用 **PSIs**，但 **PSIs** 本身仍有一些問題有待解決。Edwards（1993）提出 PSIs 的四個問題：第一、將二個不同的概念合併成一個 **PSIs** 分數，會造成概念上的模糊。第二、不管是採用差異和或相關係數， **PSIs** 都會簡略一些原有的訊息。第三、**PSIs** 無從區辨究竟是這一個剖面中那幾個基素造成差距。第四、以 **PSIs** 作爲預測變項，對於迴歸方程式中的係數會有過多的限制。

綜合上述對強勢文化模式與契合文化模式的探討，可以得知這二種模式對組織文化可產生的效能，有著一定程度的解釋，但仍各有其不足之處，如前述在測量方法與分析上的不足。不過對於組織文化的理論發展而言，更重要的應是從理論本身來看這二種模式是否有不足之處。

若仔細探究，可以發現不管是強勢文化模式或是契合文化模式，基本的想法都是由組織文化直接指向效能，也就是認爲企業只要有著強勢的組織價值觀或契合的組織價值觀，就能增進成員的效能。但是組織價值觀影響效能的過程是否真是如此簡單？縱使組織擁有強勢的文化或契合的文化，但對組織成員而言，是否就只會受到組織文化的影響，而表現出契合的行爲與效能？還是組織文化與成員的行爲與效能之間，仍受到一些其他因素的影響。亦即在發展文化與效能之間的理論關係時，組織研究者應該嘗試找尋二者之間可能更逼近（proximity） 的變項，以進一步豐富現有的理論，這也才是文化與效能模式中值得繼續推敲之處。

組織氣候：組織文化與效能間的橋樑？

當嘗試進一步推敲文化與效能之間的機制時，可以檢討一下過去及現有的組織研究中，是否提供了一些線索？顯然地，組織氣候可能是組織文化與效能間的一個可能影響變項(Schneider, 1985；Kopelman, Brief, & Guzzo, 1990）。

組織氣候研究的濫觴可以回溯至 Lewin、Lippett 與 White(1939）的研究，他們利用實驗的方式，研究採用權威、民主、放任的領導方式，對學童攻擊行為的影響；不過在此一研究中並未對氣候及測量的方式加以定義，同時對氣候也是用引號加註標記以為區別（"social climate"）。Argyris（1958）利用一家銀行的人際關係訪談資料提出了一個組織行為的模式，其中包含個人的人格、組織的政策和程序以及個人適應組織的型態等，將氣候看成是組織的恆定狀態（homeostatic states），同時將氣候與非正式的文化（informal culture）交互使用。Forehand 與 Gilmer（1964）將氣候當成是用來描述一個組織的一組特性，認為應具有三個特性，1) 可以區分不同的組織，2) 具有持久的性質，3) 會影響組織成員的行為。第一階段的這些早期研究，雖然提出氣候的概念，也試著採用氣候來說明管理上的一些現象，但對氣候多未提出明確的定義及測量方式，一直到 Litwin 與 Stringer（1968）的書籍出版，對氣候的定義有明確的界定，也提出測量氣候的方式，氣候的研究才開始蓬勃發展。

Litwin 與 Stringer（1968）認為組織研究者雖已知曉環境及情境因素對員工激勵的重要，但卻缺乏證據，所以他們採用組織氣候作為環境因素的描述及測量方式，並尋求組織氣候和員工激勵間的關係；他們將組織氣候定義為「成員間接或直接知覺到工作環境中一組可測量的特質，這些特質並會影響成員的動機及行為」；並發展出測量氣候的一套量尺，共有 50 題分別隸屬九個向度。

Campbell、Dunnette、Lawler 與 Weick（1970）回顧了以往的研究，發現在四個用以說明情境的變項中，組織氣候是最常用的變項，也是個人對組織各種性質的知覺，而此種心理歷程和真實行為的距離，也比真實的環境和真實行為間更接近；此外，自主性、結構、待遇及體恤是氣候研究中四個最常用的向度。

組織氣候的成因，至少有三類：1) 結構取向的原因，組織的情境會影響個人的態度、價值觀、及所知覺到的組織現象，所以氣候是來自組織脈絡客觀面的影響，如組織規模、極權／分權、層級、技術等，這些組織的特徵統稱為組織結構；2) 選擇－吸引－離開（selection-attraction-attrition；SAA）取向的原因，組織透過招募、面談等的歷程，以吸引選擇能符合組織期望的成員，而個人則會透過自我選擇的歷程加入吸引個人的組織，但組織中的選擇－吸引歷程，並不能保證只選擇及吸引到組織所想要的員工，這中間也會產生不符合的情形，通常這些與組織不符合的員工容易會率先求去，而此一離開的歷程也更增加了組織成員間的同質性，由於成員間的相似，所以很容易有相似的知覺及對組織現象有相同的意義；3) 互動（interaction）取向，個人會將他所屬團體對他的態度加以內化，所以會採用（adopt）他所屬團體的態度，亦即個人對團體目標的態度必須和其他成員的態度相似，此種情形是透過符號、表情、動作等的溝通，假以時日，當各個成員能共同參與社會建構的實體（socially constructed reality），則整個自我的和諧及結構是來自個人所屬團體整個社會歷程的和諧及結構的反映（Schneider & Reichers, 1983）。與早期的組織氣候研究相比，Schneider 與 Reichers（1983）認爲此時的氣候研究在概念及測量方面已有相當的進步。

Joyce 與 Slocum（1982）將心理氣候分成二個部份，一部份是組織氣候，是該環境中所有個體心理氣候的平均數，另一部份則是氣候差異（climate discrepancy）， 是個人的心理氣候與組織氣候間的差異，前者是成員間所共有，後者則是個人的獨特觀點。Field 與 Abelson（1982）認爲以往在概念上雖將氣候當成是一個概念，但在操作性定義上卻可分成組織、團體與個人等三種層次，它們之間的共同點在於：1) 有持久的性質，2) 可以測量，3) 會影響組織成員的行爲；他們認爲氣候是個很有用的概念，因爲第一、對於和命名架構（nomological network）的連結，氣候是必要的；第二、氣候也和許多的變項連結；第三、氣候對於組織發展有相當的助益；此外，他們也提出有關氣候的改良模式，將焦點由以往的組織氣候轉移至心理氣候。

Joyce 與 Slocum（1984）認爲對於組織氣候的計算固然應是採用平均數的方式，稱之爲總計氣候（aggregate climate），但以往計算的範圍則是以方便爲主，採用正式單位、階層或人口變項爲計算的範圍，無法彰顯共有的性質，他們提出總計氣候應以知覺上的一致性而不是所屬單位進行計算，亦即以知覺相近作爲計算的基礎，這融合了互爲主體（intersubjectivity）的想法，同時爲了能與現行的總計氣候方式有所區分，所以另行採用群體氣候（collective climate）這個名詞表示之。

Glick（1985）針對氣候的五個議題的問題提出檢討，認爲：1) 理論的單位，應以組織爲組織氣候的單位，方能避免錯誤層次的謬誤（fallacy of the wrong level），最好採用多重層次的理論單位；2) 氣候的決定因子，雖然可從心理的觀點，但也應從社會／組織過程的觀點來檢視，所以氣候是透過結構、選擇－吸引－離開、互動及互爲主體形成，應採用縱貫式、新成員的社會化及網絡分析等方式進行研究；3) 氣候的組合法則，必須要有命名架構；4) 知覺一致性的解釋，應找到正確的線人（informant）提供訊息；5) 氣候向度的領域範圍，採用多重向度是有其正負二方面的影響，可以採用效標關聯的變項以減少氣候的向度。

James、Joyce 與 Slocum（1988）針對 Glick（1985）的論點提出申辨，認爲組織沒有認知，只有個人才有，雖然總計心理變項的分析單位是情境，但氣候理論的單位卻是心理的，所以只要能有共有的知覺，是可以用總計的心理氣候代表組織氣候。

Glick（1988）則針對 James 等人（1988）的論點提出答辯，認爲 James、Joyce 與 Slocum（1988）將組織氣候界定成心理的建構，是從個人主義的立場出發，而 Glick（1985）則將組織氣候界定成組織的屬性，是從鉅觀的角度來看；此外，前者是站在操作主義者的立場，後者是站在理想主義者的立場，所以二者在認識論上有所不同，而在氣候向度的看法上也不同；他因而建議將組織氣候的名稱保留給 Glick（1985）的說法，而 James 等人（1988）的說法則另外冠上總計的心理氣候（aggregate psychological climate）之稱呼。

Moran 與 Volkwein（1992）對氣候形成的原因，除了探討過去文獻中的結構、知覺及互動等取向之外，也提出了文化取向，認爲成員是在組織文化的脈絡中互動，彼此建立互爲主體性而導致氣候的形成。

總之，透過上述對氣候三個階段演變歷程的擇要說明，可以了解雖然目前對氣候的看法有所爭議，但大致仍能獲得下列的一些結論：1) 是成員對工作環境的知覺及描述，2) 是成員間所共有的，3) 有著不同的分析層次，4) 有多種的向度，5) 會受到文化的影響，6) 若能針對特定的層面，在測量上將更精準。

文化是指成員間共有的價值觀，氣候則是指成員間所知覺到的組織環境，二者是分別代表不同的概念，則二者之間可能的關係爲何？

Ashforth（1985）認爲特定的文化不一定就能產生特定的氣候，而且除非文化已使得氣候一致，否則即使是強勢的文化也不一定導致卓越及績效；Kopelman、Brief 與 Guzzo（1990）認為組織文化對組織生產力的影響，必須是透過人力資源管理實務、組織氣候、個人的認知情感層面；Marcoulides 與 Heck（1993）認為組織價值觀會影響組織氣候的知覺，並進而透過此一知覺的氣候，間接影響組織的績效；Moran 與 Volkwein（1992）採用文化取向來說明氣候的形成，他們認為氣候是經由一群有著共有組織文化的個體，在互動後所產生對週遭環境的知覺與解釋；Reichers 與 Schneider（1990）認為文化在層次上比氣候更為抽象，對於成員的行為或知覺會有間接及直接的影響，所以在與效能的連結上，可能比氣候更佳；Rousseau（1988）認為文化是組織的較深層面，而氣候則是組織可見的日常生活面，所以有些成員可能尚無法經驗到組織的文化面，但是所有的組織成員都可經驗到組織的氣候面；Schneider 與 Rentsch（1988）認為氣候可以告知「這裏發生了甚麼事情」，而文化則可以告知「何以事情是如此發生的」。

經由這些學者的論述，可以推知文化與氣候之間的關係，應是文化位在氣候與個人效能間更前端的位置，而文化對個人效能的影響，也會受到氣候的中介、干擾影響。雖然 Kopelman 等人（1990）、Moran 與 Volkwein（1992）均嘗試建立起文化與氣候間的模式，但是目前卻缺乏將文化與氣候連結在一起的實證研究，也少有文化與氣候一致性的系統性研究（Ashforth, 1985；Rousseau, 1988）。這對目前熱烈的組織文化研究以及過去累積的組織氣候研究而言，都是相當大的缺憾。

研究設計

研究架構：不同模式的比較

透過上述文獻的回顧，組織文化對於成員效能的影響，可以採用不同的模式加以說明，本研究所要探討的模式可分爲二類，如**圖一**所示。第一類是文化效能直接模式，此處又可區分成實際期望契合模式與上下契合模式二個次類；其中實際期望契合模式是指當成員個人所期望的價值觀與實際的價值觀相契合時，對成員的個人效能會有正面的影響；上下契合模式是指成員與主管間有著契合的價值觀時，對成員的個人效能會有正面的影響。第二類是文化過程模式，此處也可區分成中介模式與干擾模式二個次類；其中中介模式是指組織的價值觀是透過組織氣候，方會影響到成員個人的效能；干擾模式是指組織價值觀對成員個人效能的干擾，是受到組織氣候的干擾，若其中價值觀能與氣候相契合，則對成員的個人效能會有正面的影響。此類模式在組織文化的指標上，可分別採用實際期望契合與上下契合等方式，進行探討。本研究的研究目的，是對此二類模式同時進行實證探討，以了解這二類模式對於成員的效能所具有的解釋力，並區辨這二類模式對成員不同的效能所具有的解釋力。

壹、文化效能直接模式

1. 上下契合模式

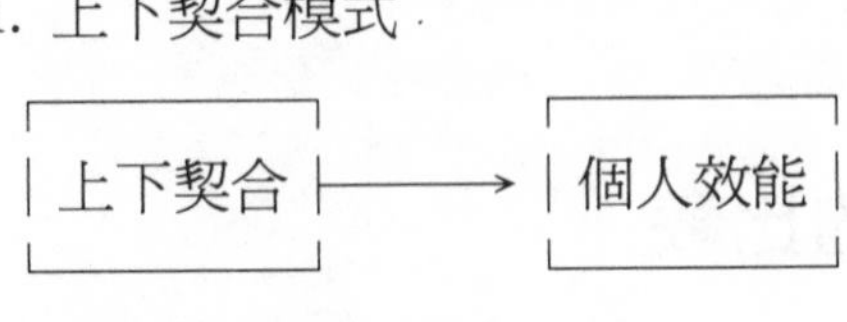

2. 實際期望契合模式

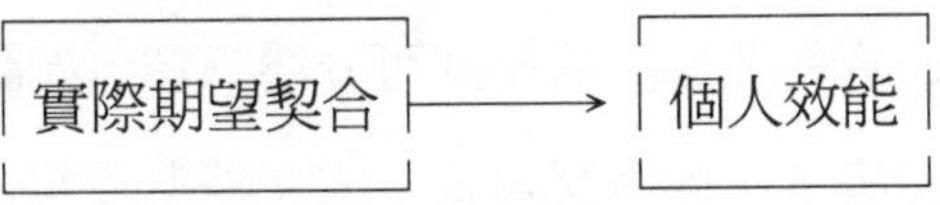

貳、文化效能過程模式

3. 中介模式

4. 干擾模式

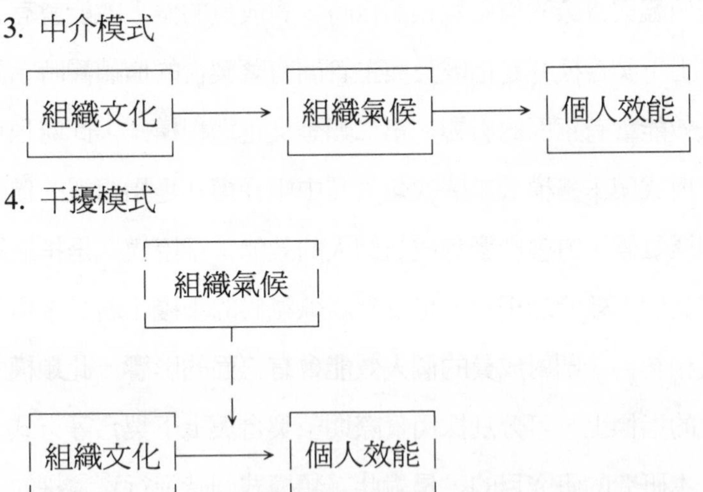

圖一　組織文化與員工效能間的不同模式

研究設計：研究方法的選擇

正如文獻探討中所提出的組織文化研究途徑的問題，研究者會有究竟應採用量化方式或質化方式的兩難之處。從文化的獨特性來看，採用質化研究，較能發揮文化獨特性的長處；但若要注重結果的類推性，則量化研究較能達到類推的結果。雖然量化的研究方式，在目前組織文化的研究中是居於較主流的地位，但是研究者在採行量化方式的同時，也可嘗試接受質化方法所提出的一些批評，作一些修正，如此將更可豐富組織文化的研究多樣性。

因此，本研究在研究工具的發展上，除了以現有的量化研究工具做爲基礎外，更重要的是也兼採質化的方法，藉由組織內成員的幫助，與該組織的成員進行團體深度訪談；針對訪談結果，找出可能適合的組織文化量表與組織氣候量表題目；再與該組織的成員進行討論，建立起一套符合該組織真實情況及日常用語的測量工具，用以描述組織的價值觀與組織氣候。如此發展的量化工具，正如在量化方法中加入質化想法；若與現成的套裝工具相比，自然更能精確的描述出一個組織的真實情況；而組織的成員在塡答時，也不致曲解問題的意義。

另外，在研究策略上，本研究由於打算探討組織文化、組織氣候與個人效能的關係，較偏向員工個人的微觀層次上，分析單位較接近個人的認知與知覺。因此，分析層次將以個人層次爲主，而非組織層次。

總之，根據上述的想法，本研究將進行三項關聯的研究：研究一將發展測量組織文化價值觀的適切量表，並進行建構效度、複核效度、及區辨效度的檢驗。

研究二則發展出測量組織氣候的適切量表，重點在於研究者將與組織的成員共同探索，採用團體訪談法，發展局內人觀點、具一定效度、信度的組織氣候測量工具。

最後，在研究三中，藉由研究一與研究二所發展出來的測量工具，進行組織文化、組織氣候、個人效能間不同模式的比較驗證。

研究一：組織文化的測量

研究方法

概念釐清

本研究對組織文化的定義，可分成二方面來界定。首先，在組織文化的主題方面，根據 Smircich（1983）的分析架構，本研究將組織文化的主題界定在企業文化，而不是比較管理、組織認知、組織象徵論、或組織潛意識歷程上。因此，本研究中的組織文化是組織內部的變項，而非隱喻。既然組織文化是變項，自然具有變項的一般性質：是可以改變、控制及管理的，是與策略、變革、績效、及員工效能有關，當然也可以採用量化的方式進行測量。

其次，在組織文化的層次方面，根據 Schein（1992）的分析架構，本研究將組織文化界定在組織價值觀的層次上。因爲基本假設是看不到的、較爲抽象，只能透過人工飾物及價值觀來推論；而人工飾物雖然是顯而易見，但因過於廣泛，在歸納及解讀上相當不易。只有價值觀，不但當事者能夠清楚意識到，同時在做操作性定義時，也不會因過於廣泛而不易掌握。

研究步驟

過去有相當多對價值觀的研究，而有關這些研究中所使用的價值觀量表，以 Allport、Vernon 與 Lindzey（1960）、England（1967）、Rokeach（1973）等三項研究最爲著名。不過因爲這三項研究對象的關係，使得這些研究中所採用的價值觀量表，僅適合於社會、國家、個人的研究，而不適用在個人與組織的契合研究中（McDonald & Grandz, 1992）。但是隨著組織文化研究的興起，已有較多的研究者開始發展新的測量工具，如 Allen 與 Dyer（1980）、Calori 與 Sarnin（1991）、Enz（1986 a）、Kilmann 與 Saxton（1983）、O'Reilly, Chatman 與 Coldwell（1988）等。

至於國內以往有關價值觀的研究，也多是引用上述三項研究的價值觀量表，而專門針對組織價值觀所進行的研究並不多。不過隨著臺灣大學一系列有關組織價值觀的研究及所引發的相關研究，目前有關組織價值觀的研究已是有系統的在進行（郭建志，民 81；黃國隆，民 81；黃子玲，民 82；鄭伯壎，民 79；鄭伯壎，民 81；鄭伯壎與郭建志，民 82）。

在實際進行研究時，研究者除了參考各種現行的組織文化問卷之外，並嘗試透過研究樣本一的相關單位協助，進入該組織，與員工進行團體訪談。一方面透過與員工的直接接觸，了解組織的實際運作情形，一方面藉由訪談的豐富資料，建立起組織文化問卷的雛型。

問卷的雛型完成後，研究者與樣本一各事業單位的人事人員進行團體討論，編製成初步的研究問卷，接著邀請多位來自不同部門單位的員工進行預試，一方面確保問卷的用語符合該組織日常的用法，同時也可知悉該組織成員對問卷的內容敘述是否明瞭。最後根據預試的結果，再對問卷做最後的修正，編製出含有 22 個題目的簡式組織文化價值觀問卷（簡式 OVS）。為了確保此一問卷亦可適用於其他組織，接著分別針對三個研究樣本，進行效度的複核及信度的驗證。

簡式 OVS 的建構效度驗證是以因素分析的方法進行，首先，以相關係數矩陣特徵值大於 1 的個數為因素數目；接著分別以主成份分析法、主軸（主因子）分析法、最小平方法等三種方式進行未轉軸因素負荷量的估計；最後，再採用最大變異法進行正交轉軸。

簡式 OVS 的信度驗證是以內部一致性為標準，分別針對三個研究樣本進行內部變異數的分析，並以 Cronbach Alpha 係數做為指標。

樣本

研究一的主要目的在於發展組織文化價值觀問卷，爲了增進此一問卷外在效度，在編製出完整的問卷後，再針對三個不同特性的研究樣本，進行效度的複核（cross validation）與信度的驗證。

樣本一的主要特色是一家包括幾個從事不同產業運作單位的組織，該機構位於臺灣北部，除了總管理單位外，尚有幾個不同的事業單位，分別從事機械、化工、電子、通訊、能源、光電、材料、儀器等不同事業的經營運作。施測時該機構的全部員工人數約爲 6000 人，共計有 2135 位人員參與調查。各事業單位參與調查的部門數各自在 4 至 9 個部門，共計有 62 個部門參與。各部門參與調查的人數各在 11 至 101 人之間。

樣本二的主要特色是包括隸屬於同一產業中的不同企業，樣本公司包括電子產業的 90 家廠商，共計有 250 位人員參與。

樣本三的主要特色是同時包括不同產業的不同企業，樣本公司包括電子、服務、及食品等三種產業的 9 家廠商，共計有 1071 位人員參與。

研究結果

組織價值觀量表的因素分析，在樣本一的結果，如**表一**所示。由**表一**中可以看出，不管是採取主成份分析、主軸分析、最小平方法等因素分析的方式，都可以獲得兩個明顯的組織文化因素，因素一的

表一　簡式 OVS 在樣本一的因素分析

題目	平均數	標準差	主成份分析法		主軸分析法		最小平方法	
			因素一	因素二	因素一	因素二	因素一	因素二
鼓勵創新發明	4.46	1.02	0.58	-0.01	0.54	-0.01	0.55	-0.01
發揮團隊合作	3.95	1.17	0.71	-0.13	0.69	-0.12	0.69	-0.12
尊重個人意願	3.86	1.16	0.69	-0.10	0.66	-0.10	0.66	-0.10
強調勤勞敬業	4.06	1.10	0.71	0.04	0.69	0.03	0.69	0.03
鼓勵奉獻服務	4.11	1.16	0.64	0.13	0.61	0.11	0.61	0.11
追求卓越精進	4.07	1.10	0.78	-0.06	0.77	-0.07	0.77	-0.06
負起社會責任	3.80	1.15	0.78	-0.06	0.77	-0.06	0.77	-0.06
作風正直誠信	3.72	1.23	0.78	-0.13	0.77	-0.13	0.77	-0.13
強調顧客導向	3.99	1.19	0.66	0.05	0.63	0.03	0.63	0.04
致力科學求真	4.00	1.17	0.76	-0.08	0.74	-0.09	0.74	-0.09
注重敦親睦鄰	3.80	1.09	0.69	0.05	0.67	0.04	0.67	0.04
要求表現績效	4.45	0.98	0.52	0.35	0.50	0.29	0.50	0.28
重視成本效益	3.53	1.32	0.67	-0.10	0.64	-0.10	0.64	-0.10
行事積極進取	3.80	1.12	0.78	-0.09	0.76	-0.09	0.76	-0.09
賞罰公正公平	3.39	1.19	0.72	-0.16	0.70	-0.16	0.70	-0.16
重視人力資源	3.64	1.18	0.72	-0.15	0.70	-0.15	0.70	-0.15
尊重制度規範	3.87	1.12	0.66	0.02	0.63	0.01	0.63	0.00
講究形式表面	4.46	1.17	-0.22	0.77	-0.21	0.74	-0.21	0.75
遵從權威領導	4.04	1.18	-0.05	0.73	-0.04	0.66	-0.04	0.66
重視人情關係	4.13	1.05	0.13	0.66	0.13	0.56	0.12	0.55
強調短期成果	4.39	1.11	-0.12	0.75	-0.11	0.69	-0.11	0.69
講究學歷取向	4.85	1.21	-0.01	0.60	-0.01	0.49	-0.01	0.48
特徵值			8.50	2.71	8.00	2.14	7.99	2.15
解釋變異量%			38.60	12.30	36.30	9.70	36.30	9.80
累積變異量%			38.60	51.00	36.30	46.10	36.30	46.10

特徵值在 7.99 與 8.50 之間，因素二的特徵值則在 2.14 與 2.71 之間；因素一可以解釋 36.3 % 至 38.6 % 的變異量，因素二可以解釋 9.70 % 至 12.30 % 的變異量，合計可以解釋 46.10 % 至 51.00 % 的變異量。就因素一而言，各題目的因素負荷量都在 .50 以上，包括追求卓越精進、作風正直誠信、負起社會責任、致力科學求真、行事積極進取、賞罰公正公平、重視人力資源等諸類項目，這些項目都明顯與不墨守成規的創新型組織文化有關，故命名爲「成長文化」。

就因素二而言，各項目的因素負荷量，都在 .48 以上，包括講究形式表面、遵從權威領導、重視人情關係、強調短期結果、講究學歷取向等，顯然組織的基本信念較爲保守，故命名爲「保守文化」。

爲了解此兩大組織文化因素是否亦適用於其他組織，本研究另外施測於兩類樣本，一類爲電子業的 90 家公司，250 位受試者；一類爲電子、服務、食品等產業的 9 家公司，1071 位受試者，因素分析的結果，**表二**顯示了組織價值觀在樣本二因素分析的結果上，亦明顯包含了兩個因素，兩因素可以解釋 41.20 % 至 46.10 % 的變異量，因素一的特徵值在 6.44 與 7.03 之間，因素二則在 2.62 與 3.12 之間。**表三**亦顯示了組織價值觀在樣本三上，亦包含了兩個因素，兩個因素可以解釋 40.90 % 至 46.10 % 的變異量，因素一的特徵值在 6.93 與 7.50 之間；因素二的特徵值在 2.07 與 2.64 之間。這兩類樣本所獲得因素分析因素與樣本一一致的，顯示成長文化與保守文化兩大因素是相當穩定的，並不受組織類別的不同而發生歧異。另外亦可發現，

表二　簡式 OVS 在 樣本二的因素分析結果

題　目	平均數	標準差	主成份分析法		主軸分析法		最小平方法	
			因素一	因素二	因素一	因素二	因素一	因素二
鼓勵創新發明	5.04	1.62	0.56	-0.12	0.52	-0.09	0.52	-0.07
發揮團隊合作	5.73	1.23	0.68	-0.15	0.65	-0.13	0.65	-0.12
尊重個人意願	3.96	1.43	0.49	-0.05	0.45	-0.04	0.45	-0.04
強調勤勞敬業	5.12	1.31	0.55	0.20	0.51	0.18	0.51	0.16
鼓勵奉獻服務	4.56	1.47	0.44	0.35	0.42	0.30	0.41	0.29
追求卓越精進	5.11	1.39	0.70	0.12	0.68	0.11	0.68	0.12
負起社會責任	4.20	1.59	0.71	0.14	0.69	0.14	0.70	0.13
作風正直誠信	5.05	1.49	0.72	0.05	0.70	0.05	0.70	0.04
強調顧客導向	5.60	1.28	0.66	-0.02	0.62	-0.01	0.62	0.00
致力科學求真	4.82	1.42	0.68	0.07	0.65	0.07	0.65	0.09
注重敦親睦鄰	4.04	1.53	0.66	0.19	0.64	0.18	0.65	0.18
要求表現績效	4.80	1.40	0.64	0.23	0.61	0.22	0.61	0.22
重視成本效益	5.78	1.21	0.57	0.02	0.54	0.02	0.53	0.02
行事積極進取	5.30	1.24	0.72	0.03	0.70	0.04	0.69	0.03
賞罰公正公平	4.41	1.63	0.67	-0.01	0.64	0.00	0.65	-0.01
重視人力資源	4.86	1.56	0.72	-0.12	0.70	-0.10	0.70	-0.11
尊重制度規範	4.19	1.57	0.55	0.25	0.52	0.22	0.53	0.21
講究形式表面	1.90	1.81	-0.04	0.80	-0.03	0.77	-0.03	0.79
遵從權威領導	2.63	1.86	0.00	0.83	0.01	0.81	0.01	0.82
重視人情關係	2.98	1.85	0.13	0.68	0.14	0.61	0.14	0.62
強調短期成果	2.73	1.85	-0.08	0.74	-0.07	0.69	-0.07	0.69
講究學歷取向	3.04	1.58	0.02	0.64	0.03	0.55	0.04	0.54
特徵值			7.03	3.12	6.45	2.62	6.44	2.62
解釋變異量%			32.00	14.20	29.30	11.90	29.30	11.90
累積變異量%			32.00	46.10	29.30	41.20	29.30	41.20

表三　簡式 OVS 在樣本三的因素分析結果

題目	平均數	標準差	主成份分析法 因素一	主成份分析法 因素二	主軸分析法 因素一	主軸分析法 因素二	最小平方法 因素一	最小平方法 因素二
鼓勵創新發明	4.68	1.05	0.53	-0.19	0.50	-0.17	0.50	-0.16
發揮團隊合作	5.04	1.01	0.69	-0.15	0.67	-0.15	0.67	-0.15
尊重個人意願	4.32	1.11	0.56	-0.27	0.53	-0.25	0.53	-0.25
強調勤勞敬業	5.03	0.93	0.64	0.06	0.61	0.04	0.61	0.03
鼓勵奉獻服務	4.85	1.00	0.60	0.18	0.58	0.15	0.57	0.15
追求卓越精進	5.08	0.89	0.74	-0.03	0.72	-0.04	0.72	-0.03
負起社會責任	4.83	1.03	0.70	-0.03	0.68	-0.04	0.68	-0.05
作風正直誠信	4.94	1.01	0.71	-0.17	0.69	-0.17	0.69	-0.17
強調顧客導向	5.22	0.94	0.62	0.01	0.59	-0.01	0.59	0.00
致力科學求真	4.63	1.04	0.69	-0.08	0.66	-0.09	0.66	-0.09
注重敦親睦鄰	4.78	0.99	0.70	-0.03	0.67	-0.05	0.67	-0.06
要求表現績效	5.08	0.91	0.51	0.28	0.48	0.22	0.48	0.23
重視成本效益	5.06	1.01	0.51	0.20	0.48	0.16	0.48	0.16
行事積極進取	4.88	0.97	0.74	-0.05	0.73	-0.05	0.73	-0.05
賞罰公正公平	4.41	1.26	0.72	-0.19	0.70	-0.19	0.71	-0.20
重視人力資源	4.61	1.21	0.71	-0.21	0.69	-0.21	0.69	-0.21
尊重制度規範	4.71	1.02	0.62	0.12	0.58	0.08	0.59	0.07
講究形式表面	4.10	1.33	0.27	0.75	-0.25	0.73	-0.25	0.74
遵從權威領導	4.23	1.25	0.08	0.78	-0.07	0.75	-0.07	0.76
重視人情關係	4.21	1.22	0.09	0.55	0.08	0.44	0.08	0.44
強調短期成果	3.98	1.32	0.16	0.67	-0.15	0.59	-0.14	0.59
講究學歷取向	4.28	1.35	0.04	0.61	-0.04	0.51	-0.04	0.49
特徵值			7.50	2.64	6.94	2.07	6.93	2.08
解釋變異量%			34.10	12.00	31.50	9.40	31.50	9.40
累積變異量%			34.10	46.10	31.50	40.90	31.50	40.90

電子業（樣本二）的成長文化較準公營機構（樣本一）爲高，保守文化則較低。另外，兩因素的信度 Cronbach's α 係數亦在水準以上，成長文化的信度在 .91 與 .93 之間；保守文化則在 .75 與 .82 之間。

從以上的分析，顯示簡式 OVS 具有良好的建構效度（construct validity）、複核效度（cross validity）、區辨效度（discriminant validity）、及內部一致性信度（internal consistency reliability）。

研究二：組織氣候的測量

研究方法

概念釐清

根據上述對組織氣候所進行的文獻探討，可以得知目前對組織氣候的界定，大致是指成員間對工作環境所共有的知覺與描述，如果能進一步再針對組織的某一特定環境層面進行瞭解，則將能更精準的測量出組織氣候（Reichers & Schneider, 1990；Rousseau, 1988；Schneider & Reichers, 1983）。

招募、甄選、訓練、薪資、福利、生涯、及績效評估等項目，皆涉及組織中人力資源管理制度的部份（Goss, 1994），透過人力資源管理制度的運作，組織等於在傳遞一些重要的訊息給成員，尤其是成員應如何扮演自身角色的訊息（Frederickson, 1986）。在與組織成員的訪談中，這些有關人力資源管理的項目，幾乎是成員提到最多的話題，可見對組織成員而言，人力資源管理的項目是他們相當注意的焦點，他們也相當在意組織在人力資源管理各項目上的作法與成效；而成員所知覺到人力資源管理環境的良窳，也會影響到成員在組織中個人效能的發揮（Fombrun, Devanna, & Tichy, 1984；Jackson & Schuler, 1995）。

由於人力資源管理對組織及個人都日益重要，因此，本研究在界定組織氣候的特定知覺環境時，以成員對組織人力資源管理環境的知覺作為組織氣候的定義。

研究步驟

目前針對人力資源管理所使用的研究或調查量表，大致可分成二類，一類是針對人力資源管理的一些特定項目，進行研究時所使用的量表，如招募（Rynes & Barber, 1990）、薪酬（Atchison, 1990）、訓練（Sarri, Johnson, McLaughlin, & Zimmerle, 1988）、考績（Bretz, Milkovich, & Read, 1992）等。另一類量表則是針對企業內採行哪些人力資源管理的項目，進行調查比較時所使用的量表（如 Yeung & Wong, 1990）。除此之外，少有針對一個組織內人力資源管理各項目所進行的研究量表，目前所知悉的僅有下列二種量表。Snell 與 Dean（1992）以人力資源的五項議題為基礎，發展出測量人力資源管理的量表，共有 32 題，最後區分成選用、訓練、考核、獎酬等四個向度，進行測量。另外，Ulrich（1987）將人力資源實務分成六個領域，分別是選用、發展、考核、獎酬、溝通、組織設計。他並針對這六個領域，發展出一份 42 題的問卷，而此問卷各領域分量表的 Cronbach's α 信度係數介在 .80 與 .90 之間。

在實際進行研究時，本研究除參考 **Snell** 與 **Dean**（**1992**）的量表外，並透過樣本一相關單位的協助，進入該組織，與不同單位及不同層級的員工進行開放式的團體訪談，讓與談的員工能盡情的討論，發表各自對組織在人力資源管理作法上的看法。

在與員工直接面對面的接觸與交談後，開始整理豐富的訪談資料，先整理出可能的向度，包括生涯發展、考績、薪資、福利、溝通、領導、規章制度等七個向度。接著再根據這些向度，發展出相關的題目。

發展出初步的向度與題目後，再與樣本一各事業單位人事專業人員進行團體討論，逐題修正初步編製的題目，成為人力資源管理氣候量表的初稿。

量表初稿完成後，接著邀請 200 位來自各不同部門、單位的員工進行預試。最後根據預試的結果，再對問卷做最後的修正，編製成 50 題的人力資源管理氣候量表（**HRM Climate Scale**，**HRMCS**）。

由於 **HRMCS** 是針對樣本一所發展出來的主位取向（**emic perspective**）量表，所以在效度的驗證上，僅針對該樣本進行，而不再強調跨組織間的比較。建構效度是以因素分析的方法進行分析。首先，以相關係數矩陣特徵值大於 1 的個數為因素數目；接著分別以主成份分析法、主軸（主因子）分析法、最小平方法等三種方式進行未轉軸因素負荷量的估計。由於人力資源管理各向度間有所關聯，因而將再採用 OBLIMIN 法進行斜交轉軸。

HRMCS 的信度驗證則是以內部一致性為標準，針對樣本一進行內部變異數的分析，並以 Cronbach's α 係數做為信度的指標。

樣本

樣本一是一家同時擁有幾個不同產業單位的組織，該機構位於臺灣北部，除了總管理單位外，尚有幾個不同的事業單位，分別從事機械、化工、電子、通訊、能源、光電、材料、儀器等不同事業的經營運作。施測時該機構的全部員工人數約為 6000 人，共計有 2135 位人員參與調查。各事業單位參與調查的部門數各自在 4 至 9 個部門，共計有 62 個部門參與。各部門參與調查的人數各在 11 至 101 人之間。

研究結果

人力資源管理氣候量表的因素分析結果，如**表四、表五**所示。由表中可以看出，不論採取主成份分析、主因子分析等因素分析的方式，都可以獲得八個因素。因素一的特徵值在 16.99 與 16.45 之間，因素二的特徵值在 3.60 與 3.16 之間，因素三的特徵值在 1.94 與 1.23 之間，因素四的特徵值在 1.60 與 1.45 之間，因素五的特徵值在 1.39 與 .85 之間，因素六的特徵值在 1.30 與 .83 之間，因素七的特徵值在 1.21 與 .80 之間，因素八的特徵值在 1.10 與 .64 之間。因素一

表四 HRMSC 在樣本一的因素分析（主成份分析法／斜交轉軸）的結果

題目	平均數	標準差	因素一	因素一	因素三	因素四	因素五	因素六	因素七	因素八
直屬主管敞開大門溝通	4.18	1.29	0.61	-0.04	-0.09	0.01	-0.06	-0.10	0.04	-0.33
溝通氣氛坦誠而互信	3.77	1.31	0.48	0.06	0.11	-0.07	-0.13	0.01	-0.01	-0.36
主管信任我們	4.18	1.23	0.75	-0.01	0.03	0.01	-0.05	-0.02	0.04	-0.11
主管會照顧同仁	4.04	1.29	0.70	0.05	0.00	-0.02	-0.15	-0.11	-0.01	-0.11
主管會考慮同仁的想法	3.75	1.28	0.66	0.05	0.04	-0.04	-0.13	-0.08	-0.02	-0.16
主管有能力分配任務	3.84	1.31	0.55	0.10	0.08	-0.01	-0.18	-0.10	-0.11	-0.11
主管賞罰分明	3.62	1.23	0.46	0.11	0.10	-0.02	-0.11	-0.27	-0.08	-0.14
主管能履行承諾	3.76	1.16	0.56	0.07	0.08	-0.02	-0.08	-0.17	0.01	-0.16
主管不會管的太細	4.05	1.39	0.78	0.04	0.07	0.11	0.08	0.13	0.03	0.14
主管具有擔當	3.98	1.39	0.76	0.06	0.04	0.00	-0.02	-0.11	-0.01	0.02
同仁對薪資政策表示意見	2.35	1.22	-0.09	0.58	0.01	0.09	0.03	-0.11	0.08	-0.21
薪資方面的疑惑可得到答覆	2.65	1.27	-0.04	0.59	0.00	0.10	0.02	-0.19	0.03	-0.17
薪資水準具有競爭力	2.17	1.18	0.04	0.90	0.02	0.00	0.05	0.08	0.01	0.09
薪資水準足以吸引優秀人才	2.06	1.09	0.03	0.89	0.01	0.02	0.04	0.12	0.00	0.07
我的薪資待遇是公平合理的	3.01	1.27	0.07	0.60	0.02	0.02	-0.10	-0.04	0.15	0.13
上級的指示都能得到貫徹	3.72	1.13	0.13	0.01	0.35	0.12	-0.06	0.03	-0.16	-0.33
組織異動不致困擾同仁	3.46	1.30	0.00	-0.01	0.46	0.12	0.11	-0.14	0.05	-0.10
法令規章能夠經常維護	3.54	1.22	-0.07	-0.01	0.55	0.10	0.11	-0.17	0.18	-0.13
同仁很少會推來推去	3.53	1.25	-0.03	0.06	0.73	-0.10	-0.10	0.01	-0.05	-0.03
沒有繁複的手續和官樣文章	3.25	1.34	0.07	0.11	0.62	0.04	0.14	-0.01	0.06	0.00
工作勞逸平均	3.08	1.33	0.00	0.16	0.62	-0.03	-0.13	0.01	-0.09	-0.05
不會使規章形同虛文	3.67	1.22	0.02	-0.03	0.67	0.10	-0.07	-0.08	0.07	0.04
不論是否主管，均受到尊重	3.82	1.27	0.22	-0.08	0.43	0.07	-0.23	-0.06	0.14	0.06
多數主管是由內部升遷上來	3.83	1.40	0.20	-0.07	0.42	0.16	0.04	0.03	0.17	0.15
計劃與部門很少有衝突	3.32	1.19	0.04	0.09	0.55	0.10	-0.06	0.00	0.01	0.00
職級體系內容有明確的規範	3.56	1.29	-0.03	0.08	0.00	0.79	-0.02	-0.04	-0.06	-0.06
各職稱沒有混淆不清的現象	3.57	1.26	-0.03	0.04	0.04	0.84	0.01	-0.03	-0.08	-0.02
職級層數足夠滿足目前需求	3.81	1.27	-0.03	0.01	-0.01	0.70	-0.13	0.06	0.01	0.02
同仁會秉持自己的性向	3.76	1.17	-0.05	0.00	0.37	-0.03	-0.45	-0.03	0.10	-0.06
主管會主動和我討論生涯	3.05	1.31	0.13	0.15	0.06	0.03	-0.35	-0.31	-0.03	-0.04
我有成長與發展的機會	3.76	1.26	0.03	0.01	0.03	0.23	-0.61	0.03	0.16	-0.05
我學到很多知識和技能	4.32	1.10	-0.01	-0.01	0.01	0.13	-0.76	0.11	0.10	-0.06
主管安排同仁適當的訓練	3.81	1.27	0.25	0.08	-0.02	0.08	-0.54	-0.16	0.03	0.05
主管會給工作教導	3.71	1.29	0.28	0.09	-0.02	0.14	-0.43	-0.26	-0.06	0.04
主管要求績效差的同仁	4.02	1.14	0.02	0.10	0.22	-0.12	-0.23	-0.27	-0.24	-0.16
我瞭解績效評估辦法及措施	3.65	1.33	-0.14	0.09	0.07	0.14	0.14	-0.50	0.09	-0.11
主管對於工作績效相當瞭解	3.77	1.19	0.31	0.04	0.10	0.01	-0.03	-0.50	0.04	-0.04
績效評估時，有表達的機會	3.78	1.31	0.18	0.00	0.00	0.06	-0.01	-0.70	0.05	0.02
主管評估會重視客觀標準	3.66	1.28	0.48	0.03	0.11	-0.01	0.03	-0.48	0.03	0.02
主管會和我共同檢討績效	3.67	1.30	0.29	0.06	0.04	0.03	-0.13	-0.60	-0.02	0.08
工作績效好壞與獎酬有關	3.86	1.35	-0.12	0.01	0.25	-0.02	-0.13	-0.43	-0.03	-0.09
主管會與我共同制定目標	4.04	1.26	0.14	0.01	-0.06	0.17	-0.41	-0.45	-0.08	0.14
目前福利措施能滿足我	2.99	1.28	0.02	0.16	0.05	-0.08	-0.07	0.02	0.78	0.00
目前福利措施對大多數人好	3.53	1.28	0.03	0.06	0.08	-0.04	-0.12	0.00	0.79	-0.03
福利問題知道向那反應	3.18	1.33	-0.22	0.20	-0.03	0.04	-0.09	-0.12	0.39	-0.29
有正式的溝通管道	3.53	1.32	0.20	-0.02	-0.04	0.15	0.02	-0.13	0.21	-0.61
溝通管道相當順暢	3.33	1.30	0.17	0.01	0.04	0.14	0.03	-0.07	0.21	-0.62
會議有助於問題的解決	3.58	1.21	0.08	0.06	0.30	0.10	-0.10	0.14	-0.09	-0.43
將重要消息準確迅速地傳達	3.81	1.26	0.21	0.04	0.09	0.04	-0.16	-0.01	-0.02	-0.45
反應的問題能得到合理解決	3.49	1.24	0.36	0.08	0.11	0.08	-0.05	-0.04	0.04	-0.41
特徵值			16.99	3.60	1.94	1.60	1.39	1.30	1.21	1.10
解釋變異量%			34.00	7.20	3.90	3.20	2.80	2.60	2.40	2.20
累積變異量%			34.00	41.20	45.10	48.30	51.00	53.60	56.00	58.20

表五 HRMSC 在樣本一的因素分析（主軸分析法／斜交轉軸）的結果

題　目	平均數	標準差	因素一	因素二	因素三	因素四	因素五	因素六	因素七	因素八
直屬主管敞開大門溝通	4.18	1.29	0.53	-0.02	-0.08	-0.01	-0.33	-0.09	-0.01	-0.07
溝通氣氛坦誠而互信	3.77	1.31	0.45	0.05	0.14	-0.07	-0.27	0.01	0.01	-0.11
主管信任我們	4.18	1.23	0.74	-0.02	0.01	0.02	-0.08	-0.01	-0.06	-0.03
主管會照顧同仁	4.04	1.29	0.72	0.04	-0.01	-0.01	-0.07	-0.10	-0.03	-0.12
主管會考慮同仁的想法	3.75	1.28	0.65	0.05	0.04	-0.04	-0.13	-0.07	0.00	-0.11
主管有能力分配任務	3.84	1.31	0.56	0.07	0.09	0.03	-0.04	-0.12	0.04	-0.12
主管賞罰分明	3.62	1.23	0.46	0.07	0.11	0.01	-0.09	-0.27	0.02	-0.04
主管能履行承諾	3.76	1.16	0.55	0.05	0.09	0.01	-0.11	-0.16	-0.05	-0.04
主管不會管的太細	4.05	1.39	0.65	0.02	0.04	0.08	0.07	0.06	-0.03	0.03
主管具有擔當	3.98	1.39	0.75	0.04	0.02	0.03	0.03	-0.12	-0.03	0.01
同仁對薪資政策表示意見	2.35	1.22	-0.08	0.47	0.03	0.10	-0.17	-0.10	-0.10	0.04
薪資方面的疑惑可得到答覆	2.65	1.27	-0.05	0.49	0.03	0.09	-0.16	-0.19	-0.06	0.02
薪資水準具有競爭力	2.17	1.18	0.05	0.89	0.00	-0.01	0.07	0.06	0.01	0.02
薪資水準足以吸引優秀人才	2.06	1.09	0.04	0.84	0.00	0.00	0.05	0.09	0.01	0.01
我的薪資待遇是公平合理的	3.01	1.27	0.02	0.49	0.02	0.01	0.01	-0.05	-0.11	-0.11
會議有助於問題的解決	3.58	1.21	0.11	0.03	0.31	0.08	-0.25	0.08	0.03	-0.06
上級的指示都能得到貫徹	3.72	1.13	0.18	-0.02	0.36	0.11	-0.15	0.01	0.06	-0.01
組織異動不致困擾同仁	3.46	1.30	0.01	0.01	0.41	0.10	-0.06	-0.07	-0.05	0.06
法令規章能夠經常維護	3.54	1.22	-0.07	0.00	0.53	0.08	-0.10	-0.08	-0.14	0.08
同仁很少會推來推去	3.53	1.25	-0.02	0.04	0.72	-0.08	0.01	0.01	0.03	-0.06
沒有繁複的手續和官樣文章	3.25	1.34	0.02	0.09	0.56	0.02	-0.03	0.01	-0.04	0.07
工作勞逸平均	3.08	1.33	0.02	0.09	0.59	-0.01	-0.01	-0.02	0.03	-0.06
不會使規章形同虛文	3.67	1.22	0.01	-0.05	0.67	0.08	0.05	-0.05	-0.07	-0.03
不論是否主管，均受到尊重	3.82	1.27	0.17	-0.07	0.40	0.05	0.02	-0.07	-0.10	-0.18
同仁會秉持自己的性向	3.76	1.17	-0.01	0.01	0.36	-0.01	-0.03	-0.05	-0.07	-0.30
多數主管是由內部升遷上來	3.83	1.40	0.11	-0.03	0.31	0.11	0.02	0.03	-0.08	-0.02
計劃與部門很少有衝突	3.32	1.19	0.03	0.07	0.50	0.08	-0.01	0.00	-0.01	-0.05
職級體系內容有明確的規範	3.56	1.29	0.00	0.04	-0.01	0.72	-0.03	-0.01	0.02	-0.01
各職稱沒有混淆不清的現象	3.57	1.26	0.03	-0.01	-0.01	0.89	0.03	0.00	0.03	0.06
職級層數足夠滿足目前需求	3.81	1.27	-0.03	0.02	0.03	0.49	0.00	0.04	-0.03	-0.12
有正式的溝通管道	3.53	1.32	0.06	0.00	-0.03	0.06	-0.73	-0.05	-0.06	-0.04
溝通管道相當順暢	3.33	1.30	0.04	0.02	0.05	0.06	-0.73	0.01	-0.08	-0.03
將要消息準確迅速地傳達	3.81	1.26	0.22	0.03	0.14	0.02	-0.29	-0.02	0.01	-0.12
反應的問題能得到合理解決	3.49	1.24	0.31	0.08	0.14	0.04	-0.37	-0.02	0.00	-0.07
主管要求績效差的同仁	4.02	1.14	0.13	0.03	0.22	-0.02	-0.04	-0.23	0.08	-0.09
我瞭解績效評估辦法及措施	3.65	1.33	-0.11	0.11	0.11	0.09	-0.12	-0.26	-0.05	0.04
主管對於工作績效相當瞭解	3.77	1.19	0.26	0.04	0.11	0.01	-0.08	-0.42	-0.04	-0.02
績效評估時，有表達的機會	3.78	1.31	0.07	0.00	0.01	0.04	-0.09	-0.64	-0.05	0.00
主管評估會重視客觀標準	3.66	1.28	0.39	0.01	0.10	0.00	-0.04	-0.48	-0.05	0.06
主管會和我共同檢討績效	3.67	1.30	0.18	0.03	0.04	0.03	0.02	-0.64	-0.03	-0.08
工作績效好壞與獎酬有關	3.86	1.35	-0.04	0.01	0.25	0.03	-0.06	-0.28	-0.01	-0.06
主管會主動和我討論生涯	3.05	1.31	0.11	0.12	0.09	0.03	-0.05	-0.30	0.00	-0.27
主管會與我共同制定目標	4.04	1.26	0.07	0.00	-0.04	0.12	0.06	-0.45	0.04	-0.36
目前福利措施能滿足我	2.99	1.28	0.04	0.08	-0.01	-0.03	0.02	0.03	-0.77	0.01
目前福利措施對大多數人好	3.53	1.28	0.05	-0.04	0.02	-0.01	0.02	0.01	-0.85	-0.03
福利問題知道向那反應	3.18	1.33	-0.16	0.17	0.03	0.06	-0.19	-0.05	-0.28	-0.04
我有成長與發展的機會	3.76	1.26	-0.02	0.03	0.06	0.14	-0.10	0.01	-0.08	-0.56
我學到很多知識和技能	4.32	1.10	-0.01	0.01	0.04	0.07	-0.06	0.07	-0.05	-0.65
主管安排同仁適當的訓練	3.81	1.27	0.19	0.08	-0.01	0.03	0.01	-0.18	-0.02	-0.51
主管會給工作教導	3.71	1.29	0.24	0.07	-0.01	0.11	0.03	-0.28	0.02	-0.39
特徵值			16.53	3.17	1.46	1.15	0.95	0.83	0.80	0.64
解釋變異量%			33.10	6.30	2.90	2.30	1.90	1.70	1.60	1.30
累積變異量%			33.10	39.40	42.30	44.60	46.50	48.20	49.80	51.10

可解釋的變異量在 34.0％ 與 32.9％ 之間，因素二可解釋的變異量在 7.2％ 與 6.3％ 之間，因素三可解釋的變異量在 3.9％ 與 2.5％ 之間，因素四可解釋的變異量在 3.2% 與 2.3％ 之間，因素五可解釋的變異量在 2.8％ 與 1.7％ 之間，因素六可解釋的變異量在 2.6％ 與 1.7％ 之間，因素七可解釋的變異量在 2.4％ 與 1.6％ 之間，因素八可解釋的變異量在 2.2％ 與由表中可以看出，這八個因素之間的相關係數在 .73 與 .22（$p < .001$）之間，的確顯現了這八個因素之間有一定的相關程度。1.3％ 之間；合計可解釋的變異量在 58.2％ 與 51.0％ 之間。

另外，在對本量表各題目進行分類時，不同因素分析方法的結果略有出入，不過大致上是接近的。由於一般因素分析多採用主成份分析法的結果，所以在後續的題目分類上，本研究將採用主成份分析得到的分類結果，亦即**表四**的結果。就因素一而言，各題目的因素負荷量都在 .48 以上，這些題目都與主管的領導有關，故命名爲「領導」。就因素二而言，各題目的因素負荷量都在 .58 以上，這些題目都與薪資待遇有關，故命名爲「薪資」。就因素三而言，各題目的因素負荷量都在 .35 以上，這些題目都與規章制度有關，故命名爲「規章」。就因素四而言，各題目的因素負荷量都在 .70 以上，這些題目都與職級升遷有關，故命名爲「升遷」。就因素五而言，各題目的因素負荷量都在 .35 以上，這些題目都與發展訓練有關，故命名爲「發展」。就因素六而言，各題目的因素負荷量都在 .27 以上，這些題目都與績效評估有關，故命名爲「考績」。就因素七而言，各題目的因素負荷量都在 .39 以上，這些題目都與福利制度有關，故命名爲「福利」。就因素八而言，各題目的因素負荷量都在 .41 以上，這些題目都與溝通傳達有關，故命名爲「溝通」。同時這八個因素與原本所擬定的七個向度大致符合，僅將原本的規章制度的向度，再區分成規章與升遷而已。

在信度的分析上，各因素的 Cronbach's α 係數在 .93 至 .72 之間，顯示各因素內的題目有相當高的一致性。從以上的分析，可以看出 HRMSC 具有一定程度的效度及內部一致性信度。

由於在進行因素分析之前，就已預估本量表各因素之間會有一定程度的相關，因而本研究採用斜交的轉軸方式。針對這八個因素之間的相關程度，本研究作了進一步的相關分析，如**表六**所示。

由表中可以看出，這八個因素之間的相關係數在 .73 與 .28（$p<.001$）之間，的確顯現了這八個因素之間有一定的相關程度。**表六**中也進行了 HRMSC 量表的總分與各因素間的相關分析，相關係數在 .84 與 .49（$p<.001$）之間，顯示出 HRMSC 的總分與各因素間有相當程度的相關。正是因爲 HRMSC 總分與各因素間有此種的相關，因此在以下運用 HRMSC 量表時，可以 HRMSC 的總分取代各因素的分數，以收御繁爲簡的效果。

表六 HRMSC 量表中各因素及總分間的相關分析結果（N=1947）

	領導	薪資	規章	升遷	發展	考績	福利	溝通
領導								
薪資	0.34**							
規章	0.57**	0.46**						
升遷	0.29**	0.39**	0.47**					
發展	0.69**	0.43**	0.62**	0.45**				
考績	0.73**	0.44**	0.62**	0.38**	0.71**			
福利	0.22**	0.51**	0.39**	0.32**	0.34**	0.28**		
溝通	0.68**	0.46**	0.66**	0.41**	0.63**	0.63**	0.39**	
HRMS 總分	0.84**	0.62**	0.83**	0.55**	0.84**	0.85**	0.49**	0.82**

*: $p<.01$；**: $p<.001$

研究三：

組織文化、組織氣候、及員工效能

研究方法

概念釐清

本研究除了測量組織文化、組織氣候的變項之外，亦測量了員工效能的變項。在研究一與研究二已經針對組織文化與氣候的測量做了說明，在此將僅說明員工效能的測量。

根據前面對組織文化影響成員績效的論述，組織文化對成員的影響，主要是由於成員與組織之間因有著共有的價值觀，形成相互一致的目標，成員自然對組織產生承諾感、忠誠度，而不需要採行嚴密的監控。此外，藉由成員間建立起共有的想法、休戚與共的感覺，使得對於原本並非自己工作角色上所規定的行爲，成員仍會主動去做，而不計較酬賞的有無；也會樂意協助其他成員進行工作，爲組織多付出一份心力。如此藉由組織文化的無形協助，使得成員提昇對組織的承諾感與忠誠度，並激發成員多表現出角色外的行爲，這才是文化影響個人效能的真諦。

在研究組織承諾的文獻方面，Porter、Steers、Mowday 及 Boulian（1974）早將組織承諾定義爲：個人對其組織認同與投入的程度; 而且承諾具有以下的特質：1) 對組織的目標與價值有著強烈的信仰，2) 爲了組織，願意付出相當程度的努力，3) 對繼續留在組織中，有著強烈的意願。 Mowday、Porter 與 Steers 在 1982 所出版的組織承諾專書中，也認爲組織承諾是影響「成員與組織連結（linkage）」的重要因素。

在角色外行爲的文獻方面，Organ（1988）認爲任何組織系統的設計均不可能完美無缺，若成員只是按照組織所規定的角色行事，則因系統設計的不周全，將使組織很難有效達成目標；要使組織有效達成目標，必須依賴成員主動表現出角色規定外的行爲，方能彌補組織角色規定的不足。Organ（1988）將類似這樣角色規定以外的行爲稱爲組織公民行為，並將之定義為：有益於組織運作成效，但未受組織正式獎賞的各種行為。由於這樣的行為並未在工作角色規定範圍之內，而是由員工自行決定表現與否，因此如何讓成員願意表現出這樣的行為，是各組織在管理上的一大挑戰。

總之，本研究在成員個人效標的界定上，是將以組織承諾、組織公民行為等指標為主，並佐以自評績效、工作滿足、出勤狀況、離職意願等效標。

樣本

由於本研究的目的在驗證不同模式對成員個人效能的影響，所以研究的層次是放在個人層次。為避免因組織的不同而產生組織環境不同的混淆因素，以及避免將來的研究結果無法類推至不同產業的員工，因而本研究在樣本上的取捨，是以一家同時跨越不同產業的組織為樣本。一方面，因為這些成員都是來自同一個組織，所以對組織的情形能有較一致的了解，可以符合文化的獨特性，也避免了因組織環境不同，而產生混淆。另一方面，由於這些成員來自不同的產業，相當於從不同產業組織中抽出的樣本，可以符合結果的概化性，而避免了將來的研究結果無法類推至不同產業員工的情形。

樣本一是研究三的主要樣本，該樣本的特色是同時包括不同產業單位的一家公司。該組織位於臺灣北部，除了總管理部門外，尚有幾個不同的事業單位，分別從事機械、化工、電子、通訊、能源、光電、材料、儀器等不同事業的經營運作。施測時的全部員工人數為 6000

人。各事業處與總管理處參與調查的單位數各自在 4 至 9 個單位，共計有 62 個單位參與。各單位參與調查的人數各自在 11 至 101 人之間，共計有 2135 位人員參與。

研究步驟

在實際進行研究時，本研究在組織承諾量表的發展上，主要是以 Mowday、Steers 及 Porter （1979）及楊國樞與鄭伯壎（民 76）的量表爲參考依據。另外，在組織公民行爲量表的發展上，則參考 Podsakoff、Mackenzie、Moorman 及 Fetter（1990）與林淑姬（民 81）的量表。在與樣本一的人事專業人員討論後，將二者合併成 15 題的承諾與公民行爲量表。

組織承諾與組織公民行爲量表的效度驗證，是以因素分析的方法進行。首先，以相關係數矩陣特徵值大於 1 的個數爲因素數目；接著分別以主成份分析法、主軸（主因子）分析法、最小平方法等三種方式進行未轉軸因素負荷量的估計；由於組織承諾與組織公民行爲的各向度間應該有所關聯，因而再採用 OBLIMIN 法進行斜交轉軸。組織承諾與組織公民行爲量表的信度驗證則是以內部一致性爲標準，針對各向度進行內部變異數的分析，採用 Cronbach's α 係數做爲信度的指標。

除了組織承諾與組織公民行爲量表之外，樣本一的人員並建議增加二個題目，分別是「我瞭解本組織的定位與任務」與「我瞭解單位的長程目標與未來」，藉以顯現成員對組織目標的認同與瞭解。另外，針對個人的工作滿足、離職意願、工作績效、出勤狀況等一般常用的效能變項，也請成員各以一題進行自評。

在問卷量表編製完成之後，透過研究樣本組織人員的協助，研究者直接進入該機構，以團體施測或留置問卷的方式進行調查。在全部問卷回收完畢，先進行廢卷處理，將回答過於一致者汰除。接著將問卷資料轉錄至磁片，再運用 SPSS/PC 套裝軟體進行統計處理。本研究在進行不同模式的比較驗證之前，必須先計算下列各項指標：

組織文化實際期望契合指標。組織文化實際期望契合是指成員個人實際知覺的價值觀與所期望的價值觀是否一致。在實際計算實際期望契合指標時，又可細分成絕對差和、平方差和、及幾何差和等三項指標。將每位組織成員各題的實際分數與期望分數的絕對差和、平方差和、及幾何差和，作為實際期望契合的三項指標。

組織文化上下契合指標。組織文化上下契合是指成員所知覺到的組織價值觀與主管所知覺到的組織價值觀是否一致。在實際計算上下契合指標時，又可細分成絕對差和、平方差和、及幾何差和等三項指標。本研究將先求得主管層的組織價值觀各題的平均數，再計算每位組織成員在各題的分數與主管各題平均數的絕對差和、平方差和、及幾何差和，作為上下契合的三項指標。

組織氣候指標。在研究二的結果中，HRMSC 量表的總分與各因素間的相關係數在 .49 與 .84 之間，顯示 HRMSC 總分與各因素間有相當程度的正相關。因此，以 HRMSC 的總分作爲組織氣候指標，而不再另行計算各因素。

員工效能指標。本研究在員工效能指標的選取上，包括自評績效、自評出勤、工作滿足、離職意願、信念認同、組織認同、目標認同、利他行爲、及盡職行爲等九項指標。在實際計算上，採用組織公民行爲與組織承諾量表所得到的四個因素，加總計算出信念認同、組織認同、利他行爲、及盡職行爲等四項指標。並將樣本一的人員建議增加二個題目，加總計算出目標認同指標。而根據員工自評的分數，計算出自評績效、自評出勤、工作滿足、及離職意願等四項指標。

計算完各項指標之後，再運用這些指標進行統計分析。所用的統計分析方法包括因素分析、信度分析、相關分析、多元迴歸分析等。其中因素分析與信度分析，是用以驗證組織承諾與組織公民行爲量表的效度與性度；相關分析與多元迴歸分析則是用以驗證不同模式對員工效能的影響程度。

研究結果

組織承諾與組織公民行為測量工具的心理計量特性

組織承諾與組織公民行爲量表的因素分析結果，如**表七、表八**所示。

表七　組織承諾與公民行為量表在樣本一的因素分析（主成份分析法／斜交轉軸）的結果

題　目	平均數	標準差	因素一	因素二	因素三	因素四
在本單位我感覺扮演重要的角色，而非只是一名員工	3.92	1.26	0.68	-0.07	-0.07	-0.03
我會對朋友說：「本組織是相當理想的工作場所」	3.83	1.28	0.72	0.19	-0.08	0.19
沒有更多報酬，我也會額外努力為本組織做更多工作	3.92	1.26	0.67	-0.13	-0.12	-0.04
我私下對本組織的看法與我公開表達時是一致的	4.34	1.17	0.54	-0.18	0.09	-0.02
即使快下班時，我也不會草草了事	4.83	0.86	0.07	-0.71	-0.19	0.00
工作時，我不花太多的時間在無謂的交談上	4.63	0.95	0.05	-0.70	-0.02	0.16
我對於我份內的工作會做自我要求、精益求精	5.04	0.77	0.08	-0.76	0.00	0.03
同仁缺席時，我會去幫忙做他們的工作	4.26	1.06	-0.03	0.08	-0.90	0.02
同仁工作量加重時，我會去幫忙他們度過難關	4.36	0.97	-0.03	-0.03	-0.88	0.04
即使工作中沒有正式要求要做的事，我也會志願去做	4.38	0.96	0.17	-0.23	-0.64	-0.05
身為本組織一份子，我感到光榮	4.28	1.07	0.31	0.09	0.02	0.57
我支持本組織的六大信念	4.46	1.19	-0.04	-0.11	0.02	0.78
進入後，我個人的價值觀與組織的信念越來越相似	3.41	1.23	0.41	0.17	-0.02	0.55
本組織的信念清楚容易瞭解，我知道六大信念的意義	4.11	1.28	-0.10	-0.18	-0.04	0.75
我認為六大信念有具體的實踐行動，而不是一種口號	3.48	1.39	-0.02	0.04	-0.06	0.76
特徵值			5.06	1.97	1.08	1.01
解釋變異量%			33.70	13.20	7.20	6.70
累積變異量%			33.70	46.90	54.10	60.80

表八　組織承諾與公民行為量表在樣本一的因素分析（主軸分析法／斜交轉軸）的結果

題　目	平均數	標準差	因素一	因素二	因素三	因素四
在本單位我感覺扮演重要的角色，而非只是一名員工	3.92	1.26	0.52	-0.13	-0.04	-0.01
我會對朋友說：「本組織是相當理想的工作場所」	3.83	1.28	0.72	0.13	-0.04	0.09
沒有更多報酬，我也會額外努力為本組織做更多工作	3.92	1.26	0.54	-0.19	-0.07	-0.04
我私下對本組織的看法與我公開表達時是一致的	4.34	1.17	0.27	-0.15	-0.01	0.08
即使快下班時，我也不會草草了事	4.83	0.86	0.02	-0.72	-0.10	-0.01
工作時，我不花太多的時間在無謂的交談上	4.63	0.95	0.04	-0.57	-0.02	0.13
我對於我份內的工作會做自我要求、精益求精	5.04	0.77	0.05	-0.61	-0.01	0.02
同仁缺席時，我會去幫忙做他們的工作	4.26	1.06	0.01	0.04	-0.74	0.02
同仁工作量加重時，我會去幫忙他們度過難關	4.36	0.97	-0.06	0.03	-0.92	0.03
即使工作中沒有正式要求要做的事，我也會志願去做	4.38	0.96	0.17	-0.26	-0.50	-0.06
身為本組織一份子，我感到光榮	4.28	1.07	0.29	0.06	0.01	0.47
我支持本組織的六大信念	4.46	1.19	-0.04	-0.08	0.01	0.70
進入後，我個人的價值觀與組織的信念越來越相似	3.41	1.23	0.39	0.14	-0.02	0.48
本組織的信念清楚容易瞭解，我知道六大信念的意義	4.11	1.28	-0.06	-0.13	-0.04	0.62
我認為六大信念有具體的實踐行動，而不是一種口號	3.48	1.39	0.02	0.04	-0.05	0.64
特徵值			4.56	1.51	0.64	0.46
解釋變異量%			30.40	10.10	4.30	3.10
累積變異量%			30.40	40.40	44.70	47.80

由表中可以看出，不論採取主成分分析、主因子分析等因素分析的方式，都可以得出四個因素。因素一的特徵值在 4.39 與 4.56 之間，因素二的特徵值在 1.51 與 1.59 之間，因素三的特徵值在 .64 與 1.08 之間，因素四的特徵值在 .46 與 1.01 之間。因素一可解釋的變異量在 29.3 % 與 33.7 % 之間，因素二可解釋的變異量在 10.1 % 與 13.2 % 之間，因素三可解釋的變異量在 4.3 % 與 7.2 % 之間，因素四可解釋的變異量在 3.1 % 與 6.7 % 之間；合計可解釋的變異量在 47.8 % 與 60.8 %之間。

另外在對本量表各題目進行分類時，三種不同因素分析方法的結果在因素選取的順序上雖略有出入，不過向度內的題目卻是一致的。由於一般因素分析多採用主軸分析法的結果，所以在後續的題目分類上，本研究將採用主軸分析得到的分類結果，亦即**表八**的結果。就因素一而言，各題目的因素負荷量都在 .54 上，這些題目都與個人對組織的認同有關，故命名爲「組織認同」。就因素二而言，各題目的因素負荷量都在 .70 上，這些題目都與個人是否能善盡職責有關，故命名爲「盡職行爲」。就因素三而言，各題目的因素負荷量都在 .64 上，這些題目都與個人是否樂意協助同仁有關，故命名爲「利他行爲」。就因素四而言，各題目的因素負荷量都在 .55 上，這些題目都與個人對組織信念的認同有關，故命名爲「信念認同」。

在信度的分析上，各因素的 Cronbach's α 係數在 .67 與 .81 之間，顯示各因素內的題目有相當高的一致性。從以上的分析，可以看出組織承諾與組織公民行爲量表具有一定程度的效度及內部一致性信度。

各研究變項間的相關分析

在計算完各項指標的分數之後，下面將先進行各項指標間的相關分析，以瞭解指標之間可能的初步關係。相關分析的結果，如**表九**所示。由表中可以得知：1) 在組織文化的契合指標上，絕對差和與平方差和間有著極高的正相關，表示二項指標可以選取一種作爲代表；而二者對幾何差和皆呈負相關，表示幾何差和與這兩者可能不是相同的契合指標。2) 在成員效能指標上，各指標除了離職意願呈負相關之外，其餘皆呈正相關，表示成員效能各指標間有著一致但並不大的關係。3) 組織文化的契合指標對工作滿足、離職意願、信念認同、組織認同有著較高的相關，對利他行爲與盡職行爲有著較低的相關，對自評績效與自評出勤的相關幾乎等於零。4) 在組織氣候上，對組織文化有著一定程度的中等相關，表示組織氣候與組織文化間有著相當程度的關聯，但又不高，這也代表組織氣候與組織文化是二個相關聯但不相同的概念。此外，從組織氣候與成員效能間相關係數的大小來看，多較組織文化與成員效能間的相關係數爲大，顯示組織氣候與成員效能間的關聯性較高；而組織文化則與成員效能間的關聯性較低。因此，若加入組織氣候指標，對現行的文化效能直接模式可能將具有補足的效果。

表九　組織文化（各契合指標）、組織氣候與員工效能間的相關分析　（N=2037）

	實際期望	實際期望	實際期望	上下絕對差和	上下平方差和	上下幾何差和	組織氣候	自評績效	自評出勤	工作滿足	離職意願	信念認同	組織認同	目標認同	利他行為	盡職行為
實際期望絕對差和																
實際期望平方差和	0.95**															
實際期望幾何差和	-0.95**	-0.89**														
上下絕對差和	0.42**	0.59**	-0.37**													
上下平方差和	0.51**	0.68**	-0.45**	0.97**												
上下幾何差和	-0.79**	-0.75**	0.76**	-0.29**	-0.38**											
組織氣候	-0.54**	-0.54**	0.50**	-0.32**	-0.37**	0.66**										
自評績效	-0.02	-0.02	0.02	0.01	0.00	0.11**	0.07**									
自評出勤	-0.05	-0.03	0.03	0.03	0.01	0.15**	0.12**	0.35**								
工作滿足	-0.34**	-0.33**	0.31**	-0.21**	-0.23**	0.38**	0.50**	0.31**	0.23**							
離職意願	0.16**	0.18**	-0.15**	0.12**	0.14**	-0.20**	-0.34**	-0.04	-0.04	-0.38**						
信念認同	-0.46**	-0.43**	0.39**	-0.19**	-0.24**	0.61**	0.58**	0.10**	0.14**	0.36**	-0.22**					
組織認同	-0.35**	-0.34**	0.31**	-0.17**	-0.21**	0.53**	0.59**	0.22**	0.20**	0.46**	-0.29**	0.55**				
目標認同	-0.35**	-0.33**	0.31**	-0.16**	-0.19**	0.48**	0.50**	0.12**	0.12**	0.28**	-0.14**	0.49**	0.47**			
利他行為	-0.13**	-0.09**	0.10**	0.02	0.00	0.32**	0.32**	0.18**	0.17**	0.18**	-0.07**	0.32**	0.44**	0.36**		
盡職行為	-0.08**	-0.03	0.07*	0.07*	0.05	0.31**	0.23**	0.32**	0.26**	0.18**	-0.08**	0.30**	0.44**	0.29**	0.51**	

*: p< .01 ;　**: p< .001

組織文化、組織氣候對員工效能的分析

下面將進行各項指標間的多元迴歸分析，以比較各種不同模式的預測效果。

2-2-1. 組織文化與組織氣候對員工效能的單獨效果

<u>組織文化的實際期望契合指標之效果</u>。**表十**說明了組織文化實際期望契合指標與組織氣候對員工效能的多元迴歸分析結果。當以組織文化實際期望契合指標與員工效能指標各自進行迴歸分析時，在絕對差和（|D|）上，除了對自評績效的 R^2 未達顯著水準之外，其餘的 R^2 皆達顯著水準，不過其中以對工作滿足、信念認同、組織認同、及目標認同的 R^2 較高，而對自評出勤、離職意願、利他行爲、及盡職行爲的 R^2 較低。在平方差和（D^2）上，除了對自評績效、自評出勤及盡職行爲的 R^2 未達顯著水準之外，其餘的 R^2 皆達顯著水準，不過其中以對工作滿足、信念認同、組織認同、及目標認同的 R^2 較高，而對離職意願與利他行爲的 R^2 較低。在幾何差和（D）上，除了對自評績效與自評出勤的 R^2 未達顯著水準之外，其餘的 R^2 皆達顯著水準，不過其中以對信念認同、組織認同、及目標認同的 R^2 較高，對工作滿足、離職意願、利他行爲、及盡職行爲的 R^2 較低。這樣的結果表示，除了自評績效與自評出勤之外，在以實際期望契合做爲指標的文化效能直接模式，是有一定的解釋能力。

表十　組織文化(實際期望契合指標)、組織氣候與員工效能的多元迴歸分析

員工效能	R^2 (1) 組織文化(|D|)		R^2 (2) 組織氣候		R^2 (3)組織文化 + 組織氣候		$\triangle R^2$ (3) - (1)		$\triangle R^2$ (3) - (2)	
自評績效	-		0.006	***	0.006	***	0.005	***	-	
自評出勤	0.003	*	0.014	***	0.014	***	0.012	***	-	
工作滿足	0.117	***	0.249	***	0.256	***	0.139	***	0.007	***
離職意願	0.028	***	0.117	***	0.118	***	0.089	***	-	
信念認同	0.211	***	0.339	***	0.367	***	0.156	***	0.028	***
組織認同	0.132	***	0.350	***	0.352	***	0.220	***	0.002	**
目標認同	0.129	***	0.259	***	0.269	***	0.140	***	0.009	***
利他行為	0.017	***	0.099	***	0.102	***	0.085	***	0.002	*
盡職行為	0.007	***	0.055	***	0.058	***	0.051	***	0.003	*

員工效能	R^2 (1) 組織文化(D^2)		R^2 (2) 組織氣候		R^2 (3)組織文化 + 組織氣候		$\triangle R^2$ (3) - (1)		$\triangle R^2$ (3) - (2)	
自評績效	-		0.006	***	0.006	***	0.006	***	-	
自評出勤	-		0.014	***	0.015	***	0.014	***	-	
工作滿足	0.114	***	0.249	***	0.225	***	0.141	***	0.006	***
離職意願	0.033	***	0.117	***	0.117	***	0.084	***	-	
信念認同	0.193	***	0.339	***	0.360	***	0.167	***	0.021	***
組織認同	0.125	***	0.350	***	0.351	***	0.226	***	0.001	*
目標認同	0.113	***	0.259	***	0.264	***	0.151	***	0.005	***
利他行為	0.009	***	0.099	***	0.108	***	0.099	***	0.009	***
盡職行為	-		0.055	***	0.062	***	0.066	***	0.012	***

員工效能	R^2 (1) 組織文化(D)		R^2 (2) 組織氣候		R^2 (3)組織文化 + 組織氣候		$\triangle R^2$ (3) - (1)		$\triangle R^2$ (3) - (2)	
自評績效	-		0.006	***	0.006	***	0.006	***	-	
自評出勤	-		0.014	***	0.015	***	0.014	***	-	
工作滿足	0.097	***	0.249	***	0.254	***	0.157	***	0.005	***
離職意願	0.023	***	0.117	***	0.117	***	0.094	***	-	
信念認同	0.155	***	0.339	***	0.353	***	0.199	***	0.014	***
組織認同	0.100	***	0.350	***	0.351	***	0.250	***	-	
目標認同	0.101	***	0.259	***	0.265	***	0.164	***	0.006	***
利他行為	0.011	***	0.099	***	0.103	***	0.092	***	0.004	***
盡職行為	0.004	***	0.055	***	0.059	***	0.055	***	0.004	**

當以組織氣候指標與員工效能指標各自進行迴歸分析時，全部的 R^2 都達顯著水準，其中以對工作滿足、離職意願、信念認同、組織認同、及目標認同的 R^2 爲較高，而對自評績效、自評出勤、利他行爲、及盡職行爲的 R^2 較低。這樣的結果表示組織氣候對個人效能有著一定的解釋程度，也說明了組織氣候對個人效能也具有一定的解釋力。

另外，再以實際期望契合指標與組織氣候指標對員工效能指標進行多元迴歸分析，結果全部的 R^2 都達顯著水準，表示組織文化與組織氣候同時對個人效能有著一定的解釋程度。爲了瞭解組織文化與組織氣候這二者對成員效能解釋力的高低，再進一步分析二者的 $\triangle R^2$。由**表十**的結果顯示，減去組織文化的 $\triangle R^2$，全部都達顯著水準，而減去組織氣候的 $\triangle R^2$，在 27 項的指標中只有 17 項達到顯著水準。此外，減去組織文化的 $\triangle R^2$ 的數值也較減去組織氣候的 $\triangle R^2$ 爲大。顯示組織氣候對成員效能的結果，應該比組織文化大。

<u>組織文化之上下契合指標的效果</u>。**表十一**說明了組織文化的上下契合指標與組織氣候對員工效能的迴歸分析結果。當以上下契合指標與員工效能指標各自進行迴歸分析時，在絕對差和（|D|）上，除了對自評績效、自評出勤、及利他行爲的 R^2 未達顯著水準之外，對其餘的工作滿足、信念認同、組織認同、目標認同、離職意願、及盡職行爲的 R^2 皆達顯著水準，不過這些 R^2 皆不高。在平方差和（D^2）上，除了對自評績效、自評出勤、及利他行爲的 R^2

表十一　組織文化(上下契合指標)、組織氣候與員工效能的多元迴歸分析

	R^2		R^2		R^2		$\triangle R^2$		$\triangle R^2$	
員工效能	(1) 組織文化(|D|)		(2) 組織氣候		(3)組織文化+組織氣候		(3) - (1)		(3) - (2)	
自評績效	–		0.005	***	0.006	***	0.006	***	–	
自評出勤	–		0.014	***	0.018	***	0.017	***	0.004	***
工作滿足	0.044	***	0.249	***	0.252	***	0.208	***	0.003	***
離職意願	0.017	***	0.115	***	0.116	***	0.099	***	–	
信念認同	0.038	***	0.339	***	0.339	***	0.301	***	–	
組織認同	0.030	***	0.351	***	0.352	***	0.321	***	–	
目標認同	0.028	***	0.260	***	0.260	***	0.233	***	–	
利他行為	–		0.100	***	0.116	***	0.116	***	0.016	***
盡職行為	0.004	***	0.056	***	0.078	***	0.074	***	0.022	***

	R^2		R^2		R^2		$\triangle R^2$		$\triangle R^2$	
員工效能	(1) 組織文化(D^2)		(2) 組織氣候		(3)組織文化 + 組織氣候		(3) - (1)		(3) - (2)	
自評績效	–		0.005	***	0.006	***	0.006	***	–	
自評出勤	–		0.014	***	0.017	***	0.017	***	0.003	**
工作滿足	0.055	***	0.249	***	0.252	***	0.197	***	0.003	***
離職意願	0.022	***	0.115	***	0.116	***	0.094	***	–	
信念認同	0.059	***	0.339	***	0.340	***	0.281	***	–	
組織認同	0.046	***	0.351	***	0.351	***	0.306	***	–	
目標認同	0.040	***	0.260	***	0.260	***	0.221	***	–	
利他行為	–		0.100	***	0.115	***	0.115	***	0.015	***
盡職行為	0.002	*	0.056	***	0.077	***	0.075	***	0.021	***

	R^2		R^2		R^2		$\triangle R^2$		$\triangle R^2$	
員工效能	(1) 組織文化(D)		(2) 組織氣候		(3)組織文化 + 組織氣候		(3) - (1)		(3) - (2)	
自評績效	0.011	***	0.005	***	0.011	***	–		0.006	***
自評出勤	0.021	***	0.014	***	0.022	***	–		0.088	***
工作滿足	0.143	***	0.249	***	0.253	***	0.110	***	0.004	***
離職意願	0.043	***	0.115	***	0.116	***	0.073	***	–	
信念認同	0.370	***	0.339	***	0.427	***	0.057	***	0.088	***
組織認同	0.288	***	0.351	***	0.388	***	0.100	***	0.037	***
目標認同	0.236	***	0.260	***	0.299	***	0.063	***	0.039	***
利他行為	0.105	***	0.100	***	0.123	***	0.018	***	0.023	***
盡職行為	0.099	***	0.056	***	0.101	***	0.001	***	0.045	***

未達顯著水準之外，對其餘的工作滿足、信念認同、組織認同、目標認同、離職意願、及盡職行爲的 R^2 皆達顯著水準，不過這些 R^2 皆不高。在幾何差和（D）上，全部的 R^2 皆達顯著水準，不過其中以對工作滿足、信念認同、組織認同、目標認同、及利他行爲的 R^2 爲較高，對自評績效、自評出勤、離職意願、及盡職行爲的 R^2 較低。這樣的結果說明了在以上下契合做爲指標的文化效能直接模式，是有一定的解釋能力，其中又以幾何差和做爲指標的解釋力爲最佳。

當以組織氣候指標與員工效能指標各自進行迴歸分析時，全部的 R^2 都達顯著水準，其中以對工作滿足、離職意願、信念認同、組織認同、及目標認同的 R^2 爲較高，而對自評績效、自評出勤、利他行爲、及盡職行爲的 R^2 較低。這樣的結果表示組織氣候對個人效能有著一定的解釋程度，也說明了組織氣候對個人效能也有一定的解釋力。

另外，再以上下契合指標與組織氣候指標對員工效能指標進行多元迴歸分析，結果全部的 R^2 都達顯著水準，表示組織文化與組織氣候同時對個人效能有著一定的解釋程度。爲了瞭解組織文化與組織氣候這二者對成員效能解釋力的高低，再進一步分析二者的 $\triangle R^2$。由表十的結果顯示，減去組織文化的 $\triangle R^2$，在 27 項的指標中有 25 項達到顯著水準，而減去組織氣候的 $\triangle R^2$，在 27 項的指標中只有 16 項達到顯著水準。此外，減去組織文化的 $\triangle R^2$ 的數值也較減去組織氣候的 $\triangle R^2$ 爲大。顯示組織氣候對成員效能的影響，可能比組織文化大。

2-2-2.小結

綜合**表十**與**表十一**的結果，組織文化對於員工效能有一定的顯著效果，顯示文化效能直接模式有著一定的解釋力。但表中的結果也顯示，組織氣候對成員效能也有顯著的效果，甚至比組織文化的效果更大，這顯示若能在文化效能直接模式中加入組織氣候，將更有助於組織文化對成員效能的影響，也就是文化過程模式比文化效能直接模式有更佳的解釋力。問題是組織氣候在組織文化與員工效能的關係中究竟扮演何種角色？接著，將先針對中介模式的效果進行分析，再探討干擾模式的效果。

2-3.中介模式驗證的淨相關分析

透過上述的多元迴歸分析，進一步指出文化效能直接模式雖然對於成員效能有著一定的解釋能力，但若能加入組織氣候而形成文化過程模式，將更有助於對員工效能的解釋。但加入組織氣候的文化過程模式究竟應是何種形式？藉由上述的多元迴歸分析的結果，顯示組織氣候對成員效能的影響，應該比組織文化大。所以就影響成員效能的位置而言，組織氣候可能是比組織文化更接近成員效能，如此一來，就可能是文化過程中的中介模式。為了進一步瞭解組織氣候是否扮演組織文化與成員效能間的中介角色，下面將針對組織文化與成員效能間進行淨相關分析，以瞭解在剔除組織氣候的影響後，組織文化對成員效能的影響是否降低，藉以推知組織氣候是否在此關係中扮演著中介的角色。

表十二說明了組織文化的各項契合指標與員工效能間的淨相關分析結果。在實際期望絕對差和上，原本與工作滿足、離職意願、信念認同、組織認同、目標認同、利他行爲、及盡職行爲等七項指標皆有相關，在進行淨相關分析，剔除組織氣候的影響後，只剩與工作滿足、信念認同、組織認同、及目標認同等四項指標仍能達到顯著的相關。在實際期望平方差和上，原本與工作滿足、離職意願、信念認同、組織認同、目標認同、及利他行爲等六項指標皆有相關，在進行淨相關分析，剔除組織氣候的影響後，仍有工作滿足、信念認同、目標認同、利他行爲、及盡職行爲等五項指標達到顯著的相關。在實際期望幾何差和上，原本與工作滿足、離職意願、信念認同、組織認同、目標認同、利他行爲、及盡職行爲等七項指標皆有相關，在進行淨相關分析，剔除組織氣候的影響後，只剩與工作滿只剩與工作滿足、信念認同、目標認同、利他行爲、及盡職行爲等五項指標仍能達到顯著的相關。在上下絕對差和上，原本與工作滿足、離職意願、信念認同、組織認同、目標認同、及盡職行爲等六項指標皆有相關，在進行淨相關分析，剔除組織氣候的影響後，只剩與自評出勤、工作滿足、利他行爲、及盡職行爲等四項指標仍能達到顯著的相關。在上下平方差和上，原本與工作滿足、離職意願、信念認同、組織認同、及目標認同等五項指標皆有相關，在進行淨相關分析，剔除組織氣候的影響後，只剩自評出勤、利他行爲、及盡職行爲仍能達到顯著的相關。在上下幾何差和上，原本與自評績效、自評出勤、工作滿足、離職意願、信念認同、組織認同、目標認同、利他行爲、及盡職行爲等九項指標皆

表十二　組織文化與成員效能間之相關數與淨相關係數之比較

相關分析

成員效能	實際期望絕對差和	實際期望平方差和	實際期望幾合差和	上下絕對差	上下平方差	上下幾合差
自評績效	-0.02	-0.02	0.02	0.00	0.00	0.11 **
自評出勤	-0.05	-0.03	0.03	0.02	0.01	0.15 **
工作滿足	-0.34 **	-0.34 **	0.31 **	-0.21 **	-0.24 **	0.38 **
離職意願	0.17 **	0.18 **	-0.15 **	0.13 **	0.15 **	-0.21 **
信念認同	-0.46 **	-0.44 **	0.39 **	-0.20 **	-0.24 **	0.61 **
組織認同	-0.36 **	-0.35 **	0.32 **	-0.17 **	-0.21 **	0.54 **
目標認同	-0.36 **	-0.34 **	0.32 **	-0.17 **	-0.20 **	0.49 **
利他行為	-0.13 **	-0.09 **	0.10 **	0.02	0.00	0.32 **
盡職行為	-0.09 **	-0.04	0.07 *	0.06 *	0.05	0.32 **

*, p< .01；**, p< .001

淨相關分析（剔除組織氣候的影響）

成員效能	實際期望絕對差和	實際期望平方差和	實際期望幾合差和	上下絕對差	上下平方差	上下幾合差
自評績效	0.02	0.02	-0.02	0.03	0.02	0.08 **
自評出勤	0.02	0.04	-0.03	0.07 *	0.06 *	0.09 **
工作滿足	-0.10 **	-0.09 **	0.08 **	-0.06 *	-0.06 *	0.08 **
離職意願	-0.02	-0.01	0.02	0.02	0.03	0.03
信念認同	-0.21 **	-0.18 **	0.15 **	-0.01	-0.03	0.37 **
組織認同	-0.06 *	-0.04	0.03	0.03	0.01	0.24 **
目標認同	-0.11 **	-0.08 **	0.09 **	0.00	-0.01	0.23 **
利他行為	0.05	0.10 **	-0.06 *	0.13 **	0.13 **	0.16 **
盡職行為	0.05	0.11 **	-0.06 *	0.15 **	0.15 **	0.22 **

*, p< .01；**, p< .001

有相關，在進行淨相關分析，剔除組織氣候的影響後，自評績效、自評出勤、工作滿足、信念認同、組織認同、目標認同、利他行爲、及盡職行爲仍能達到顯著的相關。

綜合上述淨相關分析的結果，在剔除組織氣候的影響之後，組織文化對成員效能間的相關雖然有所降低，但二者仍有相當程度的關聯，顯示組織氣候所能扮演的中介角色似乎有限，而這種中介作用侷限在組織文化對離職意願的影響上，亦即在文化過程模式中的中介模式，僅適用於組織文化對離職意願的過程。

2-4.干擾模式驗證的多元迴歸分析

經由上述的淨相關分析，可以進一步瞭解組織氣候若是以中介的角色介入，除了在組織文化對離職意願與組織認同的關係上達到效果外，在組織文化對其餘的成員效能間的影響有限。既然文化過程模式中的中介模式只有部份的效果，則文化過程模式中干擾模式的效果又如何？下面將針對組織文化、組織氣候、及組織文化與組織氣候的乘積，對成員效能進行多元迴歸分析，以瞭解文化過程模式中干擾模式的效果。

組織文化的實際期望契合指標部份。**表十三**說明了組織文化的實際期望契合指標、組織氣候、及組織文化與組織氣候的乘積，對成員效能進行多元迴歸分析的結果。其中中介模式的 R^2 是指由組織氣候對成員效能進行迴歸分析的複相關係數平方；干擾模式的 R^2 是指由由組織文化、組織氣候、及組織文化與組織氣候的乘積，對成員效能

表十三 組織文化(實際期望契合指標)組織氣候與員工效能三種模式的多元迴歸分析之 R 值

員工效能	(1) 中介模式	(2)共同模式			(3)干擾模式			△R (2-1)			△R (3-2)		
		|D|	D^2	D	|D|	D^2	D	|D|	D^2	D	|D|	D^2	D
自評績效	0.006***	0.006***	0.006***	0.006***	0.006***	0.007**	0.007**	–	–	–	–	–	–
自評出勤	0.014***	0.014***	0.015***	0.015***	0.017***	0.017***	0.017***	–	–	–	0.003**	0.003*	0.002*
工作滿足	0.249***	0.256***	0.225***	0.254***	0.257***	0.255***	0.255***	0.007***	0.006	0.005***	–	–	–
離職意願	0.117***	0.118***	0.117***	0.117***	0.119***	0.117***	0.118***	–	–	–	0.002*	–	–
信念認同	0.339***	0.367***	0.360***	0.353***	0.370***	0.368***	0.355***	0.028***	0.021	0.014***	0.002**	0.008***	0.002*
組織認同	0.350***	0.352***	0.351***	0.351***	0.353***	0.352***	0.351***	0.002**	0.001	–	–	–	–
目標認同	0.259***	0.269***	0.264***	0.265***	0.273***	0.271***	0.269***	0.009***	0.005	0.006***	0.004***	0.006***	0.004***
利他行為	0.099***	0.102***	0.108***	0.103***	0.107***	0.111***	0.108***	0.002*	0.009	0.004***	0.006***	0.003**	0.005***
盡職行為	0.055***	0.058***	0.062***	0.059***	0.061***	0.068***	0.060***	0.003*	0.012			–	–

進行迴歸分析的複相關係數平方；$\triangle R^2$ 則是指干擾模式的 R^2 減去中介模式的 R^2，代表干擾模式比中介模式所能增加的解釋變異量。

由表中可以看出，在自評績效上，三項實際期望契合指標在 $\triangle R^2$ 上皆未達顯著。在自評出勤上，三項實際期望契合指標在 $\triangle R^2$ 上皆達顯著。在工作滿足上，三項實際期望契合指標在 $\triangle R^2$ 上皆達顯著。在離職意願上，三項實際期望契合指標在 $\triangle R^2$ 上皆未達顯著。在信念認同上，三項實際期望契合指標在 $\triangle R^2$ 上皆達顯著。在組織認同上，僅絕對差和與平方差和在 $\triangle R^2$ 上達到顯著。在目標認同上，三項實際期望契合指標在 $\triangle R^2$ 上皆達到顯著。在利他行爲上，三項實際期望契合指標在 $\triangle R^2$ 上皆達顯著。在盡職行爲上，三項實際期望契合指標在 $\triangle R^2$ 上皆達顯著。

綜合上述分析的結果，在以實際期望契合作爲組織文化指標時，若比較干擾模式所能增加的解釋貢獻度，可以看出干擾模式在自評出勤、工作滿足、信念認同、組織認同、目標認同、利他行爲、及盡職行爲上，均能增加解釋的變異量並達到顯著水準；只有在離職意願上，未能增加達到顯著水準的解釋變異量。

<u>組織文化的上下契合指標部份</u>。**表十四**說明了組織文化的上下契合指標、組織氣候、及組織文化與組織氣候的乘積，對成員效能進行多元迴歸分析的結果。

表十四 組織文化(上下契合指標)、組織氣候與員工效能三種模式的多元迴歸分析之 R 值

員工效能	(1)中介	(2)共同模式			(3)干擾模式			△R (2-1)			△ R (3-2)		
	模式	|D|	D^2	D	|D|	D^2	D	|D|	D^2	D	|D|	D^2	D
自評績效	0.005***	0.006***	0.006***	0.01***	0.010***	0.011**	0.011**	–	–	0.006***	0.004***	0.005***	–
自評出勤	0.014***	0.018***	0.017***	0.022***	0.018***	0.018***	0.025***	0.004***	0.003**	0.008***	–	–	0.003**
工作滿足	0.249***	0.252***	0.225***	0.253***	0.256***	0.254***	0.256***	0.003***	0.003***	0.004***	0.004	0.002*	0.003**
離職意願	0.115***	0.116***	0.116***	0.116***	0.116***	0.116***	0.118***	–	–	–	–	–	0.002*
信念認同	0.339***	0.339***	0.340***	0.427***	0.349***	0.345***	0.430***	–	–	0.008***	0.010***	0.006***	0.002***
組織認同	0.351***	0.352***	0.351***	0.388***	0.357***	0.355***	0.389***	–	–	0.037***	0.006***	0.004***	–
目標認同	0.260***	0.260***	0.260***	0.299***	0.264***	0.262***	0.302***	–	–	0.039***	0.003***	0.002*	0.003**
利他行為	0.100***	0.116***	0.115***	0.123***	0.119***	0.118***	0.132***	0.016***	0.015***	0.023***	0.002*	0.003**	0.009***
盡職行為	0.056***	0.078***	0.077***	0.101***	0.085***	0.087***	0.106***	0.022***	0.021***	0.045***	0.007***	0.010***	0.005***

由表中可以看出，在自評績效上，三項實際期望契合指標在 $\triangle R^2$ 上皆達顯著。在自評出勤上，三項實際期望契合指標在 $\triangle R^2$ 上皆達顯著。在工作滿足上，三項實際期望契合指標在 $\triangle R^2$ 上皆達顯著。在離職意願上，三項實際期望契合指標在 $\triangle R^2$ 上皆未達顯著。在信念認同上，三項實際期望契合指標在 $\triangle R^2$ 上皆達顯著。在組織認同上，三項實際期望契合指標在 $\triangle R^2$ 上皆達顯著。在目標認同上，三項實際期望契合指標在 $\triangle R^2$ 上皆達到顯著。在利他行爲上，三項實際期望契合指標在 $\triangle R^2$ 上皆達顯著。在盡職行爲上，三項實際期望契合指標在 $\triangle R^2$ 上皆達顯著。

綜合上述分析的結果，在以上下契合作爲組織文化指標時，若比較干擾模式所能增加的解釋貢獻度，可以看出干擾模式在自評績效、自評出勤、工作滿足、信念認同、組織認同、目標認同、利他行爲、及盡職行爲上，均能增加解釋的變異量並達到顯著水準；只有在離職意願上，未能增加達到顯著水準的解釋變異量。

小結。綜合**表十三**與**表十四**的結果，對於自評出勤、工作滿足、信念認同、組織認同、目標認同、利他行爲、及盡職行爲等成員效能指標而言，不論是採用實際期望契合指標或是上下契合指標，干擾模式均能增加達到顯著水準的解釋變異量。只有在離職意願上，干擾模式方未能增加達到顯著水準的解釋變異量。

總結

根據前述淨相關分析與多元迴歸分析的結果，顯示一般在組織文化研究中採用的文化效能直接模式，的確是有一定的效果存在，這表示在組織管理上，組織文化是值得深入探討的一個議題。但是在文化效能直接模式中，尚可加入組織氣候，以增進組織文化對成員效能的影響，也就是組織文化與組織氣候同時會影響到成員效能。至於組織氣候在組織文化與成員效能間，扮演何種角色？**表十五**是綜合**表十二**、**表十三**、及**表十四**的結果，藉由表中的結果可以知悉，在不同的成員效能指標上，組織氣候有著不同的影響方式。在離職意願上，組織氣候主要產生的是中介效果。而在自評出勤、工作滿足、信念認同、

表十五　組織氣候在組織文化過程模式中的中介與干擾效果

員工效能	實際期望契合指標			上下契合指標		
	$\|D\|$	D^2	D	$\|D\|$	D^2	D
自評績效				+	+	+
自評出勤	+	+	+	+	+	+
工作滿足	+	+	+	+	+	+
離職意願	v	v	v	v	v	v
信念認同	+	+	+	+	+	+
組織認同	+	+		+	+	+
目標認同	+	+	+	+	+	+
利他行為	+	+	+	+	+	+
盡職行為	+	+	+	+	+	+

v: 中介效果；+: 干擾效果

組織認同、目標認同、利他行爲、及盡職行爲上，組織氣候主要產生的是干擾效果。另外，在自評績效上，當組織文化以上下契合爲指標時，組織氣候也會產生干擾的效果。

結論與建議

組織文化的測量

檢討過去對組織文化價值觀量化的研究，可以發現多數研究所使用的測量工具，只是採取傳統的文獻與暢銷書評論的方式，選擇研究者認爲適當的價值觀，而未能以局內人（研究對象）的觀點，來導出一個組織的組織價值觀（鄭伯壎，民82）。本研究在發展工具之時，則進入實際的組織之中，與組織的成員實際接觸，以瞭解組織實際所強調的一些價值，並藉由這些資料與參考現有的量表，發展初步的量表。在量表初稿編製後，也與組織的相關人員討論及舉行預試。因此，在工具的發展上，已盡可能納入了局內人的觀點。

本量表較特殊之處，在於加入了一些看似不符合西方管理效率、但卻又確實存在於台灣本土組織中的項目，如「講究形式表面」、「講究學歷取向」、「尊重權威領導」、「重視人情關係」等。這些項目在華人的組織中均是顯而易見的（如黃光國，民72；余伯泉、黃光國，民 78；鄭伯壎，民 82，民 84），且是華人組織所經常面臨的重要問題，但是不論國內或國外，探討企業組織中的形式主義與人情關係等項目的實徵研究，多付諸闕如。此處的重點，並不在於考慮這些項目對組織是正面的或是負面的影響，而是要突顯出針對華人的組織研究而言，若只是一昧沿用西方現成的量表，而不考慮華人組織的實情，則勢必將犧牲華人組織所擁有的一些特色。雖然這些特色可能並不存在於西方管理學的文獻中，但它們確實是存在的，且在華人的組織中極爲普遍。

此外，以往的組織價值觀量表大多隱含有強勢文化的觀念，在量表內容的取捨上，多只採用與西方管理效率有正面相關的題目，而略去與效率無關或負面的題目，因此對量表進行因素分析時，可以得到有關效率的多個不同因素。但對本量表進行因素分析時，則可明顯的獲得二個因素，「成長文化」是與管理效率明顯有關的題目所組成的因素，而「保守文化」則是由上述這些極富華人組織特色的題目所組成的因素。這樣的結果，使得本量表與其他組織價值觀量表在因素分析的結果上有著明顯的不同，其中「成長文化」因素已包括了其他量表中的多個因素在內，而「保守文化」因素則是其他量表中所未出現過的題目或因素。因此若保守的估計，本量表若使用在華人的企業組織中，絕對可以比其他組織價值觀量表提供出更豐富的訊息。

事實上，從此量表各題的平均數來看，研究一中除了樣本二在這些題目上的分數較低之外，樣本一與樣本三在這些具本土特色的項目上之分數皆不低，表示一般的台灣組織仍極易就呈現出此類的價值觀。至於樣本二何以會在這些項目上得分較低，或許是屬於電子產業的關係，在市場迅速變遷及經營競爭激烈的環境下，使得此一樣本的組織較易注重效率與創新的想法。

另外，本量表也加入了一些國內企業非常強調，但卻不爲西方組織所強調的組織價值，如「鼓勵奉獻服務」與「強調勤勞敬業」，三個樣本在這些項目上的分數都不低，表示一般的台灣組織確實在鼓吹此類的價值觀。此外，在「強調顧客導向」、「重視成本效益」、「行事積極進取」等項目上，樣本二與樣本三在這些項目上的分數皆不低，表示台灣一般的民營企業組織非常重視這些直接影響企業營收、生存、成長的觀念。至於樣本一何以會在這些項目上得分較低，或許是屬於準公營事業的性質，使得該組織在生存與壯大上，並不需要特別強調這些價值觀。由此觀之，兼採主位與客位方式發展出組織行爲的測量工具，較能顯現出組織的真正狀況，而非只是一昧以西方或應然的標準來評鑑組織。當組織行爲的測量工具能同時兼顧西方的管理效率與華人企業的特色時，這樣的測量工具才可能適用於華人企業之中，同時也正能符合現今要求同時注重國際化與本土化的趨勢。

組織文化契合的意義

本研究在組織文化的契合指標上分成二大類，一類是實際與期望契合，另一類則是上下契合。雖然都是從個人的角度出發，以瞭解組織文化的契合程度，但實際上仍是在瞭解個人與組織的契合（Person-Organization fit; P-O fit）（Judge & Ferries,1992）fit 是採取廣義的方式界定：個人與組織間的適合性（compatiblity）（Kristof,1996）。

因此，實際期望契合指標是指個人期望的組織文化與組織的組織文化是否適合。若是合適，則個人對於組織的行事作風與制度規章，較易理解也較願意接受，對於組織也較易給予正面的評價，連帶也使得個人的效能增加。反之，若是不合適，則個人對於組織的行事作風與制度規章較不易理解，也較可能不願意接受，對於組織也較易產生負面的說詞，連帶也使得個人的效能下降。

上下契合指標則是指個人知覺到的組織文化與組織管理階層所知覺到的組織文化是否一致，若是一致，則上下之間易形成共識，使得彼此之間的溝通較爲容易，連帶使得雙方對彼此角色的期望更爲清楚，而降低了角色模糊性與角色衝突性。若是不一致，則上下之間不易形成共識，使得彼此之間不易溝通，無法讓雙方更清楚對彼此角色的期望，而增高了角色模糊性與角色衝突性。

至於契合的測量方式，可分爲直接測量的方式（如 Enz, 1986a; Posner, Kouzes, & Schmidt,1985）與間接測量的方式（如鄭伯壎與郭建志，民 82；O'Reilly, Chatman, & Galdwell,1991)二類。直接測量的方式是請個人判斷他與組織之間是否有著良好的契合；間接測量的方式是先讓成員填答出所知覺到的組織價值觀及個人所重視的組織價值觀，再採用二者的差異分數計算契合程度。若就直覺而言，似乎採取直接測量較爲適當，因爲不需另行計算，就可直接得知個人是否與組織契合；但 Edwards（1991）認爲直接測量的方式有三項不易克服的缺點：1)在概念上，會同時混淆個體與環境這二個建構，2)在測量工具發展上，可能對個體與環境二者無法形成相通的測量（commensurate measurement），3)在實際填答上，會讓填答者產生一致性偏差（consistency bias），而影響或扭曲了個人對後續題目的回答。另外，若需要同時進行強勢文化與契合文化的研究時，採取直接測量的方式將無法提供強勢文化的指標。因此，本研究對契合是採用間接測量的方式進行。

至於本研究所實際用到的六種契合指標中，以上下幾何差和作爲契合指標時，預測效果最佳。這樣的結果，也可與最近流行的人口統計變項中上司與部屬對偶的相似性／相異性(demographic similarity/ difference)的研究結果相輝映（如O'Reilly, Caldwell, & Barnett, 1989；Tsui & O'Reilly, 1989； Tsui, Egan, & O'Reilly, 1992），也就是上司與部屬間若相似的程度愈大，對部屬的效能將有正面的影響。因此上司不能只一味強調自己所注重的組織價值觀，也應當同時留意下屬與自己在組織價值觀上契合的程度，並設法導致自己與下屬間的契合，如此方能增進下屬的效能，及增進自己的領導效能。

組織氣候在組織文化與員工效能關係中的角色

就組織文化理論而言，過去一般學者的觀點，多將組織氣候視爲組織文化與效能間的中介變項，認爲組織文化對效能的影響是透過組織氣候做爲中介，如 Kopelman、Brief 與 Guzzo（1990）、Moran 與 Volkwein（1992）、Marcoulides 與 Heck（1993）等；甚至 Schein (1992) 的文化三階層論，也隱含著類似的觀點。

但本研究卻發現，除了少數幾種效能指標（如離職意願）之外，此種以組織氣候爲中介的效果並不見得存在；反而是將組織氣候視爲組織文化與效能間的干擾變項，更爲恰當，因此組織文化與組織氣候之間的關係，並不全然是中介的線性關係。這樣的結果，在理論上有著極重要的意涵，因爲若是按照中介的線性關係，則在考慮影響員工效能時，只需考慮最近的變項，除非不得已，否則不需要去考慮其他較遠的變項；亦即要提昇員工效能時，只需要注重近端組織氣候對員工的影響就可以了，而無須考量遠端組織文化對員工的影響。若是按照干擾變項的關係，則透過二個變項的交互作用，對依變項會產生不同的影響；因此組織要提昇員工效能時，不能只單方面看重近端的組織氣候，而必須同時注意到組織文化與組織氣候間的交互作用。這不但表示組織文化與組織氣候是組織研究中不可偏廢的變項，同時也指出干擾效果更具有說明組織內動態的效果。

至於組織氣候在組織文化與員工效能間產生的干擾效果要如何解釋，則是另一種值得討論的議題。事實上，在過去有關干擾變項的研究中，多數只注重驗證是否有干擾現象的產生，而罕見探討或解釋干擾變項是如何運作的（Zedeck,1971）。若要進一步瞭解其中的影響，則一般多會再採用分群分析（subgroup analysis）的方式，以瞭解干擾變項與預測變項之交互作用對效標的影響（Champoux & Peters, 1980)。不過在概念上，干擾變項的影響是有別於是用變異數分析中之交互作用，因爲干擾變項會同時影響到預測變項與效標間的雙變異關係(bivariate relationship）；而變異數分析中之交互作用，則並不考慮預測變項對效標預測力的大小（Schneider,1983）。

本研究透過分群分析的結果，可以看出組織氣候的干擾影響可分爲二種情形，第一種是產生加成的強化效果，第二種則是產生補充的補足效果。可見組織文化、組織氣候、及員工效能間的關係，除了互補之外，亦可能有乘積式的強化效果。這顯示在互補效果時，組織文化與組織氣候可以發揮替代作用；而在強化效果時，則兩者可具有加成的作用。

在實務上，這樣的結果有極重要的意涵，因爲組織文化的流行，使得不少的組織經營者只注重組織文化的傳導，而忽略組織日常運作中的實務配合。本研究的結果無疑提醒這些經營者，在努力推展經管理念、講究經營使命、強化組織文化之暇，也更應正視組織日常運作中，與員工最有關連的人力資源管理制度。若能妥善加強組織的人力資源管理，從一方面而言，即使無法讓員工迅速擁有與組織相契合的組織文化，但仍能對員工的效能有所助益；從另一方面而言，當組織具有高契合性文化時，則組織氣候更可發揮對員工效能的加成效果。

未來研究方向

一、組織文化研究者與組織氣候研究者在研究背景及經歷上的差異，使得這二個貌似雷同看似相關的概念，卻在學術的研究圈中極少有交集之處。這對講求持續性、累積性的學界人士而言，甚屬可惜，因爲組織氣候從 30 年代末期就已開始進行，至今已累積相當豐盛的文獻。由於在今後組織文化的研究發展上，亦已開始採用較多的量化方式，因而對組織文化研究者而言，如何藉助過往組織氣候研究的經驗，協助組織文化研究的開展，也是未來值得發展的方向。如 Hofstede, Bond ,與 Luk（1993）就藉助 Glick（1985）所提出的心理氣候（psychological climate），相對提出心理文化（psychological culture），代表個人心中的組織文化，以便與組織層次的組織文化有所區分。

二、人力資源管理會受到所處脈絡（context）的影響，因此組織文化對人力資源管理而言是個無法脫離的限制（Jackson & Schuler, 1995）；相反的，組織文化要如何在組織中落實，則也非需人力資源管理的協助不可。藉由人事的甄選，組織可以挑選契合的員工；藉由教育訓練，組織可以幫助員工學習組織所重視的價值觀；經由獎賞懲戒，組織可以讓員工體會出何種行爲是符合組織規範的，何種行爲是違反的。因此可以進一步針對各種不同的人力資源管理措施進行研究，以瞭解組織文化與人力資源管理的關係型態。

三、針對組織文化的契合而言，雖然本研究與其他組織文化契合的研究皆有類似的結果：契合的組織文化對成員的效能有所助益。但處於現今迅速變遷的世局，一個組織難免會有步入衰退的時期，若此時無法引進一些與原有組織文化想法不同的高階主管，以提倡革新的觀念與作法，則難保組織不會步入滅亡的途徑。此時若仍一昧強調成員與組織間在組織文化上的契合，則反而對組織會產生負面的效果（Greenhalgh, 1983）。因此對於不同生命週期的組織、不同階層的成員而言，文化上的契合可能會產生不同的效果，如何得知這些不同的效果，則是可以進一步展開研究的地方。

參考文獻

丁虹。民 76。《企業文化與組織承諾之關係研究》。國立政治大學企業管理研究所未出版之博士論文。

王叢桂。民 82。〈三個世代大學畢業工作者的價值觀〉。《本土心理學研究》，第二期，頁 206-250。

白崇亮。民 75。〈組織承諾研究：理論與實證〉。《管理評論》，5 卷 2 期，頁 30-51。

余伯泉與黃光國。民 78。《形式主義與人情關係：台灣地區國營企業的實徵研究》。台灣大學心理學研究所爲發表之論文。

林淑姬。民 81。《薪酬公平、程序公正與組織承諾、組織公民行爲關係之研究》。國立政治大學企業管理研究所未出版之博士論文。

洪春吉。民 81。《臺灣地區中、美、日資企業之企業文化比較》。國立台灣大學商學研究所未出版之博士論文。

陸鵬程。民 70。《大台北地區加油站員工工作滿足與組織承諾之研究》。國立政治大學企業管理研究所未出版之碩士論文。

郭建志。民 81。《組織價值觀與個人效能：符合度的研究》。國立臺灣大學心理學研究所未出版之碩士論文。

黃子玲。民 82。《人與組織的契合：組織價值觀的初步探索》。私立輔仁大學心理學研究所未出版之碩士論文。

黃光國。民 72。〈臺灣地區企業組織型態與員工工作士氣〉。《中央研究院民族學研究所集刊》，75 期，頁 69-103。

黃國隆。民 81。《資訊科技與組織價值觀》。行政院國家科學委員會專題研究計畫成果報告，台北。

黃國隆。民 84。〈台灣與大陸企業員工工作價值觀之比較〉。《本土心理學研究》，第四期，頁 92-147。

陳蕙芬。民 81。《組織文化與組織公共關係行爲相關性探討》。國立政治灣大學新聞研究所未出版之碩士論文。

楊啓良。民 71。《個人特質、組織氣候與組織承諾之研究》。國立政治大學企業管理研究所未出版之碩士論文。

楊國樞與鄭伯壎。民 76。〈傳統價值觀、個人現代性與組織行爲：後儒家假設的一項驗證〉。《中央研究院民族學研究所集刊》，64 期，頁 1-49。

鄭伯壎。民 79。〈組織文化價值觀的數量衡鑑〉。《中華心理學刊》，32 卷，頁 31-49。

鄭伯壎。民 81。《有效組織文化的探討：組織價值觀一致性與成員效能的關係》。行政院國家科學委員會專題研究計畫成果報告，台北。

鄭伯壎。民 82。〈組織價值觀與組織承諾、組織公民行爲、工作績效關係：不同加權模式、差距模式之比較〉。《中華心理學刊》，35 卷， 1 期，頁 43-58。

鄭伯壎。民 84。《台灣與大陸企業文化之比較研究》。信義基金會專題研究計畫成果報告，台北。

鄭伯壎與郭建志。民 82。〈組織價值觀與個人工作效能：符合度與強度研究途徑〉。《中央研究院民族學研究所集刊》，75 期，頁 69-103。

Abbey,A., & Dickson,J.W.(1983). R&D work climate and innovation in semi-conductors. **Academy of Management Journal, 26,** 362-368.

Allen,R.F., & Dyer,F.J.(1980). A tool for tapping the organizational unconscious. **Personnel Journal**, 192-199.

Allport,G.W., Vernon,P.E., & Lindzey,G.(1960). **A study of values.** Boston: Hough Mifflin.

Alvesson,M. (1993). **Culture perspectives on organizations.** Cambridge: Cambridge University Press.

Alvesson,M., & Berg,P.O. (1992). **Corporate culture and organizational symbolism**. Berlin: Walter de Gruyter.

Alvesson,M., & Lindkvist,L. **(1993)**. Transaction cost, clan and corporate culture. **Journal of Management Studies, 30(3)**, 427-452.

Argyris,C.(1958). Some problems in conceptualizing organizational climate: A case study of a bank. **Administrative Sciences Quarterly, 2,** 501-520.

Argyris,C.(1990). **Overcoming organizational defenses: Facilitating organizational learning.** Boston: Allyn and Bacon.

Argyris,C, & Schon,D.A.(1978). **Organizational learning: A theory of action perspective.** Reading, MA: Addison-Wesley.

Arnold,H.(1982). Moderate variables: A clarification of conceptual, analytic, and psychometric issues. **Organizational Behavior and Human Performance, 29,** 143-174.

Ashforth,B.E.(1985). Climate formation: Issues and extension. **Academy of Management Review, 10(4),** 837-847.

Atkison,P.(1990). **Gaining culture change: The key to successful total quality management.** Bedford: IFS.

Barley,S.R., Meyer,G.W., & Gash,D.C.(1988). Cultures of culture: Academics, practitioners and pragmatics of normative control. **Administrative Science Quarterly, 33(10),** 24-60.

Barnett,.G.A.(1988). Communication and organizational culture. In G.M. Goldhaber & G.A. Barnett (Eds.), **Handbook of organizational communication.** Norwood, NJ: Ablex.

Baron,R.M., & Kenny,D.A.(1986). The moderator-mediator variable distinction in social psychological research: Conceptual, strategic, and statistical considerations. **Journal of Personality and Social Psychology, 51(6),** 1173-1182.

Bateman,T.S., & Organ,D.W.(1983). Job satisfaction and the good soldier: The relationship between affect and employee 'Citizenship'. **Academy of Management Journal, 26,** 587-595.

Bertz,R., Milkovich,G., & Read,W.(1992). The current state of performance appraisal research and practice: Concerns, directions, and implications. **Journal of Management, 18,** 111-137.

Beyer,J.M.(1981). Ideologies, values, and decision making in organizations. In P.C. Nystrom & W.H. Starbuck(Eds.), **Handbook of organizational design, Vol 1**. New York: Oxford University Press.

Borms,H., & Gahmberg,H. (1983). Communication to self in organizations and cultures. **Administrative Science Quarterly, 28,** 482-495.

Brion,J.M.(1989). **Organizational leadership of human resources: Part I. Greenwich,** CT: JAI Press.

Business Week.(Oct.27,1980). *Corporate culture:* **The hard-to-change values that spell success or failure. 148-160.**

Business Week.(May 14,1984). **Changing a corporate culture.** 130-138.

Calori,R., & Sarnin,P. (1991). Corporate culture and economic performance: A French study. **Organization Studies, 12(1),** 49-74.

Campbell,J.P., Dunnette,M.D., Lawler,E.E., & Weick,K.E.(1970). **Managerial behavior, performance, and effectiveness.** New York: McGraw-Hill.

Champoux,J.E., & Peters,W.S.(1980). Applications of moderated regression in job design research. **Personnel Psychology, 33**,759-783.

Cooke,R.A., & Roussear,D.M. (1988). Behavioral norms and expectations: A quantitative approach to the assessment of organizational culture. **Group and Organization Studies, 13**, 245-273.

Deal,T.E., & Kennedy,A.A. (1982). ***Corporate cultures:* The rites and rituals of corporate life.** Reading, MA: Addison-Wesley.

Denison,D.R.(1984). Bringing corporate culture to the bottom line. **Organizational Dynamic, 13(2)**, 4-22.

Denison,D.R., & Spreitzer,G.M.(1991). Organizational culture and organizational development: A competing values approach. **Research in Organizational Change and Development, 5**, 1-21.

Deshpande,R. & Webster,F.E.(1989). Organizational culture and marketing: Defining the research agenda. **Journal of Marketing, 53(January)**, 3-15.

Dobson,J.(1990). The role of ethics in global corporate culture. **Journal of Business Ethics, 9**, 481-488.

Downey,H.K., Hellriegel,D., & Slocum,J.W.(1975). Congruence between individual needs, organizational climate, job satisfaction and performance. **Academy of Management Journal, 18,** 149-155.

Drexler,J.A.(1977). Organizational climate: Its homogeneity within organizations. **Journal of Applied Psychology, 62,** 38-42.

du Gay,P., & Salaman,G.(1992). The culture of the customer. **Journal of Management Studies, 29(5),** 615-633.

Edwards,J.R.(1991). Person-job fit: A conceptual imtegration , literature review, and methodological critique. In C.L.Cooper & I.Robertson(Eds.), **International review of industrial and organizational psychology 1991.** New York: John Wiley & Sons.

Edwards,J.R.(1993). Problems with the use of profiles similarity indices in the study of congruence in organizational research. **Personnel Psychology, 46,** 641-665.

Edwards,J.R.(1993). Problems with the use of profiles similarity indices in the study of congruence in organizational research. Personnel Psychology, 46, 641-665.

Edwards,J.R., & Parry,M.E.(1993). On the use of polynomial regression equations as an alternative to difference scores in the organizational research. **Academy of Management Journal, 36(6),** 1577-1613.

Edwards,J.R., & Van Harrison,R.(1993). Job demands and worker health: Three-dimensional reexamination of the relationship between person-environment fit and strain. **Journal of Applied Psychology, 78(4),** 628-648.

El Sawy,O.A.(1985). Implementation by cultural infusion: An approach for managing the introduction of information technologies. **MIS Quarterly, June,** 129-140.

Elizur,D.(1984). Facets of work values: A structural analysis of work outcome. **Journal of Applied Psychology, 69(3),** 379-389.

England,G.W.(1967). Personal value systems of American managers. **Academy of Management Journal, 10,** 53-68.

England,G.W., & Koike,R.(1970). Personal value systems of Japanese managers. **Journal of Cross-Cultural Psychology, 1,** 21-40.

England,G.W., & Lee,R.(1971). Organizational goals and expected behavior among American, Japanese and Korean managers - A comparative study. **Academy of Management Journal, 14,** 425-438.

Enz,C.A.(1986a). Power and shared values in the corporate culture. Ann **Arbor, MI: UMI Research Press.**

Enz,C.A.(1986b). New directions for cross-cultural studies: Linking organizational and societal cultures. **Advances in International Comparative Management, 2,** 173-189.

Enz,C.A.(1988). The role of value congruity in intraorganizational power. **Administrative Science Quarterly, 33**, 284-304.

Feldman,S.P.(1986). Culture, charisma, and the CEO: An essay on the meaning of high office. **Human Relations, 39(3)**, 211-228.

Field,R.H.G., & Abelson,M.A.(1982). Climate: A reconceptualization and proposed model. **Human Relations, 35**, 181-201.

Fiol,C.M.(1991). Managing culture as a competitive resource: An identity-based view of sustainable competitive advantage. **Journal of Management, 17(1)**, 191-211.

Fleishman,E.A.(1953). Leadership, climate, human relations training, and supervisory behavior. **Personnel Psychology, 6**, 205-222.

Fombrun,C.J., Devanna,M., Tichy,N.M.(1994). The humanresource management audit. In C.J. Fombrun N.M. Tichy, & M. Devanna (Eds.), **Strategic human resource management**. New York : John Wiley & Sons.

Forehand,G.A., & Glimer,B.H., (1964). Environmental variation in studies of organizational behavior. **Psychological Bulletin,62**, 127-143.

Fortune.(May 28,1984). Fitting new employees into to the company culture. 28-30,34,38,40,43.

Frederiksen,N.(1986). Toward a broader conception of human intelligence. **American Psychologist, 41**, 445-452.

Friedlander,F., & Greenberg,S.(1971). Effects of job attitudes, training, and organizational climate on performance of the hard-core unemployed. **Journal of Applied Psychology, 55,** 287-295.

Gavin,J.F.(1975). Organizational climate as a function of personal and organizational variables. **Journal of Applied Psychology, *60*,** 135-139.

Glick,W.H.(1985). Conceptualizing and measuring organizational and psychological climate: Pitfalls in multilevel research. **Academy of Management Review, 10(3),** 601-616.

Glick,W.H(1988). Response: Organizations are not central tendencies: Shadowboxing in the dark, round 2. **Academy of Management Review, 13(1),** 133-137.

Goll,I., & Sambharya,R.B.(1990). The effect of organizational culture and leadership on firm performance. **Advances in Strategic Management, 6,** 183-200.

Gordon,G.G.(1985). The relationship of corporate culture to industry sector and corporate performance. In R.H.Kilmann, M.J.Saxton, & R.Serpa(Eds.). **Gaining control of the corporate culture.** San Francisco, CA:Jossey-Bass.

Gordon,G.C., & DiTomaso,N.(1992). Predicting corporate performance form organizational culture. **Journal of Management Studies, 29(6),** 783-798.

Goss,D.(1994). **Principles of human resource management.** London: Routledge.

Greenhalgh,L.(1983). Organizational decline. **Research in the Sociology of Organizations, 2,** 231-276.

Gregory,K. (1983). Native-view paradigms: Multiple culture and culture conflicts in organizations. **Administrative Science Quarterly, 28,** 359-376.

Guion,R.M.(1973). A note on organizational climate. **Organizational Behavior and Human Performance, 9,** 126-146.

Hellriegel,D., & Slocum,J.W.(1974). Organizational climate: Measures, research, and contingencies. **Academy of Management Journal, 17,** 255-280.

Hofestede,G.(1976). Nationality and espoused values of managers. **Journal of Applied Psychology, 61,** 148-155.

Hofstede,G. (1980). **Cultures consequences.** Beverly Hills, CA: Sage.

Hofstede,G.(1991). **Cultures and organizations: Software of the mind.** London: McGraw-Hill.

Hofstede,G., Bond,M.H., & Luk,C. (1993). Individual perceptions of organizational cultures: A methodological treatise on levels of analysis. **Organization Studies**, *14(4)*, 483-503.

Hofstede,G., Neuijen,B., Ohayv,D.D., & Sanders,G. (1990). Measuring organizational cultures: A qualitative and quantitative study across twenty cases. **Administrative Science Quarterly**, *35*, 286-316.

Hoffman,J.J., Cullen,J.B., Carter,N.M., & Hofacker,C.F.(1992). Alternative methods for measuring organization fit: Technology, structure, and performance. **Journal of Management, 18(1)**, 45-57.

Howard,A., Shudo,K., & Umeshima,M.(1983). Motivation and values among Japanese and American managers. **Personnel Psychology, 36**, 883-898.

Howe,J.G.(1977). Group climate: An exploratory analysis of construct validity. **Organizational Behavior and Human Performance, 19**, 106-125.

Jackson,S.E., & Schuler,R.S.(1995). Understanding human resource management in the context of organizations and their environments. **Annual Review of Psychology, 46**, 237-264.

James,L.R., Hater,J.J., Gent,M.J., & Bruni,J.R.(1978). Psychological climate: Implications from cognitive social learning theory and interactional psychology. **Personnel Psychology, 31**, 781-813.

James,L.R., & Jones,A.P.(1974). Organizational climate: A review of theory and research. **Psychological Bulletin, 81,** 1096-1112.

James,L.R., Joyce,W.F., & Slocum,J.W.(1988). Comment: Organizations do not cognize. **Academy of Management Review, 13(1),** 129-132.

Jaworski,B.J.(1988). Toward a theory of marketing control: Environments context, control types, and consequences. **Journal of Marketing, 52(July),** 23-39.

Johannesson,R.E.(1973). Some problems in the measurement of organizational climate. **Organizational Behavior and Human Performance, 10,** 118-144.

Johnston,H.R.(1976). A new conceptualization of source of organizational climate. **Administrative Science Quarterly, 21,** 95-103.

Joyce,W.F., & Slocum,J.W.(1982). Climate discrepancy: Refining the concepts of psychological and organizational climate. **Human Relations, 35,** 951-972.

Joyce,W.F., & Slocum,J.W.(1984). Collective climate: Agreement as a basis for defining aggregate climates in organizations. **Academy of Management Journal, 27,** 721-742.

Judge,T.A., & Bretz,R.D.(1992). Effects of work values on job choice decisions. **Journal of Applied Psychology, 77(3),** 261-271.

Judge,T.A., & Ferris,G.R.(1992). The elusive criterion of fit in human resource staffing decesions. **Human Resource Planning,15(4),** 47-67.

Katz,D. & Kahn,R.L.(1978). **The social psychology of organizations (2nd ed.).** New York : Wiley.

Kilmann,R.H. (1984). **Beyond the quick fix: Managing five tracks to organizational success.** San Francisco: Jossey-Bass.

Kilmann,R.H.(1985). Introduction: Five key issues in understanding and changing culture. In R.H. Kilman, M.J. Saxton, & R.Serpa (Eds.), **Gaining control of the corporate culture.** San Francisco: Jossey-Bass.

Kilman,R.H., Saxton,M.J., & Serpa,R. (Eds.). (1985). **Gaining control of the corporate culture.** San Francisco: Jossey-Bass.

Kotter,J.P, & Heskett,J.L. (1992). **Corporate culture and performance.** New York: The Free Press.

Kopelman,R.E., Brief,A.P., & Guzzo,R.A.(1990). The role of climate and culture in productivity. In B.Schneider (Ed.), **Organizational climate and culture.** San Francisco: Jossey-Bass.

Kozlowski,S.W.J., & Hults,B.M.(1987). An exploration of climates for technical updating and performance. **Personnel Psychology, 40,** 539-563.

Kristof,A.L.(1996). Person-organization fit: an integrative review of its conceptualizations, measurement, and implications. **Personnel Psychology**, *49*, 1-49.

Kroeber,A.K., & Kluckhohn,C.(1952). **Culture: A critical review of concepts and definitions.** New York: Vintage Books.

LaFollette,W.L., & Sims,H.(1975). Is satisfaction redundant with organizational climate? **Organizational Behavior and Human Performance,** *13*, 257-278.

Langley,M.(Feb.28,1984). AT&T has call for a new corporate culture. **The Wall Street Journal,** 32.

Lawler,E.E., Hall,D.T., & Oldman,G.R.(1974). Organizational climate: Relationship to organizational structure, process, and performance. **Organizational Behavior and Human Performance, 11,** 139-155.

Lei,D., Slocum,J.W., & Slater,R.W. (1990). Global strategy and reward systems: The key roles of management development and corporate culture. **Organizational Dynamics, 19**(2), 27-41.

Lewin,K., Lippit,r., & White,R.K.(1939). Patterns of aggressive behavior in experimentally created "social climates". **Journal of Social Psychology, 10,** 271-299.

Litwin,G.H., & Stringer,R.A.(1968). **Motivation and organizational climate. Cambridge**, MA: Harvard Business School, Division of Research.

Lucas,R.(1987). Political-cultural analysis of organizations. **Academy of Management Review, 12(1)**, 144-15.

Lusk,E, & Oliver,B.(1974). American managers' personal value system revisited. **Academy of Management Journal, 17, 549-554.**

Marcoulides,G.A., & Heck,R.H.(1993). Organizational culture and performance: Proposing and testing a model. **Organization Science, 4(2), 209-225.**

Martin,J.(1992). **Cultures in organizations : Three perspectives.** New York: Oxford University Press.

Martin,J., & Siehl,C. (1983). Organizational culture and counterculture: An uneasy symbiosis. **Organizational Dynamics, 12(2)**, 52-64.

McDonald,P, & Grandz,J.(1992). Identification of values relevant to business research. **Human Resource Management, 32(2)**, 217-236.

McGregor,D.M.(1960). **The human side of enterprise**. New York: McGraw-Hill.

Meglino,B.M., Ravlin,E.C., & Adkins,C.L.(1989). A work values approach to corporate culture: A field test of the value congruence process and its relationship to individual outcomes. **Journal of Applied Psychology, 74(3),** 424-432.

Meglino,B.M., Ravlin,E.C., & Adkins,C.L.(1992). The measurement of work value congruence: A field study comparison. **Journal of Management, 18(1),** 33-43.

Misumi,J.(1985). **The behavioral science of leadership.** Ann Arbor, MI: University of Michigan Press.

Moran,E.T., & Volkwein,J.F.(1992). The culture approach to the formation of organizational climate. **Human Relations, 45(1),** 19-47.

Morey,N.C., & Luthans,F.(1985). Refining the displacement of culture and the use of scenes and themes in organizational studies. **Academy of Management Review, 10,** 219-229.

Morgan,G.(1986). **Images of organization.** Beverly Hills, CA: Sage.

Mowday,R.T., Porter,L.W., & Steers,R.M.(1982). **Employee-organization linkages: The psychology of commitment, absenteeism, and turnover.** New York: Academic Press.

Mowday,R.T., Steers,R.M., & Porter,L.W.(1979). The measurement of organizational commitment. **Journal of Vocational Behavior, 14,** 224-247.

Nicholson,N., & Johns.,G. (1985). The absence culture and the psychological contract - who's in control of absence ? **Academy of Management Review, 10,** 397-407.

Nie,N.A., Hull,C.H., Jenkins,J.G., Steinbrenner,K., & Bent,D.H.(1975). **SPSS: Statistical package for the social sciences (2nd ed.).** New York: McGraw-Hill.

Norburn,D., Birley,S., Dunn,M, & Payne,A.(1990). A four nation study of the relationship between marketing effectiveness, corporate culture, corporate values, and market orientation. **Journal of International Business Studies, 21(3),** 451-468.

O'Reilly,C.A., Chatman,J. & Galdwwell,D.F.(1988). **People, jobs, and organizational culture.** (working paper). University of Califonia at Berkeley, School of Business Administration.

O'Reilly,C.A., Chatman,J. & Galdwwell,D.F.(1991). People and organizational culture: A profile comparison approach to assessing person-organization fit. **Academy of Management Journal, 34(3)**,487-516.

O'Reilly,C.A., Galdwwell,D.F., & Barnett,W.P.(1989). Work group demography, social integration and turnover. **Administrative Science Quarterly, 34**, 21-37.

Organ,D.W.(1988). **Organizational citizenship behavior: The good soldier syndrome.** Lexington, MA: Lexington.

Ott,J.S. (1989). **The organizational culture perspective.** Pacific Grove, CA: Brooks/Cole.

Ouchi,W.G.(1980). **Markets, bureaucracies, and clans. Administrative Science Quarterly, 25**, 124-141.

Ouchi,W.G.(1981). **Theory Z.** Reading, MA: Addison-Wesley.

Ouchi,W.G., & Wilkins,A.L. (1985). Organizational culture. **Annual Review of Sociology, 11**, 457-483.

Pascal,R.T., & Athos,A.G.(1982). **The art of Japanese management.** New York: Warner.

Payne,R.L., Fineman,S., & Wall,T.D.(1976). Organizational climate and job satisfaction: A conceptual synthesis. **Organizational Behavior and Human Performance, 16**, 45-62.

Payne,R.L., & Mansfield,R.(1973). Relationships of perceptions of organizational climate to organizational structure, context, and hierarchical position. **Administrative Science Quarterly, 18**, 515-526.

PayneR.L., & Pugh,D.S.(1976). Organizational structure and climate. In M.D. Dunnete(Ed.), **Handbook of industrial and organizational psychology**. Chicago: Rand McNally.

Pedersen.J.S., & Sorensen,J.S.(1989). **Organizational cultures in theory and practices**. Aldershot, England: Gower.

Pedhazur,E.J.(1983). **Multiple regression in behavioral research: Explanation and practice.(2nd ed.)**. New York: Holt, Rinehart and Winston.

Peters,T.J., & Waterman,R.H.(1982) **In search of excellence**. New York: Harper & Row.

Pettigrew,A.M.(1985). **The awakening giant: Continuity and change in Imperial Chemical Industries**. Oxford: Basil Blackwell.

Podsakoff,P.M., & Williams,L.J.(1986). The relationship between job performance and job satisfaction. In E.A. Locke (Ed.), **Generalizing from laboratory to field setting**. Lexington, MA: Lexington.

Podsakoff,P.M., Mackenzie,S.B., Moorman,R.H., & Fetter,R.(1990). Transformational leader behavior and their effects on trust, satisfaction, and organizational citizenship behavior. **The Leadership Quarterly, 1**, 107-142.

Porter,L.W., Steers,R.M., Mowday,R.T., & Boulian,P.V.(1974). Organizational commitment , job satisfaction, and turnover among psychiatric technicians. **Journal of Applied Psychology, 59(5),** 603-609.

Posner,B.Z., Kouzes,J.M., & Schmidt,W.H. (1985). Shared values make a difference: An empirical test of corporate culture. **Human Resource Management, 24(3)**, 293-309.

Powell,G.N., & Butterfield,D.A.(1978). The cases for subsystem climates in organizations. **Academy of Management Review, 3,** 151-157.

Pritchard,R.D., & Karasick,B.W.(1973). The effects of organizational climate on managerial job performance and job satisfaction. **Organizational Behavior and Human Performance, 9,** 126-146.

Puffer,S.M.(1987). Prosocial behavior, noncomplaint behavior, and work performance among commission salespeople. **Journal of Applied Psychology, 72,** 615-621.

Ravlin,E.C., & Meglino,B.M.(1987). Effect of values on perception and decision making: A study of alternative work values measures. **Journal of Applied Psychology, 72(4)**, 666-673.

Reichers,A.E., & Schneider,B.(1990). Climate and culture: An evolution of constructs. In B. Schneider(Ed.), **Organizational climate and culture.** San Francisco: Jossey-Bass.

Rentsch,J.R. (1990). Climate and culture: Interaction and qualitative differences in organizational meanings. **Journal of Applied Psychology, 75(6),** 668-681.

Rokeach,M.(1973). **The nature of human values.** New York: The Free Press.

Rousseau,D.M.(1988). The construction of climate in organizational research. In C.L. Cooper & I.T. Robertson(Eds.), **International review of industrial and organizational psychology 1988.** New York: John Wiley & Sons.

Rousseau,D.M.(1990). Normative beliefs in fund-raising organizations: Linking culture to organizational performance and individual responses. **Group and Organization Studies, 15(4),** 448-460.

Rynes,S.L., & Boudreau,J.W.(1986). College recruiting in large organizations: Practices, evaluation, and research implications. **Personnel Psychology, 39,** 729-757.

Salmans,S.(Jan.7,1983). New vogue: Company culture. The New York **Times,** D1,D27.

Sarri,L.M., Johnson,T.R., McLaughlin,S.D., & Zimmerle, D.M.(1988). A survey of management training and education practices in US companies. **Personnel Psychology, 41,**731-743.

Sathe,V. (1985). **Culture and related corporate realities.** Homewood, IL: Irwin.

Schein,E.H. (1985). **Organizational culture and leadership**. San Francisco: Jossey-Bass.

Schein,E.H. (1990). Organizational cluture. **American Psychologist, 45(2),** 109-119.

Schein,E.H. (1992). **Organizational culture and leadership (2nd ed.)**. San Francisco: Jossey-Bass.

Schein,E.H.(1993). On dialogue, culture, and organizational learning. **Organizational Dynamics, Autumn,** 40-51.

Schnake,M.E.(1983). An empirical assessment of the effects of affective response in the measurement of organizational climate. **Personnel Psychology, 36,** 791-807.

Schneider,B.(1972). Organizational climate: Individual preferences and organizational realities. **Journal of Applied Psychology, 56,** 211-217.

Schneider,B.(1975a).Organizational climate: Individual preferences and organizational realities revisited. **Journal of Applied Psychology, 60,** 459-465.

Schneider,B.(1975b). Organizational climate: An essay. **Personnel Psychology, 28,** 447-479.

Schneider,B.(1985). Organizational behavior. **Annual Review of Psychology, 28,** 447-479.

Schneider,B.(1983). Interactional psychology and organizational behavior. **Research in Organizational Behavior, 5,** 1-31.

Schneider,B., & Bartlett,J.(1968). Individual differences and organizational climate I: The research plan and questionnaire development. **Personnel Psychology, 21,** 323-333.

Schneider,B., & Bartlett,J.(1970). Individual differences and organizational climate II: Measurement of organizational climate by multitrait-multirater matrix. **Personnel Psychology, 23,** 493-512.

Schneider,B., & Hall,D.T.(1972). Toward specifying the concept of work climate: A study of Roman Catholic diocesan priests. *Journal of Applied Psychology, 56,* 447-455.

Schneider,B., & Reichers,A.E.(1983). On the etiology of climates. **Personnel Psychology, 36,** 19-39.

Schneider,B., & Rentsch,J.(1988). Managing climates and cultures: A futures perspective. In J.Hage (Ed.), Futures of organizations. Lexington, MA: Lexington.

Schneider,B., & Snyde,R.A.(1975). Some relationships between job satisfaction and organizational climate. **Journal of Applied Psychology, 60,** 318-328.

Schwartz,H., & Davis,S.M. (1981). Matching corporate culture and business strategy. **Organizational Dynamics, 10(1)**, 30-48.

Sheridan,J.E.(1992). Organizational culture and employee retention. **Academy of Management Journal, 35(5)**, 1036-1056.

Siehl,C., & Martin,J.(1990). Organizational culture: A key to financial performance? In B. Schneider(Ed.), **Organizational climate and culture**. San Francisco: Jossey-Bass.

Singh,J.P.(1990). Managerial culture and work-related values in India. **Organization Studies, 11(1)**, 75-101.

Singhapakdi,A.(1991). Ethical perceptions of marketers: The interaction effects of Machiavellianism and organizational ethical culture. **Journal of Business Ethics, 12**, 407-418.

Smircich,L. (1983). Concepts of culture and organizational analysis. **Administrative Science Quarterly, 28**, 339-358.

Smircich,L., & Calas,M.B. (1987). Organizational culture: A critical assessment. In F.M.Jablin, L.L.Putnam, K.H.Roberts, & L.W.Porters (Eds.). **Handbook of organizational communication**. Beverly Hills, CA: Sage.

Smith,C.A., Organ,D.W.,& Near,J.P.(1983). Organizational citizenship behavior : Its nature and antecedents. **Journal of Applied Psychology, 68**, 653-663.

Snell,S.A., & Dean, J.W.(1992). Integrated manufacturing and human resource management: A human capital perspective. **Academy of Management Journal, 35(3)**, 467-504.

Sproull,L.S.(1981). Beliefs in organizations. In P.C. Nystrom & W.H. Starbuck(Eds.), **Handbook of organizational design,** ***Vol 2.*** New York: Oxford University Press.

Syphher,B.D., Applegate,J.L., & Sypher,H.E.(1985). Culture and communication in organizational contexts. In W.B. Gudykunst, L.P. Stewart, & S. Ting-Toomey (Eds.), **Communication, culture, and organizational processes.** Beverly Hiills, CA: Sage.

Tagiuri,R., & Litwin,G.H.(Eds.).(1968). **Organizational climate: Explorations of a concept.** Cambridge, MA: Harvard Business School, Division of Research.

Tayeb,M.(1994). Organizations and national culture: Methodology considered. **Organization Studies, 15(3)**, 429-446.

Trice,H.M., & Beyer,J.M. (1984). Studying organizational cultures through rites and ceremonials. **Academy of Management Review, 9(4)**, 653-669.

Tsui,A.S., & O'Reilly,C.A.(1989). Beyond simple demographic effects: The importance of relational demography in superior-subordinate dyads. **Academy of Management Journal, 32**, 402-420.

Tsui,A.S., Egan,T.D., & O'Reilly,C.A.(1992). Being different: Relational demography and organizational attachment. **Administrative Science Quarterly, 37,** 549-579.

Ulrich,D.(1987). Organizational capability as a competitive advantage: HR professionals as strategic partner. **Human Resource Planning, 10,** 4.

Uttal,B.(Oct.17,1983). The corporate culture vultures. **Fortune,** 66-72.

Van de Ven,A.H. & Drazen,R.(1985). The concept of fit in contingency theory. **Research in Organizational Behavior, 7,** 333-365.

Van Maanen,J., & Barley,S.R. (1984). Occupational communities: Culture and control in organizations. **Research in Organizational Behavior, 6,** 287-365.

Waters,L.K., Roach,D., & Batlis,N.(1974). Organizational climate dimensions and job-related attitudes. **Personnel Psychology, 27,** 465-476.

Weiss,H.M.(1978). Social learning of work values in organizations. **Journal of Applied Psychology, 63(6),** 711-718.

Whitely,W., & England,G.W.(1977). Managerial values as a reflection of culture and process of industrialization. **Academy of Management Journal, 20,** 439-453.

Wiener,Y. (1988). Forms of value systems: A focus on organizational effectiveness and culture change and maintenance. **Academy of Management Review, 13(4)**, 534-545.

Wilkins,A.L., & Ouchi,W.G. (1983). Efficient cultures: Exploring the relationship between culture and organizational performance. **Administrative Science Quarterly, 28**, 468-481.

Wilkinson,A.(1992). The other side of quality: "Soft" issues and the human resource dimension. **Total Quality Management, 3(3)**, 323-329.

Williamson,O.E.(1975). **Markets and hierarchies: Analysis and antitrust implications.** New York: The Free Press.

Wollack,S., Goodale,J.G., Wijting,J.P, & Smith,P.C.(1971). Development of the survey of work values. **Journal of Applied Psychology, 55(4)**, 331-338.

Woodman,R.W., & King,D.C.(1978). Organizational climate: Science or folklore? **Academy of Management Review, 3**, 816-826.

Zedeck, S.(1971). Problems with the use of "moderator" variables. **Psychological Bulletin, 76(4)**, 295-310.

Zohr,D.(1980). Safety climate in industrial organizations: Theoretical and applied implications. **Journal of Applied Psychology, 65**, 96-10.

貳、

組織文化與員工效能

3. 組織文化與員工效能（一）：
加權與差距模式

4. 組織文化與員工效能（二）：
契合度與強度模式

5. 組織文化與員工效能（三）：
上下契合度的效果

組織文化與員工效能（一）：加權與差距模式

鄭 伯 壎
國立臺灣大學心理學系

本文曾發表於*中華心理學刊*，35 卷 1 期，1993 年

<摘要>

本研究的主要目的是以個人的分析層次為主，探討組織價值觀與個人效能的關係，俾說明組織文化的功能。在探討此種關係時，可從個人知覺與期望之組織價值觀差距（或期望一致性）來說明組織價值觀的一致性，並以不同的差距指標，包括 Hamming 差距與 Euclidean 差距來代表此種差距的大小。另一方面，亦可以相對重要性的加權來加以調整，做為組織價值的強度指標。以 345 位企業組織員工為對象，施測以組織價值觀量表（包括實際與期望）、組織承諾量表、組織公民行為量表、及一般績效指標後，發現：(1)組織價值觀量表有九個向度，經因素分析後，得到二個次級向度：外部適應價值與內部整合價值；而組織公民行為量表則獲得助人行為與良心行為兩個向度。(2)內部整合價值與組織承諾、組織公民行為的相關較高，而外部適應價值則較低；反之，外部適應價值與一般績效相關較高，而內部整合價值則較低。(3)內部整合價值觀的期望差距對組織承諾具有顯著的預測效果；(4)內部整合價值觀的加權對組織承諾與組織公民行為具有顯著的預測效果：(5)Hamming 差距與 Euclidean 差距的預測效果類似；(6)加權模式的預測效果比差距模式者為高。根據上述研究結果，討論了本研究在組織文化研究與應用上的涵義。

前言

最近幾年來，組織文化一直是實務經理人與學術研究者注意的焦點，他們從各個角度來界定組織文化的意義，並觀察組織文化的影響效果。例如，有些人認爲當公司擁有強力的組織文化時，其整體績效較高（Deal & Kennedy, 1982；Peters & Waterman, 1982）。有些人則從日本公司具有清楚的管理哲學或經營理念，來說明日本公司成功的理由（如 Ouchi, 1981；Pascale & Athos, 1981）。更有人主張，對組織而言，擁有清楚的組織文化價值觀是很重要的。IBM 的創辦人 Watson 在「企業與信念」一書中就說：

> …許多屹立數年的大型組織，其長生的秘訣並非來自於組織型態或管理技巧，而在於「信念」（belief）的力量及信念對組織成員的吸引力。因此，我認為一個組織要想生存、成功，首先就必須擁有一套完整的信念，作為政策和行動的最高指導。其次必須遵循那些信念：處在千變萬化的世界裡，要迎接挑戰，就必須隨時準備求變求新，而唯一不變的就是信念。
>
> （轉錄自 Pascale & Athos, 1981）

除了 Watson 之外，對組織文化價值觀的重要性，說明得最清楚的，應該是組織社會學家 Selznick 了。Selznick 在討論組織成長及組織性格的形成時，認爲一個組織的建立，是靠決策者或創辦人對價值觀的執著，以決定組織的性質、目標、經營方式及扮演角色。雖然這些價值觀不見得會形諸文字，也可能不是有意形成的，但是組織的領導者必須善於傳播或保護這些價值觀，使得組織成員能夠認同這些價值觀，期能世代相傳，生生不息，否則組織將臻於崩潰(Selznick, 1957)。然而，什麼是組織價值觀呢？其定義與內涵爲何？

什麼是組織價值觀？

一般而言，雖然研究者對組織文化的定義眾說紛紜，但大多數研究者都同意組織價值觀是組織文化的核心，也是指引組織行爲的重要關鍵（Hofstede, Neuijen, Ohayv & Sanders,1990； Ott, 1989； Tunstall, 1983）。由於組織價值觀可以做操作性的界定，也能夠透過量化測量，因此，透過組織價值的分析，可以進一步探討其與管理實務、組織行爲及組織效能的關係。在回答什麼是組織價值觀這個問題以前，必須回顧一下過去文化人類學家、社會學家及文化比較心理學家對價值觀的看法。一個比較具有代表性的定義是指：「一個人或一個群體，對什麼是值得做、什麼是好的一種構想，包括內隱的或外顯的此種構想影響了個人或群體的行動方式、途徑及目的選擇」(Kluckhohn, 1952)。此定義說明了每個人或每個群體都有不同的價值，並影響了行爲的表現；然而，並未論及價值的持久性。因此，Rokeach (1973)做了更進一步的衍伸，認爲「價值是一種持久的信念，是個人或團體所偏好的一種行爲方式或存在的終極狀態（ end-state of existence)；相對而言，個人或團體也會不喜歡相反的行爲方式或存在的終極狀態」。可見價值是一種信念的形式（form of belief），頗受社會期望（social expectation）的影響，尤其是當這些社會期望是團體或成員所共有時。因此，價值可以視之爲內化的規範性信念（internalized normative belief），一旦建立或形成了，就會自動引導行爲，而不受賞罰的影響(Wiener, 1982)。

顯然地，Rokeach（1973）對價值的界定，尤其是在行爲方式的指引方面，與團體規範（norm）相當類似，都具有約束或指引團體成員行爲的功能。然而，Kilmann, Saxton 及 Serpa（1985）認爲規範與價值仍然是有一些微小的差異：規範是較爲特定且明顯的行爲期望，而價值則較爲一般化且廣泛，也是導引團體規範的重要因素；而規範常是因價值而來的具體行爲期望，用以約束及導引成員的行爲。

根據上述對價值觀的分析，可以將組織價值觀界定爲「組織成員所共有的、內化的規範性信念，可以導引整個組織內部的成員行爲與管理作風」。換言之，當社會單位的成員擁有共有的價值觀、就可能形成社會期望或規範的基礎。如果整個社會單位夠大，而且成員擁有共享的信念，則存有組織文化或價值體系。有些組織文化的研究者以規範做爲研究對象（如 Cooke & Rousseau, 1988；O'Reilly, 1989），探討組織內的社會期望，其背後基礎即爲價值；而有些研究者透過儀式、故事及迷思來探討組織文化，這些儀式、故事等仍然反應了組織價值與信念。可見組織價值觀是研究組織文化中的重要關鍵因素。

組織價值觀的測量

檢討過去對組織文化量化的研究，可以發現除了少數研究以行爲規範做爲測量對象之外，其他絕大多數的研究都以組織價值做爲研究的焦點。在十套主要的組織文化測量工具中，有三套測量行爲規範，其餘七套則測量組織價值觀。除此之外，有二套同時測量了價值觀及組織內的管理實務。

就內容而言，所測量的價值或規範向度會因人而異，以價值觀爲例，Enz (1986) 強調專業主義 (professionalism)、對環境的適應、及員工士氣等；O'Reilly, Chatman 及 Caldwell (1988) 強調創新、品質、公平、彈性、決斷、冷靜、準確等；鄭伯壎 (民 80) 強調社會責任、敦親睦鄰、顧客取向、科學求真、正直誠信、表現績效、卓越創見、甘苦與共、團隊精神等。可見每位研究者所掌握的文化內容都不太一樣。雖然如此，如果對內容做進一步的檢視，應可發現各種價值觀或行爲規範可歸類爲四大類別的價值與規範：包括(1) 與環境有關的價值與規範，(2) 與工作有關的價值與規範，(3) 與人際有關的價值與規範，(4) 個人的價值與規範。就與環境有關的價值與規範而言，社會責任、敦親睦鄰、顧客取向、利潤專業等均屬此類；就與工作有關的價值與規範而言，卓越創新、品質、冒險、完美主義均屬此類；就與人際有關的價值與規範而言，溝通、正直誠信、團隊精神、甘苦與共、倫理價值均屬此類；就個人的價值與規範而言，是指組織成員個人所持有的價值與標準，自由、自我表達、及彈性則屬此類。嚴格說來，個人價值並不能代表組織價值（Enz, 1986）。

就合乎心理計量的特性而言，以 Human synergistics（1986）、O'Reilly 等人與鄭伯壎（民 80）有較詳細的驗證，其餘的研究則較少注意這方面的特性。至於量表的建構效度，則以鄭伯壎的研究根據 Schein（1985）及 Kluckhohn（1952）對組織價值與文化價值的界定，採定性分析的方式發展，具有一定的建構效度爲佳，而其餘的研究，則甚少提及量表的建構效度。

總之，透過測量工具的檢討，我們可對各種組織價值的操作性定義、測量方法、分析層次有更進一步的認識。

組織價值觀的功能

上述說明雖然指出了組織價值的意義與可能的測量方式，但並未清楚說明價值觀與組織存亡的確切關係，及價值觀如何解決組織的問題。從過去研究者的主張來看，至少可以分成兩大派別，其一爲組織價值具適應與整合的功能，以 Schein 爲代表，其二爲組織價值具降低交易成本的功能，以 Ouchi 爲代表。亦即，組織價值觀至少具備了外部適應（external adaptation）、內部整合（internal integration）、及降低互動成本（transactional cost reduction）的功能。

根據 Schein (1985) 的想法，組織必須能夠處理外在適應(external adaptation) 及內部整合 (internal integration) 的問題，否則將弊病叢生，甚至無法生存 (Schein, 1985)。外在適應是指組織必須能夠隨時調整自己的腳步與作法，以適應外界環境的變化。這些外在適應包括：(1) 組織成員對組織的核心任務 (core mission) 及主要工作有共同的瞭解；(2) 對核心任務衍生而來的目標有一致的共識；(3) 對達成目標的手段，包括組織結構、勞力分配、獎勵制度，及權威體系，有一致的看法，並加以推動；(4) 發展效標以衡量目標是否達成，並獲得成員的同意；(5) 發展校正策略，以備目標未達成時之需。總結而言，對上述外在適應問題的解決，都有賴於組織成員能夠具有一定程度的共識及共同的信念，使得組織成員均能夠依照某一原則行事，以確保組織在變動下的環境中繼續維繫下去。

至於內部整合是指組織必須促進內部人際關係的成長，同時要能夠保持人際與群際間良好的關係，以便能同心協力達成個人所不能獨力完成的目標。就這方面而言，包括：(1) 發展共同的語言及概念分類的架構，俾使成員之間能互相溝通與瞭解；(2) 界定團體界限 (group boundaries) 以及甄選標準，以決定何種人可以進入組織，而成爲組織中的一員；(3) 說明獲得權力或地位的法則，以幫助成員控制其攻擊行爲或感受；(4) 掌握組織中的友誼、親密及情感，規範同事或兩性間的關係，以便使組織任務順利遂行；(5) 界定賞罰的內容與行爲，使成員行爲有所依循；(6) 塑造意識形態或皈依組織信念，使成員能夠瞭解組織存在的意義，期在面對無法解釋的事件時，能夠降低焦慮感。換言之，組織成員透過對上述問題的共識，以滑潤組織內部成員與成員、團體、及組織的關係，並確保對組織的向心力或凝聚力，以便同心協力，達成組織賦予的目標。

一般來說，當組織透過組織學習（organizational learning）的歷程，逐漸形成一穩定的組織文化價值觀時，較容易解決外在適應與內部整合的問題，同時，亦可降低組織成員在面對不確定情境與事件時的焦慮感。進一步而言，當組織擁有穩定而清楚的價值觀，則成員可依循此種價值觀，去思考有關的任務、目標、手段等方面的問題，同時，亦可處理溝通、人際或團體關係、組織規範、或其他組織行爲的課題，而不會感到無所適從或動則得咎，因此，其產生的焦慮感自然可以降低。事實上，組織文化價值觀就像濾鏡一樣，幫助成員過濾無關的事件，使成員能夠專注在有意義的事件上，以處理組織問題(Schein, 1985)。

從另一角度來看，組織文化價值觀亦具有降低交易成本(transactional cost) 的功能。交易成本是指能夠滿足對等雙方交換其所擁有之物，並符合雙方期望的各種活動（Ohchi, 1980）。在這交換的過程當中，物品或勞務的價值是很難決定的，理由是：(1) 物品或勞務的基本性質不同，例如產品是獨一無二的，或由於工作的互依性很高，個人的貢獻不易估算；(2) 對等的雙方彼此不能互相信任。爲了解決上述問題，有三種方式應運而生。第一種交換方式是透過價格運作的市場機能，讓對等的雙方訂立契約。然而，由於受限於人類有限的理性

(bounded rationality) ，雙方很難撰寫詳細而準確的契約條文，以保證雙方的交易完全公平且能夠同時滿足雙方的期望，因此，這一類型的交換成本是相當高昂的。第二種交換方式是透過法令規章的規定，界定對等雙方間的權利義務。例如對受雇的員工而言，他必須服從領班的督導，完成工作，以獲得生活所需的工資。換言之，由於勞資雙方是互不信任的，因此，需要透過組織的科層化(bureaucratize) ，規範雙方的互惠方式，並給予緊密的監視。可惜組織的科層化可能產生繁文縟節，亦未能解決雙方自利 (self-interest)的問題，因此，其交換成本仍然很高。第三種方式則是透過組織文化的塑造，讓組織員工具有共同的價值觀，以形成朋黨式 (clan) 的組織。由於成員與組織之間的交換是互利且共生的，彼此之間的目標互相一致，因此，雙方並不需要採取嚴密的監聽方式，成員亦相信：就長期而言，雙方的交換必然是公平的，組織絕對不會佔員工的便宜。比較起來，這種類型的交換成本最低 (Wilkins & Ouchi, 1983)。

雖然上述兩種主張均說明了組織價值觀具有適應外在環境變化、整合內部分歧、及降低交易成本的功能，然而，這種想法僅止於理論上的推衍而已，而欠缺實徵上的證據。因此，在經驗層次說明組織價值觀與組織效能的關係，並加以驗證是有必要的。

組織價值觀與組織效能

從員工個人的角度來看，當員工認爲組織強調某種價值時，員工較易認同組織，並願意留駐在組織裡面。換言之，成員知覺到的組織價值（espoused organizational value）可能與員工個人的組織承諾或績效表現有相當大的關係。然而，過去已有研究者指出：強勢的組織文化（或價值）不見得能夠提高個人或組織的效能，尤其當組織文化（或價值）已經不能適應環境變化時，強勢的組織文化反而會抗拒變革，而加速了組織的衰亡（Enz, 1986），因此，指出合適的組織價值，或拋棄不適的價值是非常重要的。然而，哪一種知覺到的組織價值與員工的承諾或績效表現有較大的關係，而哪一種價值則關係較小或甚至有負面的關係呢？

目前對組織價值的掌握，包括了環境、工作、人際、及個人的價值等幾大類（鄭伯壎，民 81； Enz, 1986； Rousseau, 1990）。嚴格來說，個人的價值並非是組織價值，可以排除在外；而工作價值主要是處理個人對工作的看法，也不是最重要的組織價值，因此，本論文只處理與環境及人際關係有關的兩大類價值，依內容來說，前者指的是外在適應價值（如社會責任、敦親睦鄰、顧客取向、及科學求真），後者則指內部整合（如正直誠信、表現績效、卓越創新、甘苦與共、及團隊精神）。進而言之，前者主要是與組織所面對的環境有關，包括社會、社區、顧客及專業，是一種功能性的價值（functional values），強調組織存在的目標與功用，其所處理的議題是與顧客服務、社區關係、社會責任等有關的。後者則與組織內部的決策、對員工的重視、及產品的創新有關，是一種菁英的價值（elitist value），特別強調組織、產品、及成員的重要性與優越性，認爲在所有的各種組織中，本組織是出類拔萃的、成員是優異的，而且產品在市場上也是領先的。因此，相對而言，內部整合價值（**或菁英價值**）反應了一種企業國族主義（corporate nationalism）的想法，認爲公司、產品都是一流的，而容易使成員以公司/組織爲榮。然而，日而久之，也可能使成員誤認爲組織的存在是一種目標，而非手段，而損及公司的基業；至於外部適應價值（**或功能價值**）則強調組織必須瞭解外在環境的需要，以滿足顧客、社會、或社區的要求，因此，必須訂定規則，引導員工表現合宜的行爲來達成組織的服務目標（Wiener, 1988）。由此觀之，組織對這兩類價值的強調，會有不同的效果：對組織內的員工而言，內部整合價值較易使成員產生組織認同，並以組織爲榮，而有較高的組織承諾；同時對員工非正式的工作行爲會有影響，但不一定有較高的個人績效；對組織的外在競爭而言，外部適應價值較易使組織在面對環境變化時，可以隨時調整腳步，而不致遭到淘汰，其存活力可能較高，因此，具有此種價值之組織成員績效較高。當然，這種區分是一種概念上的分類，事實上，各種組織的價值體系應該都是兼具外在適應與內部整合的價值，只是強調的程度有所差異而已。根據上述分析，可以得到第一、二個假說：

假說一：就知覺組織價值與員工組織承諾、公民行為的關係而言，內部整合價值與員工個人組織承諾、公民行為的相關較高；而外部適應價值則較低。

假說二：就知覺組織價值與員工個人績效的關係而言，外部適應價值與員工個人績效的相關較高；而內部整合價值則較低。

就期望價值觀而言，Kilmann 與 Saxton (1983) 曾發展問卷來測量組織之期望文化與實際文化之差距，他們稱之爲文化鴻溝 (culture gap)，然而，並未探討期望價值觀或文化鴻溝與組織效能之關係。另外，丁虹（ 民 76 ）亦曾用 Klimann 與 Saxton 的觀念，探討文化鴻溝與組織承諾之關係，並發現對台灣的民營企業而言，文化鴻溝與組織承諾成負相關，表示文化鴻溝大的公司，其員工的組織承諾較低。然而，由於此研究對企業文化的界定乃是採取自由心證的方式，將 Barnard (1938) 的主管的三個主要功能，即溝通、激勵、及目標界定，及 Dessler (1980) 的組織理論主題，包括組織與環境、組織結構與設計、組織激勵與順從、以及社會因素與組織效能等變項順手拈來，做爲界定組織文化的依據。此種作法完全忽略了組織文化的真正意義，同時，將組織文化的決定要素、組織文化的內涵、及組織文化的影響後果等變項混雜在一起，因此，研究者雖然聲稱上述變項可以說明組織文化的意義，但卻是張冠李戴、李代桃僵，而弄擰了組織文化的意義。換言之，雖然此研究發現組織文化鴻溝與組織承諾成負相關，但所測量者並非真正的文化鴻溝。另外，

O'Reilly 等人（1991）亦曾採用個人與組織契合（person-organization fit）的概念，探討個人價值與組織價值契合的程度是否會影響個人的組織承諾及離職行爲，結果發現當契合程度越高時，組織成員的組織承諾越高；經過生存分析（Survival analysis）之後，發現契合程度高者比低者不容易離職。可惜，本論文對個人價值與組織價值的掌握仍然只是採傳統的文獻與暢銷書評論的方式，選擇研究者認爲適當的價值，而未能以研究對象（emic approach）的眼光來說明組織價值。有鑑於此，本研究將採根據理論、研究對象爲主，發展的組織價值測量工具，重複下述假說的驗證：

假說三：就期望價值一致性與個人效能的關係而言，當個人的期望的價值觀與組織實際的價值觀一致性高時，組織成員的組織承諾與工作績效較高。

價值強度、廣度對個人效能的預測

組織成員的個人效能

一般而言，在選擇個人效能的指標時，除了採用生產力、流動率等客觀指標之外，組織行爲研究者亦喜歡採用組織承諾與組織公民行爲等主觀指標，來說明組織效能的高低。通常主觀指標與客觀指標的相關頗高，而且具有易於蒐集的好處。因此，本研究將以組織承諾與組織公民行爲做爲組織效能的指標。

組織承諾（organizational commitment）的定義雖然頗多，然而以

Porter 等人（1974）的定義最被廣爲接受，即認爲組織承諾代表個人對特定組織之認同及投入的強度，包括：(1) 相信與接受組織的目標與價值；(2) 個人願意付出努力以達成組織目標；(3) 對維持組織成員之身份具有強烈的慾望。爲了測量上述想法，Porter 等人並發展適切的工具來測量，且顯示組織承諾有兩個清楚的向度，即組織認同與留職意願。而大多數的研究亦發現，組織承諾可以有效預測組織內員工的缺勤率、離職率及工作績效（Reicher, 1985）。

至於組織公民行爲（organizational citizenship behavior）是指組織正式制度未直接承認或加以規定，但整體而言，有助於組織運作成效之各種行爲，此類行爲通常未包含於員工的角色要求或工作說明書中，員工可自行取捨（Organ, 1988）。由於任何組織系統之設計均不可能完美無缺，若只依靠員工之角色內行爲，可能很難有效達成組織目標，而必須仰賴員工主動執行某些角色要求以外之行爲，以補角色定義之不足並促進組織目標之達成。因此，這種角色外的組織公民行爲對組織目標的達成、工作績效的提高是很重要的。就內容而言，多數的相關研究均顯示，組織公民行爲包括兩類因素：一爲利他行爲(altruism)，指的是組織成員在組織之相關任務或問題上主動協助其他人；二爲良心行爲（conscientiousness），指的是組織成員在某些角色行爲上主動超越組織要求的標準，包括出勤、服從規定及放棄休息時間等。一般來說，組織公民行爲的兩個向度與成員的工作滿足及工作績效均有顯著的相關（Organ, 1988）。

價值強度、廣度與個人效能的關係

就對組織成員個人效能的影響而言，究竟組織價值的強度（組織表現某種價值力量）影響力較大？或是廣度（組織對擁有某種價值的共識）的影響力較大？也是值得探討的。早期的研究，例如 Deal 與 Kennedy（1982）、Peters 與 Waterman（1982），都強調組織價值強度的重要性，認爲組織特別強調某種價值，則組織效能較高。亦即，強調組織價值的內容主題（content theme），有助於提高組織效能。事實上，此種研究取向的一個作法是直接探討組織成員同意某種組織價值的程度，及其與個人效能的關係；另一種作法是不但探討成員同意組織價值程度，而且評估各種組織價值的重要性，給予重要性的加權之後，再分析加權後的組織價值與個人效能間的關係。前者的作法就像人事心理學甄選預測模式中的單一加權模式（unit weighting model），後者則類似多元加權模式（multiple weighting model）。顯然的，單一加權模式應該是多元加權模式的特例，其加權值都等於 1。根據過去的研究，此兩類預測模式的預測力差異似乎不大（Meehl, 1954），因此在採用此兩種直線模式，利用知覺到的組織價值（espoused value）來預測組織成員個人的組織承諾與工作績效時，其預測效果應該沒有顯著差異。

就廣度而言，有些人主張在探討組織價值與員工效能間的關係時，何種內容並不特別重要，重要的是：第一、員工之間是否有共識（consensus），當員工的價值能與組織或上級匹配時，員工個人的效能較高（O'Reilly, et al, 1991； Weick, 1985）。第二、組織價值與行爲規範、行爲模式、及人工飾物之間是否有連貫而一致的關係，當關係連貫又一致時，組織或個人效能較高（如 Safford, 1988）。第三、個人期待的組織價值是否與組織實際強調的價值一致，如果一致性高時，個人的效能較高。本研究並不打算去處理前兩個問題，而以個人知覺價值觀與期望價值觀的一致性爲主，探討其與個人效能間的關係。在實際作法上，可採用相關與差距來作爲一致性的指標。利用相關係數來作爲一致性的指標，可能存有相關係數雖然相同，但實際分數差距大的缺點，而無法反應真正的一致性。因此，採用差距或距離來作爲一致性的指標。在以差距作爲一致性的指標時，亦有兩種典型的作法，其一爲 Hamming 相對距離，其二爲歐基里德相對距離（relative Euclidean distance），公式分別爲：

$$(1)\quad \delta(\underset{\sim}{A}, \underset{\sim}{B}) = \frac{1}{n}\sum_{i=1}^{n}\left|\mu_A(x_i) - \mu_B(x_j)\right|$$

$$(2)\quad \varepsilon(\underset{\sim}{A}, \underset{\sim}{B}) = \frac{1}{n}\sqrt{\frac{1}{n}\sum_{i=1}^{n}\left(\mu_A(x_i) - \mu_B(x_J)\right)^2}$$

(Kaufmann, 1975)

（1）代表 Hamming 相對距離，是以絕對值做爲差距的指標；（2）代表歐基里德相對距離，則以差距平方根做爲差距指標。這兩類指標的差異，主要自於 Hamming 相對距離較低估價值差距，而 Euclidean 則較放大價值差距，即 $\varepsilon(\underset{\sim}{A}, \underset{\sim}{B}) = \sqrt{n}\sigma(A,B)$。在價值項目 n 愈大時，兩種相對距離的差距愈大。利用此二類指標可以說明個人知覺價值觀與個人期望價值觀、高級主管知覺價值觀的差距，差距越大表示一致性愈小，組織成員個人的效能也愈小。雖然上述二種差距指標在意義上有所不同，但本質上都是以距離爲差距來源，故而這兩類指標的預測效果可能差異不大；然而加權模式與差距模式在概念上有較大的不同，其預測的效果也可能有較顯著的差異。

根據上述分析，可以同時比較四種預測模式，即單一加權模式、多元加權模式、Hamming 相對距離模式、Euclidean 相對距離模式的預測效果，並得出第四個假說：

假說四：個人知覺之組織價值對個人效能的預測效果，單一加權模式與多元加權模式的效果差異不大；Hamming 相對距離模式與 Euclidean 相對距離模式的差異不大；但加權模式與相對距離模式的預測力有顯著差異。

方法

受試者

本研究受試者分別來自五家電子公司中的十一個部門（其中六個部門為製造工廠、五個部門為管理單位），受試者的工作性質含蓋了生產（現場技術操作、直接生產）、工程（維護、生管、研發）、管理（人事、財務、資訊）、後勤（採購、物料）、及業務（行銷、銷售），職位都是白領職員與現場技術人員。就年齡而言，30歲以下的樣本佔11.6%，31歲至35歲佔30.4%，36至40歲佔27.5%，41歲至45歲佔16.8%，46歲以上佔10.7%，未答者佔2.9%；就性別而言，男性佔87.5%，女性佔8.7%，未答者佔3.8%；就工作性質而言，生產佔12.5%，工程佔40.3%，管理佔24.6%，後勤佔13.3%，業務佔5.5%，未答者佔3.8%；就年資而言，一年以下佔6.7%，一至三年佔18.3%，三至五年佔19.1%，五至十年佔26.7%，十至十五年佔14.2%，十五年以上佔11.6%，未答者佔3.5%；就級職而言，一般職員佔36.8%，中級以上職員佔60.0%，未答者佔3.2%；就教育程度而言，高中（職）佔3.8%，專科佔18.6%，大學佔64.1%，研究所佔11.0%，未答佔3.5%；就單位而言，A公司佔18.6%，B公司佔25.5%，C公司佔23.7%，D公司佔10.

7%，E公司佔19．7%，未答佔3．8%，總計樣本有345人。

研究工具

本研究的問卷包括組織文化價值觀量表、期望組織文化價值觀量表、組織承諾問卷、組織公民行爲量表，及個人背景資料五部分。

1．**組織文化價值觀量表**：本量表乃由鄭伯壎（民80）編製而成，包括社會責任、敦親睦鄰、顧客取向、科學求真、正直誠信、表現績效、卓越創新、甘苦與共及團隊精神等九個向度，主要是測量受試者同意各向度題目的程度，並以李克特四點量尺來回答。此量表各向度量表的信度Cronbach's α在 .70與 .89之間。

2．**期望組織文化價值觀量表**：本量表的內容與組織文化價值觀量表一樣，只不過是其反應量尺乃以「重要性」做爲評定重點，而非「同意與否」。換言之，針對各組織文化價值觀之向度，以李克特四點量表，即「很重要」、「有點重要」、「不太重要」、及「很不重要」，評定各價值觀向度題目的重要性。

3.**組織承諾量表**：組織承諾量表主要是參考Mowday，Porter及Steers（1982）的量表，並修正楊國樞與鄭伯壎（民76）之組織投注量表，而只測量兩類因素，包括組織認同與留職意願，前者是指組織成員願意以組織目標爲個人目標，並爲達成組織目標而努力，其信度Cronbach's α爲．87；而留職意願則指組織成員願意長期留駐於工作單位，不會見異思遷或有流動的傾向，此因素的信度Cronbach's α爲．80。

4．**組織公民行爲量表**：組織公民行爲量表乃修正自 Organ (1988) 所設計的量表，主要是測量利他行爲（altruism）及良心行爲 (conscientiousness) 兩類行爲。就前者而言，是指組織成員會主動協助他人，幫助組織達成目標，其信度 Cronbach α 爲 .91；就後者而言，則指一位模範的員工能遵守非正式的規定，服從公司內部的規範，並在準時上班、出席率、打電話、休假、休息、與同事交談等方面，符合自己良心的要求，此因素的信度 Cronbach α 爲 .81。

除了上述兩大類效能指標之外，亦加入了一般績效（general performance）的指標，包括工作品質、效率、及傑出表現等問題，做爲個人工作績效的指標。此向度的信度 Cronbach's α 爲 .87。

5．**個人背景資料**：個人背景資料含蓋了個人年齡、工作特性、年資、及級職等資料。

研究步驟

本研究取樣時，先徵得受測公司的同意，並向公司負責單位強調取樣時儘量含蓋不同工作特性、年資、及級職的人員。然後由研究者分赴各公司施測或委託公司的人事部門施測，施測時，採團體施測(group test) 方式，將受試者集中一處填答問卷；但也有少部份的受試者因爲業務繁忙，攜回填答，再行繳交。資料蒐集完畢之後，進行廢卷處理工作，將明顯不合作者，包括空白過多、反應趨勢 (response set) 明顯的問卷予以刪除。資料分析時，主要是進行下列分析：

(1)爲說明加權價值觀，計算各價值觀得分與重要性之乘積和。(2)爲說明期望價值觀一致性，依照 Hamming 與 Euclidean 的相對距離公式，計算知覺價值觀與重要性期望價值觀差距。（3）爲探討各組織文化價值觀、期望價值觀一致性、及員工個人背景，與組織承諾、組織公民行爲之關係；首先將進行相關分析，再進行逐步迴歸分析，期瞭解各前因變項對後果變項的預測。並比較單一加權模式、多元加權模式、Hamming 相對距離模式、Euclidean 相對距離模式的預測效果。

結果

組織文化價值觀的因素結構

組織價值觀約九大向度，經過因素分析之後，可以得到兩個清楚的次級向度，即外界適應價值（或功能性價值）（包括社會責任、敦親睦鄰、顧客取向、及科學求真）與內部整合價值（或菁英性價值）（包括正直誠信、表現績效、卓越創新、甘苦與共、及團隊精神）。詳細結果，如**表一**所示。

表一 組織價值之因素分析結果

	因素Ⅰ：內部整合價值	因素Ⅱ：外部適應價值
社會責任	－.08	.86
敦親睦鄰	.30	.50
顧客取向	.08	.63
科學求真	.32	.70
正直誠信	.56	.38
表現績效	.83	－.17
卓越創新	.55	.41
甘苦與共	.76	.32
團隊精神	.78	.12
固有值	3.59	1.53
解釋變異量	39.8%	17.0%

組織公民行為的因素結構

有關組織公民行爲量表的因素分析結果，如**表二**所示。由**表二**可知，組織公民行爲可以抽離爲兩大因素，第一個因素爲利他行爲，可以解釋 29.8%：第二個因素爲良心行爲，可以解釋 9.5%，此結果與 Organ (1988) 的分析一致。

預測變項與效標變項之關係

價值觀、個人特性等預測變項與組織承諾、公民行爲及一般績效等效標變項間的相關結果，如**表三**所示。由**表三**可知，單一加權模式中，外部適應價值與留職意願、組織認同、利他行爲、順從行爲及一般績效均有顯著正相關，內部整合價值亦然（除了一般績效未達顯著之外）。多元加權模式的外部適應價值與組織承諾、公民行爲及一般績

表二 組織公民的行為因素分析

	因素 1	因素 2
	利他行為	良心行為
2. 當其他同仁缺席時，我會去幫忙他們的工作。	.76	.05
6. 即使工作規範沒有規定，我也會主動指導新進員工。	.71	.21
8. 當其他員工工作量加重時，我會去幫忙，直到他們渡過難關為止。	.69	.20
13. 我會幫上司執行其份內任務。	.64	.13
16. 我願意去做組織不要求，但能提高組織整體形象的工作。	.62	.14
1. 我完成份內的工作時，就會去幫助別人，或找其他工作來做。	.62	.13
4. 即使工作中沒有正式要求要做的事，我也會志願去做。	.61	.22
14. 我會對改善本單位的整體工作品質，提出創新性的建議。	.60	.22
12. 我不做不必要的休假。	.13	.64
5. 在工作時我會做不應該的休息。	-.10	-.64
3. 在早餐、午餐及休息後，我均能準時回到工作崗位。	.20	.61
10. 如果無法上班，我會事先通知。	-.05	.61
11. 我花費太多時間在打私人電話上。	-.05	-.61
15. 我不做額外的休息。	.18	.57
17. 我不花太多的時間在無謂的交談上。	.14	.57
7. 在出席方面，表現得比一般員工還好，例如請假天數比大多數的人少，或規定天數還少。	.27	.49
9. 快下班時，我會草草了事。	-.17	-.48
固有值	6.26	1.99
解釋變異量%	29.8%	9.5%

效均成顯著正相關，內部整合價值亦然。至於 Hamming 模式與 Euclidean 模式之外部適應價值與內部整合價值的期望與實際差距，均與組織承諾成顯著負相關。就個人特性而言，年齡與組織承諾具顯著正相關，年資與級職亦然，而工作特性則與一般績效具顯著正相關。

表三　各模式各預測變項與效標變項之關係

預測變項	組織承諾		公民行為		一般績效
	留職意願	組織認同	利他行為	良心行為	
價值觀					
單一加權模式					
外部適應價值	.51**	.65**	.39**	.35**	.23**
內部整合價值	.60**	.72**	.37**	.31**	.12
多元加權模式					
外部適應價值	.49**	.54**	.45**	.43**	.25**
內部整合價值	.62**	.70**	.48**	.42**	.18*
Hamming 差距模式					
外部適應價值	-.36**	-.39**	-.02	-.05	.00
內部整合價值	-.43**	-.52**	-.11	-.02	.05
Euclidean 差距模式					
外部適應價值	-.39**	-.41**	.04	-.00	.02
內部整合價值	-.46**	-.53**	-.08	.03	.10
個人背景					
年齡	.32**	.21**	.03	.10	-.02
工作特性	.00	.15	.09	.11	.18*
年資	.21**	.17*	-.02	.02	-.02
級職	.19**	.23**	.14	.08	.13

$*P<.01$，$**P<.001$

各模式對效標變項的預測

各模式預測變項與效標變項之關係的迴歸分析結果，如**表四**所示。

1．**單一加權模式的預測**：由**表四**中的單一加權模式 U 可知，對

表四　各模式預測變項與效標變項之關係的迴歸分析結果

預測變項	留職意願				組織認同				利他行為				良心行為				一般績效			
	U	M	H	E	U	M	H	E	U	M	H	E	U	M	H	E	U	M	H	E
價值觀																				
外部適應價值	.09	-.02	-.10	-.10	.21**	-.07	-.05	-.05	.39***	.10	-.00	.06	.35***	.26**	-.10	-.05	.22***	.23***	.01	.02
內部整合價值	.55***	.58***	-.38***	-.41***	.54***	.68***	-.48***	-.50***	.11	.48***	.08	-.04	.05	.21*	.07	.10	-.11	-.03	.06	.11
個人特性																				
年齡	.20***	.21***」	.24***	.23***	.10	.06	.13*	.12*	-.04	-.08	-.05	-.05	.06	.03	.15	.15	-.03	-.03	.00	.00
工作性質	-.00	.00	.01	.00	.10*	.12**	.14*	.14*	.06	.08	.08	.08	.08	.08	.12	.12	.16**	.16**	.18**	.18**
年資	.00	.03	-.02	-.01	.09	.10*	.00	.01	-.08	-.09	-.08	-.08	-.01	-.02	-.08	-.07	-.04	-.03	-.01	-.01
級職	-.08	-.04	-.05	-.06	.06	.08	.03	.02	.10	.06	.14*	.14*	.07	.03	.03	.04	.10	.10	.11	.11
內部整合價值 ΔR^2	.36	.38	.19	.21	.52	.49	.27	.28	.03	.23	n.s.	n.s.	n.s.	.01	n.s.	n.s.	n.s.	n.s.	n.s.	n.s.
外部適應價值 ΔR^2	n.s.	n.s.	n.s.	n.s.	.01	n.s.	n.s.	n.s.	.15	n.s.	n.s.	n.s.	.12	.19	n.s.	n.s.	.05	.06	n.s.	n.s.
全部 R^2	.40	42	.25	.27	.54	.52	.30	.31	.18	.26	.04	.05	.14	.21	.03	.03	.11	.11	.06	.08

a：表中數值為標準迴歸係數，b：U 為單一加權模式，M 為多元加權模式，H 為 Hamming 差距模式，E 為 Euclidean 差距模式；n.s. 表示不顯著； *p<.05, ** p<.01, ***p<.001

留職意願的預測，以內部整合價值及年齡具顯著的預測效果，β 值分別爲 .55 及 .20，內部整合價值的 ΔR^2 爲 .36，全部變項的 R^2 爲 .40。

對組織認同的預測，以內部整合價值、外部適應價值及工作性質具顯著的預測效果，β 值分別爲 .54， .21 及 .10；內部整合價值的 ΔR^2 爲 .52，外部適應價值的 ΔR^2 爲 .01，全部變項的 R^2 爲 .54。

對利他行為的預測，以外部適應價值具顯著的預測效果，β 值為 .39，ΔR^2 為 .15，全部變項的 R^2 為 .18。

對良心行為的預測，以外部適應價值具顯著的預測效果，β 值為 .35，ΔR^2 為 .12，全部變項的 ΔR^2 為 .14。

對一般績效的預測，以外部適應價值與工作性質具顯著的預測效果，β 值分別爲 .22 及 .16，外部適應價值的 ΔR^2 爲 .05，全部變項的 R^2 爲 .11。

綜合上述結果，可以發現，對留職意願與組織認同等組織承諾的變項而言，內部整合價值的預測效果較高；而對利他行爲、良心行爲等組織公民行爲的預測，則以外部適應價值的預測效果較高。

2. 多元加權模式的預測：由表四中的多元加權模式 M 可知，對留職意願的預測，以內部整合價值及年齡具顯著的預測效果，β 值分別爲 .58 及 .21；內部整合價值的 ΔR^2 爲 .38，全部變項的 R^2 爲 .42。

對組織認同的預測，以內部整合價值、工作性質及年資具顯著的預測效果，β 值分別爲 .68 及 .12，內部整合價值的 ΔR^2 爲 .49，全部變項的 R^2 爲 .52。

對利他行爲的預測，以內部整合價值具顯著的預測效果，β 值爲 .48， ΔR^2 爲 .23，全部變項的 R^2 爲 .26。

對良心行爲的預測，以外部適應價值與內部整合價值具顯著的預測效果，β 值分別爲 .26 及 .21，全部變項的 R^2 爲 .21。

對一般績效的預測，以外部適應價值與工作性質具顯著的預測效果，β 值分別爲 .23 及 .16，內部整合價值的 ΔR^2，爲 .06，全部變項的 R^2 爲 .11。

綜合上述結果，對留職意願、組織認同、及利他行爲等效標變項而言，內部整合價值的預測效果較佳；而對良心行爲與一般績效而言，則以外部適應價值的預測效果較佳。

3 . Hamming 模式的預測：由表四中的 Hamming 模式 H 可知，對留職意願的預測，以內部整合價值及年齡具顯著的預測效果，β 值分別爲 - . 38 及 . 24；內部整合價值的 ΔR^2 爲 . 19，全部變項的 R^2 爲 . 25。

對組織認同的預測，以內部整合價值、工作性質及年齡具顯著的預測效果，β 值分別爲 - . 48，. 14 及 . 13，內部整合價值的 ΔR^2 爲 . 27，全部變項的 R^2 爲 . 30。

對利他行爲的預測，以級職較具顯著的預測效果，β 值爲 . 14，對良心行爲的預測，各變項均不具顯著的預測效果。對一般績效的預測，以工作性質具顯著的預測效果，β 值爲 . 18。

綜合上述結果，對留職意願、組織認同的預測，以內部整合價值的預測力較大；至於對利他行爲、良心行爲與一般績效的預測效果較小。

4 . Euclidean 模式的預測：由表四中的 Euclidean 模式 E 可知，對留職意願的預測，以內部整合價值及年齡具顯著的預測效果，β 值分別爲 - . 41 及 . 23；內部整合價值的 ΔR^2 爲 . 21，全部變項的 R^2 爲 . 27。

對組織認同的預測，以內部整合價值、工作性質及年齡具顯著的預測效果，β 值分別爲 - . 50，. 14 及 . 12，內部整合價值的 ΔR^2 爲 . 28，全部變項的 R^2 爲 . 31。

對利他行爲的預測，以級職較具顯著的預測效果，β 值爲 . 14，對良心行爲的預測，各變項均不具顯著的預測效果。對一般績效的預測，以工作性質具顯著的預測效果，β 值爲 . 18。上述結果，與 Hamming

模式類似。

5．四種模式的比較：綜合各模式價值觀與效標變項關係的結果，可以發現兩類加權模式對組織承諾、一般績效、公民行爲的預測效果差異不大。除了對利他行爲而言，單一加權模式的外部適應價值預測效果較大，而加權模式則以內部整合價值的預測效果較大以外，對大多數效標變項的預測效果，單一加權模式與多元加權模式的差異不大。

另一方面，Hamming 模式與 Euclidean 模式對各效標變項的預測效果也差異不大，顯示利用絕對值或是差距的平方根來做指標，所得的結果均大同小異，不具實質上的意義。除此之外，不管是何種模式，對留職意願、組織認同等組織承諾變項的預測，均以內部整合價值的預測效果較佳，解釋的變異量百分比，留職意願在 19%與 38%之間，而組織認同則在 27%與 52%之間，顯示當個人認爲組織強調內部整合價值時，個人的留職意願與組織認同較高。而在比較加權模式與差距模式的預測效果時，顯然地，加權模式的預測效果較高（分別爲 .36，.38，.52，.49，對 .19，.21，.27，.28）；如果以所有的預測變項爲準，亦有此種傾向（分別爲 .40，.42，.54，.52，對 .25，.27，.30，.31）。

至於個人特性與效標變項的關係，則以年齡與留職意願、工作性質與組織認同、一般績效的關係較爲一致。就年齡與留職意願的關係而言，年齡大者，留職意願較強，此結果與過去的研究發現相當一致（Mowday, Porter & Steers, 1982）。就工作性質與組織認同、一般績效的關係，亦可發現當工作性質與生產現場較無關的專業技術人員，如業務人員、後勤支援人員，則其組織認同與一般績效較高。

討　論

本研究的主要目的是探討組織價值觀與個人效能間的關係，並比較不同模式的預測效果。主要的研究發現包括：

第一，就知覺組織價值觀與個人效能的關係而言，內部整合價值、外部適應價值雖然都與留職意願、組織認同等組織承諾指標有關，但內部整合價值的預測效果，要比外部適應價值為高，這支持了假設一的說法。在與組織公民行為的關係方面，當不考慮模式類型時，可以發現內部整合價值與外部適應價值均與利他行為、良心行為成顯著正相關，而且外部適應價值的相關係數稍高於內部整合價值。如果考慮各種預測模式時，則加權模式具有密切的相關，但差距模式則相關幾近於0，結果不太一致，原因何在，仍需做進一步的探討。在與一般績效的關係方面，加權模式的外部適應價值與一般績效的相關較內部整合價值為高，這也支持了假設二的主張。

第二，就期望價值觀、知覺價值觀與個人效能間的關係而言，內部整合價值觀的差距都與組織承諾具有顯著的負性相關，表示當員工認為組織強調的內部整合價值與個人期望差距小時，員工的組織承諾較高；而當員工知覺到的內部整合價值與個人期望差距大時，則個人的組織承諾較低。這支持了假說三的主張。

第三，知覺價值觀與期望價值觀對個人效能的預測效果，Hamming 相對差距模式與 Euclidean 模式的差異不大，顯示此兩種差距指標是十分類似的；而單一加權模式與多元加權模式的預測效果，雖然多元加權模式的效果稍高，但差距也並不大。然而，在比較期望價值觀的加權模式與差距模式間的差異時，發現加權模式的預測效果較高，對員工組織承諾的預測較大。這支持了假說四的說法。

顯然地，上述發現說明知覺的組織價值觀與組織承諾、及組織公民行爲的關係頗爲密切。就與組織承諾的關係而言，Steers (1977)認爲個人特性、工作角色特性、組織結構特性、及工作經驗是影響組織承諾的重要變項，但本研究卻證實了組織價值觀更是重要，其預測力較個人特性、工作特性爲高，而且可以解釋組織承諾變異量的 36%至 52%。就與組織公民行爲的關係而言，雖然組織公民行爲研究的先驅 Organ (1988) 認爲組織文化與組織公民行爲有密切的關係，但從未有研究進行此方面的驗證，本研究發現：組織價值與利他行爲、良心行爲具有顯著的相關（ r 值在 . 31 與 . 39 之間 ），可以爲 Organ 的主張做一個註腳。（ 註一 ）

另外，由差距模式的結果可以推論組織成員個人知覺的組織價值觀與個人期望的組織價值觀一致是很重要的，尤其是在內部整合價值觀方面，契合程度越高，則成員越會認同組織、願意留職、同時做好角色規範並未規定之行爲。過去雖然也有研究者（ O'Reilly 等人, 1991 ）證實了此項結果，但作法並不相同，其採取的方式是以 Q 分類技術（Q-sort）強迫受試者依重要性將個人價值與組織價值評等，然後再計算兩者的相關，做爲個人價值與組織契合的指標，結果發現此項指標可以有效預測組織承諾。但他們並未進一步區分那一種價值觀具有較大的預測效果，那一種預測效果較小。本研究則補足了此項限制，進一步將組織價值觀細分，並發現了內部整合價值與組織承諾、公民行爲具有較大的預測效果，這在實用上具有相當大的意義：(1) 由於組織要想透過組織社會化的方式，將所有的組織價值觀完全灌輸給成員，促使成員內化（internalization）是不太可能的（Katz & Kahn, 1978），因此，找出重要的價值觀做爲社會化的主題是必要的，而且可收事半功倍之效；(2) 找出各類組織價值與各種效能指標的關係，可進一步釐清不同組織價值內涵的不同影響結果。

換言之，本研究證實了利用契合的概念來說明組織承諾或工作績效等個人效能變項的高低，是值得嘗試的一個研究方向。目前的許多研究都偏重於職業選擇（**個人與職業的契合**）、工作選擇（**個人與工作的契合**），用以說明職業承諾與工作承諾，而較少探討組織選擇（**個人與組織的契合**）的現象，本研究可做爲此類研究的參考。因此，從契合的概念出發，在個人層次方面，可以探討個人實際與期望價值的契合、個人與上司價值的契合、個人與部門價值的契合、個人與整體組織價值的契合、個人與職業價值的契合；在團體層次方面，可以探討部門與組織價值的契合、部門與其他部門價值的契合、部門與專業價值的契合；在組織層次方面，則可以探討組織與產業文化的契合、組織與國家文化的契合，用以說明個人效能、部門效能、組織效能的高低。

除此之外，在比較加權模式與差距模式的預測效果時，可以發現在各效標變項上，加權模式的效果都比與差距模式爲高。這說明了一項事實，當利用「同意的程度」與「重要性的程度」評定組織價值觀，做爲實際組織價值與期望組織價值時，把重要性程度視爲實際組織價值的加權，而非差距標準時，其預測效度（predictive validity)較高。早在 1964 年，Vroom（1964）在討論工作滿足時，就會提出減差模式（substractive Model）與乘積模式（Multiplicative Model）的區分，前者認爲工作滿足是知覺與期望工作環境的函數；後者則認爲工作滿足是知覺工作環境與工作環境重要程度的函數。雖然期望性與重要性有某種程度的關連，但並非是等同的。既然本研究所測量者是重要性，因此，加權模式（即乘積模式）的預測效果是可以預期的。值得注意的是，雖然考慮了重要性的加權，但其預測效果卻與不考慮重要性變項（即單一加權模式）者差異不大。這說明了利用內部整合與外部適應價值的概念，就可以直接解釋員工的組織承諾與組織公民行爲，而不太受重要性評定的影響。進而言之，如果一開始就掌握重要的組織價值內容，而非只是任意提出各種組織價值內容，則即使忽略了「重要性」的變項，並不會降低對員工工作態度的預測。此一發現對未來進行員工工作效能與工作態度的決定因素研究，將有所啓發。

最後，雖然有不少人宣稱利用問卷的方式所測量到的組織價值是屬於一種標榜的價值（espoused value），而非真正的組織價值(actual value)（真正的組織價值需要透過持續的觀察、審慎的解讀組織的象徵、符號、儀式、故事、或成員行為，方能獲致）。這兩者是有差距的（如 Argyris & Schon, 1978；Siehl & Martin, 1990）。然而從本研究發現：知覺的組織價值仍然可以有效地預測成員的組織承諾、公民行爲及一般績效，因此，從經驗層次來看，個人眼中的組織價值觀似乎相當重要，與客觀存在的真實組織價值觀比起來，對個人行爲的預測可能更爲準確。準此而言，從個人社會認知（social cognition)的角度來探討組織價值與個人效能間的關係，應該頗有意義。事實上，這也呼應了 Enz (1986) 的研究：她在探討上下組織價值差距與部門權力的關係時，發現對部門權力的預測，知覺價值的預測效果要比真實價值的預測效果爲高。

註一：由於組織公民行爲量表早先的發展，主要是提供上級主管評定下屬之用，較無社會期望度（social desirability）的問題。然而，後來此量表示採用自我評定的方式，受社會期望度的影響可能較大。可惜這方面的研究甚爲缺乏，因此，兩者的可能關係，仍需做進一步的探討。

參考文獻

丁虹 (1987)：<企業文化與組織承諾之關係研究>。國立政治大學企業管理研究所博士論文。

鄭伯壎 (1991)：。<組織文化中價值觀的數量衡鑑>。《中華心理學刊》，出版中。

楊國樞、鄭伯壎 (1987)：<傳統價值觀、個人現代性及組織行為：後儒家假說的一項微觀驗證>。《中央研究院民族學研究所集刊》，64期，1-49頁。

Argyris, C., & Schon, D.A. (1978). **Organizational learning: A theory of action perspective**. Reading, MA: Addison-Wesly.

Barnard, C. I. (1938). **The functions of the executive**. Cambridge, MA: Harvard University Press.

Cooke, R. A., & Rousseau, D. M. (1988). Behavioral norms and expectation: A quantitative approach to the assessment of organizational culture. **Group and Organization studies, 13**, 245-273.

Deal, T. E., & Kennedy, A. A. (1982). **Corporate cultures.** Reading, MA. : Addison-Wesley.

Dessler, G.(1980). **Organization theory**. New York: American Management Association.

Enz, C. (1986). **Power and shared value in the corporate culture**. Ann Arbor, MI： UMI

Etzioni. A.(1961). **A comparative analysis of complex organizations**. New York: Free Press.

Hofstede, G., Neuijen, B., Ohayv., D. D., & S Anders, G.(1990). Measuring organizational cultures: A qualitative and quantitative study across twenty cases. **Administrative Science Quarterly, 35,** 286-316.

Human Synergistics(1990). Organizational culture inventory. In B. Schneider(Ed) **Organizational Climate and culture.** (pp.134-174)San Francisco: Jossey-Bass.

Katz, D., & Kahn, R. L. (1978). **The social psychology of organizations**. New York: Wiley.

Kaufmann, A.(1975). **Introduction to the theory of fuzzy subsets.** New York: Academic Press.

Kilmann, R., & Saxton, M. (1983). **Kilmann-Saxton culture-gap survey**. Pittsburg, PN: Organizational Design Consultants.

Kilmann, R. H., Saxton, M. J., & Serpa, R. (1985). **Gaining control of the corporate culture**. San Francisco: Jossey-Bass.

Kluckhohn, C. K. M. (1952). Values and value orientations in the theory of action: An exploration in definition and classification. In T. Parsons and E. A. Shils (Eds.). **Toward a general theory of action.** Cambridge, MA: Harvard University Press.

Meehl, P. E. (1954). **Clinical vs. Statistical prediction.** Minneapolis: University of Minnesota Press.

Mowday, R. T., Porter, L W., & Steers, R. M. (1982). **Employee-organization linkages: The psychology of commitment, absenteeism, and turnover.** New York: Academic Press.

O'Reilly, C. A. (1989). Corporations, and commitment: Motivation and social control in organizations. **California Management Review, 31(4),** 9-25.

O'Reilly, C. A., Chatman, J. A., & Caldwell, D. (1988). **People, jobs, and organizational culture (working paper).** University of California at Berkeley, School of Business Administration.

O'Reilly, C. A., Chatman, J. A., & Caldwell, D. (1988). People, jobs, and organizational culture： A profile comparison approach to assessing person-organization fit. **Academy of Management Journal, 34(3)**, 487-516.

Organ, D. W. (1988). **Organizational citizenship behavior： The good soldier syndrome.** Lexington, MA.： Lexington.

Ott, J. S. (1989). **The organizational culture perspective.** Pacific Grove, CA： Brooks/Cole.

Ouchi, W. G. (1980). Markets, bureaucracies, and clans. **Administrative Science Quarterly, 25**, 129-141.

Ouchi, W. G. (1981). **Theory Z.** Reading, MA.：Addison-Wesley.

Ouchi, W. G., & Wilkins, A. L. (1985). Organizational culture. **Annual Review of Sociology, 11**, 457-483.

Pascale, R. J., & Athos, A. G. (1981). **The art of Japanese Management.** New York：Sinion & Schuster.

Peters, T. J., & Waterman, R. H., Jr. (1982). **In search of excellence.** Haper & Row.

Portor, L. W., Steer, R. M., & Boulian, R. V. (1974). Organizational commitment, job satisfaction and turnover among psychiatric technician. **Journal of Applied Psychology, 19**, 475-479.

Reichers, A. R. (1985). A review and reconceptualization of organizational commitment. **Academy of Management Review, 10(3)**, 466-467.

Rokeach, M. (1973). **The nature of human values.** New York： Free Press.

Rousseau, D. M. (1990). Assessing organizational culture： The case for multiple methods. In B. Schneider. (Ed.). **Organizational climate and culture.** San Francisco ： Jessey-Bass.

Safford G. S. (1988). Culture traits, strength, and organizational performance： Moving beyond “strong” culture. **Academy of Management Review, 13(4)**, 546-558.

Schein, E. H. (1985). **Organizational culture and leadership.** San Francisco：Jossey-Bass.

Selznick, P. (1949). **TVA and the grass roots.** Los Angeles： University of California Press.

Siehl, C., & Martin, J. (1990). Organizational culture： A key to financial performance. In B. Schneider (Ed.). **Organizational Climate and Culture.** San Francisco: Jossey-Bass.

Steers, R. M. (1977). Antecedents and outcomes of organizational commitment. **Administrative Science Quarterly, 22,** 46-56.

Trice, H. M., & Beyer, J. M. (1984). Studying organizational cultures thorugh rites and ceremonials. **Academy of Management Review,** 9, 653-669.

Tunstall, W. B. (1983). Cultural transition at AT&T. **Sloan Management Review, 25(1),** 1-12.

Van Mannen, J., & Schein, E. H. (1979). Toward a theory of organizational socialization. In B. Staw (Ed.). **Research in Organizational Behavior, 1,** 209-264. Greenwich, CT: JAI Press.

Vroom, V.(1964). **Work and motivation.** New York：Wiley.

Weick, K.(1985). **The social psychology of organizing (3 rd ed.).** Reading, MA: Addison-Wesly.

Wiener, Y. (1988). Form of value systems： A focus on organizational effectiveness and culture change and maintenance. **Academy of Management Review, 13(4),** 534-545.

Wilkins, A., & Ouchi, W. G. (1983). Efficient cultures： Exploring the relationship between culture and organizational performance. Administrative Science Quarterly, 28, 468-481.

組織文化與員工效能（二）：契合度與強度模式

鄭伯壎

國立台灣大學心理學系

郭建志

國立台灣大學心理學研究所

本文曾發表於*中央研究院民族學研究所集刊*，75 期，1993 年。

<摘要>

以往的組織文化研究，大都側重在強勢文化對員工行為的影響，而忽略了員工與組織的互動事實。本研究採取契合度（相關契合度、差距契合度）的概念，探討員工的知覺價值觀與期待價值觀之契合度對其行為的影響；此外，基於考慮強勢文化對員工行為的直接塑造作用，亦把知覺價值觀納入考量，分別探討「相關契合度」、「差距契合度」以及「知覺價值觀」此三變項與員工工作效能的關係，並且比較其對員工工作效能的預測能力。以六家公司 259 位員工為對象，施測以組織價值觀知覺與期待量表、組織承諾量表、工作滿足與離職意願量表、以及組織公民行為量表，結果發現：

(1) 員工的知覺價值觀以及價值觀契合度(相關契合度、差距契合度)確實與其工作效能有關。

(2) 對組織認同、組織公民行為中的「主動積極」的預測能力，以知覺價值觀為最佳，解釋的變異量分別為 36%與 6%。

(3) 對工作滿足、離職意願的預測能力，以差距契合度為最佳，解釋的變異量分別為 28%與 23%。

(4) 個人背景變項雖對個人的工作效能具有顯著的預測效果，但效果不大。

最後討論了本研究在組織文化、個人與組織契合理論上的含義，並提出未來研究的方向。

一、緒　論

在過去十年中，「組織文化」一直是「組織行爲學」中的一個重要研究主題(Barley, Meyer and Gash, 1988；O'Reilly, Chatman and Caldwell, 1991；Smiricich, 1983)。雖然組織研究者皆同意組織文化的存在和重要性，但對其定義仍眾說紛紜，缺乏一致性的看法。儘管定義有所不同，然就所有的組織文化研究而言，都是使用相類似的術語或建構(construct)，而這些術語或建構都是可以理解的，其差異在於不同研究者所使用的建構或術語的主觀性一客觀性、意識一潛意識及其所認定的文化研究對象有所不同(Barley, 1983)。例如， Schein(1985)依據文化的抽象性與具體性，將文化分成人工製品與創造物、價値觀、基本假設三個層次，且認爲只有第三層次之文化——基本假設，才是「文化」，其餘的只是它的衍生物。Sathe(1985)則主張文化的內容包含內隱型與外顯型兩類(implicit and explicit forms)，內隱型包括祭典、儀式、習俗、故事、隱喻、特殊語言、英雄、口號、裝飾品、服裝、以及符號語言等；外顯型則包括宣佈(announcements)、公告(pronouncements)、備忘錄、以及其他各種的外在表達與溝通形式。而 Rousseau(1990)則將組織文化的層級擴大，認爲組織文化的元素包括基本假設、價値觀(value)、行爲規範、行爲模式以及人工製品(artifacts)等五個層次。

（一）組織文化的核心：價值觀

組織文化的建構或術語雖然眾說紛紜，但我們仍可依主觀性一客觀性、意識一潛意識這兩個向度將組織文化的研究分成兩類，其一爲「文化適應學派」(culture adaptationist school)，著眼於團體成員可直接觀察的事物，如人工製品、行爲規範、行爲模式、服裝、裝飾品及語言等，強調組織文化的客觀及意識層面。另一派則爲「文化觀念學派」(culture ideational school)，著眼於團體成員內心共享之信念(beliefs)、價值觀(values)、意義(meanings)、意念(ideals)及假設(assumption)等，即強調組織文化的主觀及潛意識層面(Sathe, 1985)。但不論是「文化適應學派」或「文化觀念學派」，文化研究者皆同意將文化視爲社會團體成員所共享的認知系統(如，Geertz, 1973；Smircich, 1983)，因此都從價值觀和基本假設著手進行組織文化的研究(Enz, 1988；Martin and Siehl, 1983；Schein, 1985；Wiener, 1988)。其中，Schein(1985)雖認爲基本假設才是組織文化的本質，其餘則爲其衍生物，但基本假設不易被操作、測量，因此難以用基本假設作爲研究的單位。再者，就組織文化之層次理論而言，價值觀影響組織的規範、模式，再影響人工製品，因此價值觀是人工製品、行爲規範、行爲模式三層次的形成力量與能量來源。既然價值觀爲組織成員或組織提供行爲的理由，所以欲了解人工製品、行爲規範、以及行爲模式的意義與重要性，或者想預測這三者，就必須從價值觀著手，才能了解組織文化的內涵(Ott, 1989)。

大部分的組織文化研究者皆同意價值觀或組織的價值觀系統是組織文化定義的關鍵元素(Wiener, 1988)，因爲它能通過理論和方法上的重複鑑定(theoretical and methodological scrutiny)，也能做操作性定義和測量。而且價值觀是規範(norm)、符號(symbol)、典禮(ceremony)、儀式(ritual)及其他文化活動的實質內涵，所以有些學者認爲應以價值觀爲研究的重心(O'Reilly *et al.*, 1991)。而即使組織文化的研究對象是組織規範(如 Cooke and Rousseau, 1988)，其基礎仍然是價值觀。如果組織文化是以典禮、儀式、故事等爲研究重心時(如 Louis, 1983； Martin and Siehl, 1983； Trice and Beyer, 1984)，那麼也是反映了組織基本的信念和價值觀。因此，組織成員若有共享的價值觀系統，這些價值觀系統便成爲社會期待或規範的基礎。

價值觀不但具有外在適應、內在統合的功能，而且也是組織文化的實質內涵所在(Wiener, 1988)，因此，我們可將價值觀視爲組織文化的核心內容(Ott, 1989； Hofstede, 1990)—以價值觀來證實衡量組織文化應是可行的，也應爲各組織文化研究者所接受。關於價值觀內涵的討論中，Parsons(1951)認爲價值觀是一種共享的符號系統(shared symbolic system)，可充當選擇的效標或標準，使得在一個開放的情境中，可對各種取向的方案(alternatives of orientation)作選擇。Kluckhohn等人(1951)則認爲價值觀是個人或群體對什麼值得做，什麼叫做好的一種建構(construct)，它可以是內隱的或外顯的，此種建構影響個人或群體的行為方式、途徑及對目的之選擇。而 Rokeach（1973）認為價值觀是一種持久的信念，是個人或社會所偏好特定的行為方式或存在的目的狀態(end-state of existence)，而不喜歡相反的行為方式或存在的目的狀態。基於以上對價值觀的定義，不論是強調共享的符號系統(Parsons, 1951)、或是建構（ Kluckhohn, 1951)、或是持久的信念(Rokeach, 1973)，我們可將價值觀視為一種內化性規範信念(internalized normative beliefs)，一但這種內化性規範信念建立形成了，就可用來引領組織成員的行為，而不受外在因素(如酬賞、處罰等)的影響。

然而，組織價值觀要發揮其功能，或員工要將組織價值內化成為規範信念，則需要考慮員工對組織價值觀的接受程度，即須考慮兩者的符合程度，否則極可能產生價值觀衝突的現象。因此本研究將以契合度的概念來探討價值觀一致性對個人行為的影響。

(二)契合度研究取向

個人特徵與組織特徵的契合度或一致性概念，是屬於互動心理學的一環。「個人一情境契合度」(person-situation fit)一直被用來解釋組織成員之生產力與工作滿意度的差異，並充當人事甄選的策略。它通常分為兩種研究途徑，一種為「個人一工作契合度」(person-job fit)，探討個人特徵和工作屬性二者間互動的情形，如 Wanous(1980)從個人對工作要求的了解程度來研究個人對工作的適應性。另一種為「個人一組織契合度」(person-organization fit)，主要研究個人特徵與組織屬性二者互動的情形，如 Lofquist（1969）等人從個人與所處環境的關係來研究對工作滿足的影響。

不論就「個人一工作契合度」或「個人一組織契合度」而言，都存有一個共同的隱含假設，即契合度或契合(match)的程度越高，則員工的正向行爲就越可能產生。但這樣的研究取向可能仍有問題存在，如何界定契合度即是首要的問題。其次，這樣的研究取向是否可以增加對員工工作行爲變異量的解釋。此外，所使用的測量題目或描述句是否足夠涵蓋個人特性與組織特徵，也是契合度研究取向的一個重要的問題(Caldwell and O'Reilly, 1990)。爲了有效解決上述問題，必須使用廣泛而且共通的語言來描述個人特性與組織特徵，以使個人特性與組織特徵能經由多重向度而做整體性的比較。Bem and Allen (1974)便利用 Q一方法論(Q-methodology)發展出「模板比對技術」(template-matching technique)，來研究個人特性與情境特徵的相對性與可比較性。此方法強調以個人爲主，探討各變項的相對顯著性與結構性，而非以變項爲主，探討每個人的相對位置。因爲個人的特性不同，以致需要大量與情境有關的題目或描述句，所以在使用時，確有實際上的困難。爲了簡化測量的題目或描述句，而又能對變項作個人間的相對比較，Chatman(1989)提出「個人一組織契合度模式」，承襲「模板比對」的 Q一方法論，使用 Q一分類(Q-sort)的方法建構組織文化價值觀剖面圖，然後以此二者的相關係數來表示符合程度，此研究方法稱爲「剖面圖比較歷程」(profile comparison process)。由於「剖面圖比較歷程」可使用共同的語言來評估個人特性與情境特徵，允許對個人特性的自比性(ipsative)測量，能直接評估「個人一情境契合度」，因此以這種技術可以解決契合度研究方法上的問題。

就早期組織行爲契合度的研究而言，只有「個人一組織契合度」的概念產生(Joyce and Slocum, 1984；Tom, 1971)。直到八0年代，人類學家、社會學家、社會心理學家才開始努力嘗試以文化概念，如符號語言學、祭典、儀式、神話、故事、語言來分析組織中個人和團體的行爲(Ouchi and Wilkins, 1985； Smircich, 1983； Trice and Beyer, 1984)，亦才有「個人一文化契合度」的概念產生(O'Reilly, *et al.*, 1991)。基於組織文化的核心爲價值觀之理由，所以「個人一文化契合度」的研究也應以價值觀爲研究的對象。簡而言之，員工會選擇與自己價值觀相近的組織，而組織也會選擇具相似價值觀的員工(Schneider, 1987)——價值觀提供了一個起點，與員工甄選、社會化的過程一起作用，以保證個人價值觀能與組織價值觀相互契合(Chatman, 1988)，因此，個人價值觀和組織價值觀的一致性是「個人一組織契合度」的關鍵(O'Reill *et al.*, 1991)。

由於每個組織都存有強弱不一的組織文化價值觀，不同組織的成員面對組織文化價值觀時，可能採取不同的知覺方式；而同一個組織的成員面對組織文化價值觀時，知覺的結果也不盡相同，因而就個人而言，皆有主動知覺與解釋組織價值觀的能力。況且個人先前的工作經驗或非工作經驗會影響個人對組織文化的知覺，先前的經驗影響個人對組織事件的解釋，且將它併入個人在新工作經驗的「組織文化實體」(reality of the organizational culture)。既然組織是由個人所組成，個人本身就存有價值差異性，因而存有知覺到的價值觀與期待的價值觀具差異性的現象。同時，也基於對組織價值觀的期待性，組織成員傾向於把知覺到的組織價值觀與期待的價值觀做比較，因此有一致性的概念產生。此種價值觀一致性會影響個人的組織效能，而不一致則會造成目標的混淆(Denison, 1990)。

1. 價值觀一致性的功能

價值觀一致性不但影響員工的行為，而且也是優勢組織文化的必備條件。Wiener(1988)主張當某些關鍵價值觀或核心價值觀共享於各階層與各團體單位時，核心價值系統就可說是存在了。根據 Wiener 的概念，我們可用兩個向度來描述文化的強弱：

(1) **組織價值觀的強度**：是指組織成員所接受的程度，接受程度愈高，則強度愈強。

(2) **結晶化(crystallization)的形成與否**：是指組織成員共享的程度，若共享的程度愈高，則結晶化愈高。

若組織文化具備了高強度與結晶化的形成這兩個特徵，則可說組織存有核心價值系統或團體文化了，縱使組織的全體成員不一定具相同的價值觀，但大多數的核心成員皆會贊成此價值觀，且為大部分的組織成員所支持。因此，具優勢文化的組織，可視為是具有優勢的組織價值觀(Davis, 1984；Deal and Kennedy, 1982)。若組織存在著優勢文化，則意味著組織成員的價值觀以及所採取的行動是非常一致，此一致性是組織力量(organizational strength)的來源，可用來改善生產力及組織效能(Denison, 1990)。因爲組織價值觀一致性程度高時，表示組織成員具有共同的參考架構(common frames of reference)，這是組織溝通的基礎：溝通是符號使用的過程，若對符號意義有高程度的共識，則能加快溝通時對符號「編碼—解碼」的過程(encoding-decoding process)(Berger and Luckmann, 1966)。此外，價值觀一致性可提供組織規範統合(normative integration)的功能(Cameron and Freeman, 1989)。規範統合是指組織所存有的規範或期待，且這些規範或期待爲團體成員所認同，而能約束控制組織成員的行爲，這是規則(rule)、科層制度(bureaucracy)、正式結構(formal structures)無法做到的。尤其是在組織成員遇到不熟悉的情境時，規範性統合的功能表現的特別明顯。

基於以上之論述，可知價值觀一致性的基本概念是：以內化價值觀爲基礎的內在控制系統(implicit control system)，比以外在的規則及條例(regulation)爲基礎的外在控制系統(explicit control system)更能使組織產生協調的行爲(Weick, 1987)。它能提升訊息的互換以及行爲的協調，易使組織成員對信念、符號、語言等達成共識，因此能增加個人的工作效能。

2．個人工作效能的指標

在個人效能的測量上，可以採用客觀法(objective approach)，亦可採用主觀法(subjective approach)來測量。客觀法主要是以能夠達成組織目標的客觀數據，做爲個人效能的指標，例如：個人的實際生產量、不良品數、缺勤率、人爲錯誤等。一般而言，客觀法的指標較爲客觀，然而個人效能的資料卻容易受情境因素的影響，而無法釐清是否真的是個人的因素造成的；另外，在許多工作上，亦不容易找到客觀的效能指標(Cascio, 1991)。因此，採用主觀法來評定個人效能是組織中常見作法。利用主觀法來評定個人效能，除了直接的工作績效指標之外，與工作效能間接有關的指標，包括組織承諾、公民行爲、工作滿足及離職意願都是極爲重要的(Porter, Steers and Boulian, 1974)。

組織承諾的定義相當多，而且眾說紛紜，Morrow(1983)就指出至少有 25 種以上的組織承諾概念，爲了整合這些概念，透過理論上的檢討，O'Reilly 與 Chatman(1986)將組織承諾歸納爲三部份：

(1)組織認同(identification)：是基於滿足親和需求而來的對組織的依附；

(2)組織內化(internalization)：由於組織成員的個人價值等同於組織價值而留駐於組織；

(3)組織順從(compliance)：指的是組織成員基於獲得外在酬賞的工具性作用。並證實了組織認同、組織內化與角色外的助人行爲關係密切，然而與組織順從卻沒有顯著的關係。

組織公民行爲是 Organ(1988)擴充 Katz 與 Kahn(1978)的自發與創新行爲的概念而來，他認爲任何組織系統的設計均不可能完美無缺，若只依靠組織成員的角色內行爲，可能很難有效達成組織目標，而必須仰賴員工主動執行角色要求以外(extrarole)的行爲，以補足角色定義之不足並促進組織目標的達成。由於此類行爲通常並未涵蓋於員工的角色要求或工作說明書中，員工可自行取捨。過去美國的研究顯示，組織公民行爲可分爲兩個主要因素：

(1)利他行為(altruism)：組織成員在組織的相關任務或問題上主動協助其他人；

(2)良心行為(conscientiousness)：組織成員在某些角色行爲上，主動超越組織要求的標準(如，Podsakoff, Mackenzie, Moorman and Fetter, 1990； Smith, Organ and Near, 1983)。

爲了因應國情的不同，國內研究者根據上述概念，重新發展組織公民行爲的測量工具，結果除了包含利他行爲、良心行爲等兩大因素之外，也含蓋了認同組織、不生事爭利、公私分明、及自我充實等因素(林淑姬, 1992)。研究者並認爲：本土化量表雖然是以開放(面談)的方式在國內自行發展，但在觀念上和西方量表仍相當接近。

最後，工作滿足與離職意願也是個人工作效能的重要間接指標，此兩種指標與離職行爲都有密切的關係，尤其是離職意願更是離職行爲的重要預測變項，這在 Mobley(1982)的離職歷程模式有充分說明，而且亦受到證實。至於工作滿足除了能有效預測離職行爲之外，也是缺勤率的重要預測因素(Steers and Rhodes, 1978)。

3．組織價值觀一致性與組織成員工作效能的關係

組織價值觀一致性與組織成員工作效能之關係的實徵研究並不多，而且所採用的工作效能指標或依變項也不盡相同。就組織承諾而言，丁虹(1987)以文化鴻溝的概念，探討組織文化一致性與組織承諾的關係，發現組織文化一致性愈高，員工的組織承諾愈高；而文化鴻溝愈大，則員工的組織承諾愈低。鄭伯壎(1992)則將組織價值觀分爲內部整合與外部適應兩類價值觀，採用差距契合度的概念，探討兩種價值觀契合度與留職意願、組織認同等兩類組織承諾指標的關係，並發現內部整合價值觀的期望與實際差距愈大，則員工的留職意願與組織認同愈低。上述兩個研究雖然都探討價值觀一致性與組織承諾的關係，但對組織承諾的界定都採 Mowday, Porter 及 Steers(1982)的看法，而未能對組織認同、組織內化、及組織順從加以區分。事實上，O'Reilly等人(1991)採用「個人—組織契合(person-organization fit)」的概念，探討員工之個人價值觀與組織價值觀契合度與組織承諾的關係時，就發現契合度與組織內化或組織認同等規範性承諾(normative commitment)有顯著的關係，但卻與組織順從或工具性承諾(instrumental commitment)無關。顯示組織價值觀一致性應該只與某一部份的組織承諾有關。

就與工作滿足與離職意願的關係而言，目前的研究都證實組織價值觀契合度能有效預測員工個人的工作滿足與離職意願：當個人的價

值觀與組織價值觀的一致性愈高時，個人的工作滿足愈高，而離職意願愈低(O'Reilly *et al.*, 1991)。另外，Meglino, Ravlin 及 Adkins(1989)亦發現當生產線作業員的工作價值觀與督導人員越相似時，其工作滿足越高。

就與組織公民行爲的關係而言，Organ(1988)在建構組織公民行爲的理論時，即宣稱組織文化與組織公民行爲具有十分密切的關係，當組織成員接受公司的組織文化、個人價值與組織價值觀類似時，個人角色外的行爲(extrarole behavior)較佳，表現能夠凌駕於標準之上。驗證此種關係的研究，目前只有鄭伯壎(1992)驗證期望與知覺組織價值觀差距對組織公民行爲的效果，並發現差距契合度與利他行爲及良心行爲雖成負相關，但不顯著，並不支持 Organ(1988)的想法。然而，當採用加權模式(即期待價值觀 × 實際價值觀)時，則發現外部適應價值對利他行爲及良心行爲具有顯著的預測效果。

由以上的研究結果可知，價值觀一致性確實與員工工作行爲有關，而且價值觀契合度愈高，員工愈有正向行爲產生，包括有較高的組織認同、組織內化、工作滿足感，同時，離職意願較低。至於一致性與組織公民行爲間的關係，則不太確定。

4. 契合度的指標

雖然組織文化一致性與個人工作效能的研究並不多，但從現有的研究中可以發現，組織文化一致性的指標甚雜，有的以減差(ΣD)來表示(如丁虹, 1987)；有的以差的絕對值($\Sigma|D|$)或差平方(ΣD^2)來表

示(如鄭伯壎, 1992)；有的則以相關來表示(如，O'Reilly *et al.*, 1991)。利用減差來做契合度的指標，是假設當實際的組織價值觀大於理想或期望的組織價值觀時，個人的工作效能較高：差距越大，效能越高。利用絕對值或差平方做契合度的指標，則假設當期望價值觀與實際價值觀類似，或個人價值觀與組織價值觀類似(即差距接近於 0)時，個人的工作效能較高；反之，不管是期望價值觀較高或實際價值觀較高(即差距大於 0)時，個人的工作效能較低。至於相關契合度則計算個人期望價值觀與實際價值觀、或個人價值觀與組織價值觀間的相關係數，做為契合度指標，其數值介於－1 與＋1 之間：相關係數越高，則個人的效能越高。

由於本研究採取契合度研究途徑，在理論上，減差較無法說明兩變項間一致性的關係(Edward, 1991)：亦即過與不及應該都是不一致(unfit)的狀況，然而減差的指標假設「超過(excess)」是最一致的，而「不及(deficiency)」才是不一致的，與契合度的界定有所出入。因此，捨棄不用，而以絕對值與相關係數做為契合度的指標，進行期望組織價值、實際組織價值觀與個人工作效能間關係的探討。當然此兩種指標仍有一些限制存在，例如以絕對值做指標，可能無法區分「超過」與「不及」是否具有不同的效果；而相關係數方面，則可能存有不同人的相關係數雖然相同，而實際原始分數可能差距過大的問題，然而，這種指標都符合一致性或契合度的定義。

此外，基於強勢組織價值觀可能直接影響員工的行爲表現(如 Deal and Kennedy, 1990)，所以本研究也把員工知覺到的組織價值觀強度(或知覺價值觀)納入考量，分別探討「相關契合度」、「差距契合度」及「知覺價值觀」三變項與員工個人工作效能依變項的關係，並比較其對員工個人工作效能的預測能力。根據上面的討論，可以推論知覺價值觀、相關契合度與員工工作效能有正向的關係，而差距契合度則有負向的關係。

總之，本研究的主要目的是探討下列問題：

(1)比較「相關契合度」、「差距契合度」、「知覺價值觀」對員工工作效能依變項的預測能力。

(2)嘗試找出最佳的預測變項或模式，以便能正確預測員工的工作效能。

二、方 法

(一)研究對象

本研究的樣本來自六家公司，包括一家建設公司，一家汽車製造公司，一家化學公司，一家五金公司，一家客運公司以及一家菸酒製造公司的製造工廠。共發出了 450 份問卷，回收了 315 份，扣除空白過多，反應心向(response set)明顯的問卷共 20 份，實得有效問卷 295

份。就工作性質而言，生產有 81 名，佔 27.45%；工程有 89 名，佔 30.16%；管理有 61 名，佔 20.67%；後勤有 18 名，佔 6.10%；業務有 30 名，佔 10.16%。就性別而言，男性有 211 名，佔 71.52%；女性有 77 名，佔 26.10%；平均年齡在 35 歲左右，平均年資則大約為 5 年，平均教育程度則在 12 年左右。

(二)研究工具

本研究以問卷為測量之工具，包括組織文化價值觀知覺與期待量表、組織承諾量表、工作滿足與離職意願量表、組織公民行為量表、以及個人背景資料等五個部份。

1. 組織文化價值觀知覺與期待量表

此量表之題目來源有二，一來自鄭伯壎(1990)所編製的「組織文化價值觀量表」，此量表包含九個分量表，是依照 Schein(1985)對組織文化假設的五個向度發展而來，這五個向度包括組織與環境的關係、現實(reality)與真理(truth)的本質及決策的基礎、人性的本質、人類活動的本質、以及人類關係的本質。另一部分來自 O'Reilly 等人(1991)的「組織文化問卷」，此問卷是英文問卷，經翻譯、討論，再將語意不清及不符合實際情況的題目刪除。將此二份問卷合併起來，刪除重複、語意過於接近的題目，並請數位研究生試答並與其討論，剔除或修訂語意模糊者，再與有關專家逐題討論、修定，最後得到 120 個題目。此量表包括兩部份，第一部份測員工所知覺到的組織文化價值觀，

第二部份測員工所期待的組織文化價值觀，本量表每一頁上方皆附有一九點量尺，量尺上分別標明「完全相反的價值觀」、「一點也不重要」、「不重要」、「不太重要」、「有點重要」、「重要」、「相當重要」、「非常重要」、「最為重要」九種選擇。受試者依據公司實際情況填寫所知覺到的及所期待的組織文化價值觀，計分時，依據受試者的反應分別給予「−1」至「7」的分數，每個受試者皆含有知覺分數與期待分數。

本研究將受試者對組織文化價值觀知覺與期待量表之知覺反應(公司實際存在的價值觀)資料進行主軸因素分析(principal-axes factor analysis)，以陡階檢驗法(scree test)決定大致的因素數目，以極變法(varimax method)從事正交轉軸，將在各因素上因素負荷量過低的題目予以剔除，剩下的題目再以相同的方法進行因素分析。結果剩下 88 題，可抽得 7 個有意義的因素(組織公義與員工取向、主動求真、競爭能力、團隊精神、社會責任、績效取向、終極目標)，這 7 個因素的信度 Cronbach's α在.84 與.96 之間，能夠解釋受試者對「組織文化價值觀知覺與期待量表」88 個題目的 57.04%總反應變異量。但由於本研究採契合度的概念來研究其與員工個人效能的關係，且各因素契合度間皆有高度的相關，故相關係數在.54 與.97 之間。此外，各因素契合度與整體契合度的相關界於.74 與.96 之間。表示因素契合度之間具有很高的內部一致性，所以本研究對契合度採單一指標，而不採用因素契合度來預測員工的個人效能。

2. 組織承諾量表

本量表採自 O'Reilly 與 Chatman(1986)的組織承諾量表(Organi-zational Commitment Scale)，包含 12 個題目，每個題目後面均附有六點量尺，量尺上分別標明「非常不同意」、「不同意」、「有點不同意」、「有點同意」、「同意」、「非常同意」六種選擇。受試著針對每一個題目圈選出最能代表個人意見的答案。計分時，依據題目的性質及受試者的反應分別給予「1」至「6」或由「6」至「1」的分數。

將受試著對「組織承諾量表」的反應資料進行主軸因素分析，以陡階檢驗法決定因素的數目，以極變法進行正交轉軸，將在各因素上因素負荷量過低的題目予以剔除，剩下的題目再以相同方法進行因素分析。結果剩下 11 題，可抽得 2 個有意義因素(**見表一**)，可解釋「組織承諾量表」11 個題目的反應總變異量是 50.55%。

第一個因素包含 7 個題目，其中因素負荷量較高的題目，內容主要涉及對組織價值觀的認同，如「我喜歡這家公司的理由是因爲其價值觀與我相似的緣故」，「在組織內，使我感覺到我是老板而非只是一名員工」、「自從我加入這家公司，我個人的價值觀與組織的價值觀越來越相似」，所以將本因素命名爲「組織認同」。在本因素得分越低者，越不認同組織的價值觀。此因素的信度 Cronbach's α爲 .84，固有值爲 3.69，解釋變異量爲 33.55%。

表一　組織承諾量表的因素及因素負荷量

項　目	平均數	標準差	因素負荷量
因素 1：組織認同	3.52	0.90	.84*
・我喜歡這家公司(或組織)的理由，是因為其價值觀與我相似的緣故。	3.20	1.23	.84
・我會依附這家公司（或組織）的主要理由是此一公司（或組織）所展現的價值觀與我相似。	3.40	1.22	.80
・在此公司（或組織）內，使我感覺到我是老板，而非只是一名員工。	2.39	1.22	.77
・我常對朋友說：我服務的公司（或組織）是相當理想的工作場所。	3.56	1.35	.70
・自從我加入這家公司（或組織），我個人的價值觀與組織的價值觀越來越相似。	3.28	1.23	.65
・我會很驕傲地告訴別人我是這個公司的一份子。	4.00	1.35	.64
・對我而言，公司（或組織）的定位與方向是重要的。	4.84	0.98	.50
因素 2：工具承諾	3.38	0.65	.50*
・對我而言，為了獲得更多的報酬，正確表達自己的態度是需要的。	4.26	1.24	.66
・除非得到更多的報酬，否則我沒有理由花費額外的努力來為公司（或組織）做更多的工作。	3.26	1.29	.60
・如果公司（或組織）的價值觀與我不同，我會離開這個組織。	3.02	1.16	-.49
・我私下對公司（或組織）的看法是與我公開表達時不同。	2.97	1.14	.44

* 各量表的信度 Cronbach's α。

第二個因素包含 4 個題目，爲一雙極性因素。其中因素負荷量爲正的題目，內容多爲工具性的依從，如:「對我而言，爲了獲得更多的報酬，正確表達自己的態度是需要的」、「除非得到更多的報酬，否則我沒有理由花費額外的努力來爲公司做更多的事」。而因素負荷量爲負的題目爲「如果公司(或組織)的價值觀與我不同，我會離開這個組織」。以上內容，均涉及員工工具性的依從承諾或組織順從，所以命名爲「工具承諾」。此因素的信度 Cronbach's α 爲.50。固有值爲1.87，解釋變異量爲17.00%。

3．工作滿意與離職意願量表

此量表包含二部份，第一部份測員工的工作滿意程度，第二部份測員工的離職意願，此二題皆採直接測量。工作滿意部份，直接測「綜合而言，您對於您目前的工作是否滿意」，於此題下方附一量尺，從「0」到「10」，表示從「非常不滿意」至「非常滿意」，受試者依據此題圈選出最能代表個人意見的答案，圈選的數字愈大，表示滿意程度愈高。在離職意願部份，直接測「未來一年內，您離職的意願有多高」，於此題下方附一量尺，從「0」到「10」，表示從「非常不想離職」至「非常想離職」，受試者依據此題圈選出最能代表個人意見的答案，圈選的數字愈大，表示離職意願愈高。

4．組織公民行為量表

此量表是依據林淑姬(1992)所編製的「組織公民行爲」修改而成，共有20個題目，是一種自我評定量表(self-rating scale)，以自我填答的方式，評定個人的組織公民行爲。本量表的每一個題目後面，均附有一六點量尺，量尺上分別標明「非常不同意」、「不同意」、「有點不同意」、「有點同意」、「同意」、「非常同意」六種選擇。受試者針對每一個題目圈選出最能代表個人意見的答案。計分時，依據題目的性質及受試著的反應分別給予「1」至「6」或由「6」至「1」的分數。

將受試者「組織公民行爲」的反應資料進行主軸因素分析，以陡階檢驗法決定因素的數目，再以極變法進行正交轉軸。將在各因素上因素負荷量過低的題目予以剔除，剩下的題目再以相同的方法進行因素分析。結果剩下 19 個題目，可抽得 3 個有意義的因素(**見表二**)。這三個因素能夠解釋受試者對「組織公民行爲量表」19 個題目的反應總變異量是 48.84%。各因素的信度 Cronbach's α 分別爲 .87，.63 及.67。第一個因素是與幫助同仁、顧客、或組織有關的，此向度的內容與 Organ(1988)的利他行爲非常類似，命名爲主動積極。第二個因素是與同事的相處有關，命名爲和睦相處。第三個因素則與個人的工作道德或操守有關，其內容亦類似於 Organ(1988) 的良心行爲，命名爲工作操守。各因素的解釋變異量依次爲 17.00 %，16.47 %，及 15.37 %。

5．個人背景資料

個人的背景資料，包括年齡、性別、工作性質、公司服務的年資及最高教育程度等，用來做爲價值觀一致性與工作效能關係的控制變項(control variable)。

表二 組織公民行為量表的因素及因素負荷量

項目	平均數	標準差	因素負荷量
因素一：主動積極	4.68	0.61	.87*
·主動爭取多數同仁之福利	4.67	0.97	.72
·執行或推展工作時，專心一致，全力以赴。	5.06	0.82	.69
·主動招呼或協助顧客及訪客。	4.61	0.92	.68
·鼓舞士氣或製造輕鬆氣氛，以激勵同仁。	4.88	0.89	.67
·主動提供新知或鼓勵同事進修，以激勵同仁。	5.02	0.90	.65
·工作效率良好，常超過標準工作量。	4.05	1.18	.62
·工作士氣高昂、從不覺厭倦。	3.80	1.21	.61
·為提升工作品質，而努力自我充實。	4.99	0.87	.60
·主動對外介紹或宣傳公司優點，或澄清他人對公司的誤解。	4.52	1.09	.56
·盡量控制個人情緒，不影響他人工作。	5.06	0.79	.56
·積極參與各項訓練，甚至下班後自費進修。	4.80	1.03	.46
因素二：和睦相處	1.78	0.63	.63*
·經常向主管打小報告。	1.67	1.06	-.72
·在公司內爭權奪利、勾心鬥角，破壞組織和諧。	1.59	1.05	-.65
·蓄意拉攏同事，成立派系，造成組織分裂。	1.43	0.75	-.51
·假公濟私，利用職權謀取個人利益。	1.76	1.06	-.51
·經常留意公司內各項政策、規定、人事……等的異動與發展。	2.44	0.92	.42
因素三：工作操守	2.11	0.77	.67*
·利用公司資源處理私人事務，如私自利用公司電話、影印機。	2.25	0.98	-.87
·上班時間經常閒聊、摸魚、打瞌睡……等。	2.06	0.96	-.66
·利用上班時間處理私人事務，如買股票、跑銀行、逛街購物、上理容院……等。	2.02	0.97	-.63

*各因素的信度 Cronbach's α

(三)研究程序

本研究以六家公司的員工爲施測的對象。由於所接洽的公司不接受研究者施行團體施測，所以本研究採用委任施測的方式。委託公司人事部門或高階管理人員進行施測，施測完畢後再寄回給研究者。資料搜集完畢後，進行廢卷處理工作，將空白過多，反應偏差明顯的問卷予以剔除，再進行資料分析。

本研究以 SAS 統計套裝軟體進行資料分析，主要進行下列分析：

(1) **因素分析**：找出組織價值觀、組織承諾、組織公民行爲等變項之因素。

(2) **相關分析**：判定各變項間的關係。

(3) **逐步迴歸分析**：比較各前因變項對後果變項的預測能力。

爲了判斷價值觀強度、相關契合度、及差距契合度對效標變項的個別預測效果，分別單獨以各主要預測變項加上個人背景資料進行分析。此外，爲了掌握所有預測變項對效標變項的綜合預測效果，亦將所有預測變項納在一起進行分析。

三、結果

(一)各變項的相關分析

各變項之相關分析結果，如**表三**所示。由**表三**可知，在價值觀方面，知覺價值觀與相關契合度成正相關($r=.53, p<.001$)，與差距契合度成負相關($r=-.74, p<.001$)，且皆達顯著水準，顯示員工知覺之組織價值愈高，則其價值觀符合程度就愈高。知覺價值觀與組織承諾($r=.54, p<.001$)、及其因素中的組織認同($r=.61, p<.001$)、工具承諾($r=.13, p<.01$)均成正相關，且皆達顯著水準，顯示員工知覺之組織價值愈高，則其組織承諾就愈高。知覺價值觀與工作滿足($r=.47, p<.001$)成正相關且達顯著水準，顯示員工知覺之組織價值愈高，則其工作滿足就愈高。知覺價值觀與離職意願($r=-.47, p<.001$)成負相關且達顯著水準，顯示員工知覺之組織價值愈高，則其離職意願就愈低。知覺價值觀與組織公民行為($r=.22, p<.001$)、及其因素中的主動積極($r=.22, p<.001$)與工作操守($r=.15, p<.05$)成正相關，且皆達顯著水準，顯示員工知覺的組織價值愈高，則其主動積極的行為就愈高，工作操守就愈高。就整體而言，員工知覺到的組織價值觀愈高，則其組織公民行為就愈高。綜合以上所述，可知知覺價值觀確實與員工個人的契合度、組織承諾、工作滿足、離職意願有顯著的相關。

表三 各變項之相關分析

研究變項	A1	A2	A3	A4	A5	A6	A7	A8	A9	B1	B2	B3	B4	B5	B6	B7	B8	B9
價值觀																		
A1 知覺價值觀																		
A2 期待價值觀	.25***																	
契合度																		
A3 相關契合度	.53***	-.09																
A4 差距契合度	-.74***	.29***	-.68***															
個人特徵																		
A5 年齡	.11	-.02	.04	-.13*														
A6 性別	.12*	.00	.07	-.11	-.26***													
A7 工作性質	-.16**	-.07	-.07	.11	-.08	.24***												
A8 年資	.15**	-.01	.02	-.14*	.76***	-.12*	-.06											
A9 教育程度	-.17**	-.16**	-.07	.06	.06	.10	.12*	-.02										
B1 組織承諾	.54***	.03	.45***	-.51***	.15*	.00	-.01	.15*	-.14*									
B2 組織認同	.61***	.09	.45***	-.53***	.14*	-.04	-.07	.14*	-.21***	.92***								
B3 工具承諾	.13**	.16**	-.08	.03	-.04	.06	-.15*	-.03	-.14*	-.44***	-.04							
B4 工作滿足	.47***	-.03	.47***	-.51***	.16*	-.02	-.08	.11	-.14*	.56***	.56***	-.04						
B5 離職意願	-.47***	.00	-.46***	.47***	-.24***	.00	.11	-.18**	.20***	-.45***	-.50***	-.06	-.74***					
B6 組織公民行為	.22***	.18**	.20***	-.09	.11	-.03	-.10	.07	-.10	.27***	.30***	.08	.28***	-.19**				
B7 主動積極	.22***	.18**	.19***	-.10	.08	.04	-.09	.07	-.11	.30***	.33***	.07	.28***	-.17**	.91***			
B8 和睦相處	.11	.09	.10	-.03	.03	.05	-.04	.03	-.02	.08	.12	.11	.15**	-.15*	.77***	.49***		
B9 工作操守	.15*	.16**	.19***	-.08	.21***	-.10	-.15*	.18**	-.12*	.23***	.23***	.00	.19**	-.14*	.63***	.43***	.38***	

$*p<.05$, $**p<.01$, $***p<.001$

期待價値觀與差距契合度(r=.29, $p<.001$)成正相關且達顯著水準，顯示員工對組織價値觀期待愈高，則其組織價値觀的差距就愈大。期待價値觀與組織承諾中的工具承諾(r=.16, $p<.01$)成正相關且達顯著水準，但與組織認同(r=.09)、及整體組織承諾(r=.03)的相關未達顯著水準，顯示員工對組織價値觀的期待愈高，則其組織承諾中的工具承諾的行爲就愈高，但就整體而言，期待價値觀並不影響組織承諾。期待價値觀與工作滿足(r= —.03)、離職意願(r=.00)的相關皆很低，顯示期待價値觀幾乎不影響工作滿足、離職意願。期待價値觀與組織公民行爲(r=.18, $p<.01$)、及其因素中的主動積極(r=.18, $p<.01$)與工作操守(r=.16, $p<.01$)成正相關，且皆達顯著水準，顯示員工對組織價値觀的期待愈高，則其主動積極的行爲愈高、工作操守愈高，就整體而言，員工對組織價値觀的期待愈高，則其組織公民行爲也就愈高。綜合以上所述，可知期待價値觀只與行爲依變項中的組織公民行爲有顯著相關，而與其它依變項的相關皆不顯著。

在契合度方面，相關契合度與組織承諾(r=.45, $p<.001$)，及其因素中的組織認同(r=.45, $p<.001$)成正相關，且皆達顯著水準，顯示員工的價値觀相關契合度愈高；則其組織認同就愈高；就整體而言，相關契合度愈高，則員工的組織承諾就愈高。相關契合度與工作滿足(r=.47, $p<.001$)成正相關，與離職意願(r= —.46, $p<.001$)成負相關，且皆達顯著水準，顯示員工的價値觀相關契合度愈高，則其工作滿足就愈高，而離職意願就愈低。相關契合度與組織公民行爲(r=.20, p

$<.001$)、及其因素中的主動積極(r=.19, $p<.001$)與工作操守(r=.19, $p<.01$)成正相關，且皆達顯著水準，顯示員工的價值觀相關契合度愈高，則其主動積極的行爲就愈高、工作操守也愈高；就整體而言，相關契合度愈高，則員工的組織公民行爲就愈高。由上所述，可知相關契合度確實與員工的組織承諾、工作滿足、離職意願及組織公民行爲有顯著的相關。

差距契合度與組織承諾(r=－.51, $p<.001$)、及其因素中的組織認同(r=－.53, $p<.001$)成負相關且達顯著水準，顯示員工的知覺價值觀與期待價值觀的差距愈小，則其組織認同就愈高；就整體組織承諾而言，員工對組織價值觀知覺與期待的差距愈小，則其組織承諾就愈高。差距契合度與工作滿足(r=－.51, $p<.001$)成負相關，與離職意願(r=.47, $p<.001$)成正相關，且皆達顯著水準，顯示員工的知覺價值觀與期待價值觀的差距愈小，則其工作滿足愈高，離職意願就愈低。差距契合度與組織公民行爲(r= －.09)、及其因素中的主動積極(r= —.10)、和諧相處(r= －.03)、工作操守(r= －.08)的相關皆不達顯著水準，顯示差距契合度與組織公民行爲間並無密切的關係。由上所述，可知差距契合度確實與員工的組織承諾、工作滿足以及離職意願有顯著的相關，但與組織公民行爲的相關則不顯著。

在個人特徵方面，年齡與組織承諾(r=.15, $p<.05$)、及其因素中的組織認同(r=.14, $p<.01$)及工作操守(r=.21, $p<.001$)成正相關且達顯著水準；與差距契合度(r=－.13, $p<.05$)、離職意願(r=－.24, $p<.001$)

成負相關且達顯著水準，顯示員工的年齡愈大，則其行爲愈趨於正向反應，而年齡愈小則反之。工作性質與知覺價值觀($r=-.16, p<.01$)、工具承諾($r=-.15, p<.05$)及工作操守($r=-.15, p<.01$)成負相關且達顯著水準，顯示員工的工作性質愈與生產無關，則其工具承諾愈低，工作操守也愈低，而且知覺組織價值觀不高。年資與知覺價值觀($r=.15, p<.01$)、組織承諾($r=.15, p<.05$)及其因素中的組織認同($r=.14, p<.05$)及工作操守($r=.18, p<.01$)成正相關且達顯著水準，與差距契合度($r=-.14, p<.05$)、離職意願($r=-.18, p<.01$)成負相關且達顯著水準，顯示員工的年資愈長，則其行爲愈趨於正向反應，愈能知覺到組織的價值觀，而年資愈短，則反之。教育程度與知覺價值觀($r=-.17, p<.01$)、期待價值觀($r=-.16, p<.01$)、組織承諾($r=-.14, p<.05$)及其因素中的組織認同($r=-.21, p<.001$)、工具承諾($r=-.14, p<.05$)、工作滿足($r=-.14, p<.05$)及工作操守($r=-.12, p<.05$)成負相關且皆達顯著水準；與離職意願($r=.20, p<.001$)成正相關且達顯著水準，顯示員工的教育程度愈高，則行爲愈偏於負向反應，對組織實際價值觀的知覺愈低。由上所述，在個人特徵中，年齡與員工的組織承諾、工作滿足以及離職意願有關；年資與員工的組織承諾及離職意願有關；教育程度與員工的組織承諾、工作滿足以及離職意願有關。

綜合以上相關分析結果，可知：

(1)知覺價值觀以及契合度確實與員工的個人行爲表現有關，而期待價值觀則只與員工的組織公民行爲有關。

(2)在個人特徵中，以教育程度對員工行為的相關最大，且都為負面的關係，員工的教育程度愈高，則其組織承諾愈低、離職意願愈高，而工作操守愈低。

此外，員工的教育程度愈高，則對組織價值觀的知覺、期待則愈低。

(二)逐步迴歸分析結果

為了瞭解「知覺價值觀」、「相關契合度」以及「差距契合度」三者對員工個人工作效能依變項的預測，本研究採逐步迴歸分析的方式，先針對個別預測變項做逐步迴歸分析，再針對全部預測變項做逐步迴歸分析，進而比較此三預測變項對員工個人工作效能依變項的變異量解釋量大小。

1．對組織承諾之預測

各預測變項對組織承諾之逐步分析結果，如**表四**所示。在組織認同的預測方面，就強度模式而言，以知覺價值觀最高(36%)，其次依序為教育程度(2%)、性別(1%)；就相關模式而言，以相關契合度的變異解釋量為最高(20%)，其次為教育程度(4%)；就差距模式而言，以差距契合度為最高(28%)，其次為教育程度(3%)；就全部模式而言，以知覺價值觀最高(36%)，其次依序為相關契合度(2%)、教育程度(2%)、性別(1%)。

由以上分析結果，可知在個別預測變項模式中，以知覺價值觀對組織認同的變異解釋量最高(36%)，而在全部預測變頂模式中，仍以知覺價值觀的變異解釋量最高(36%)。顯示就所有預測變項而言，以知覺價值觀這個預測變項對組織認同有最佳的預測能力。此外，知覺價值觀、相關契合度均與組織認同有正向關係，而差距契合度則有負向關係。

表四 各模式預測變項對組織承諾之逐步迴歸分析結果

預測變項	組織認同		工具承諾	
	β	$\triangle R^2$	β	$\triangle R^2$
價值觀強度模式				
知覺價值觀	.59***	.36	—	—
教育程度	—.16**	.02	—.15**	.03
性別	—.11*	.01	—	—
工作性質	—	—	—	—
相關契合度模式				
相關契合度	.43***	.20	—.13*	.01
教育程度	—.19**	.04	—.17*	.03
性別	—	—	—	—
工作性質	—	—	—.14*	.01
差距契合度模式				
差距契合度	—.51***	.28	—	—
教育程度	—.19***	.03	—.16*	.03
性別	—	—	—	—
工作性質	—	—	—.14*	.01
全部模式				
知覺價值觀	.46***	.36	.27**	.02
相關契合度	.15*	.02	—	—
差距契合度	—	—	—	—
教育程度	—.10*	.02	—.14*	.03
性別	—.11*	.01	—	—
工作性質	—	—	—	—

*p<.05, **p<.01, ***p<.001，一表不顯著，其餘未列入表內的個人背景變項，包括年齡、年資不具顯著預測效果。â 為標準化迴歸係數，$\triangle R^2$為相對解釋變異量

在工具承諾的預測方面，就強度模式而言，以教育程度爲最高(3%)，其餘皆不顯著；就相關模式而言，亦以教育程度爲最高(3%)，其次依序爲相關契合度(1%)、工作性質(1%)；就差距模式而言，以教育程度爲最高(3%)，其次爲工作性質(1%)；就全部模式而言，全部預測變項對工具承諾之變異解釋量，以教育程度爲最高(3%)，其次爲知覺價值觀(2%)。

由以上分析結果，可知在個別預測變項模式中，以教育程度對工具承諾的變異解釋量較高(3%)，而在全部預測變項模式中，仍以教育程度變異解釋量爲最高(3%)。顯示就所有預測變項而言，以教育程度這個預測變項對工具承諾有最佳的預測能力，且爲負向關係，然而，解釋變異量並不高，只有 3%。至於知覺價值觀、相關契合度、及差距契合度的預測效果，則不是不顯著，就是更低。相對於組織認同的預測而言，此種現象極爲明顯。

2．對工作滿足與離職意願之預測

表五是各模式預測變項對工作滿足與離職意願之逐步迴歸分析結果。在工作滿足的預測方面，就強度模式而言，以知覺價值觀最高(21%)，其次爲年齡(2%)；就相關模式而言，以相關契合度爲最高(26%)，其次依序爲年齡(4%)、教育程度(1%)；就差距模式而言，以差距契合度爲最高(28%)，其次依序爲年齡(2%)、教育程度(1%)；就全模式而言，以差距契合度爲最高(27%)，其次依序爲相關契合度(5%)、年齡(2%)、教育程度(1%)。

由以上分析結果，可知在個別預測變項模式中，以差距契合度對工作滿足的變異解釋量較高(28%)，而在全部預測變項模式中，仍以差距契合度的變異解釋量爲最高(27%)。顯示就所有預測變項而言，以差距契合度這個預測變項對工作滿足有最佳的預測能力，並具有負向關係。

表五 各模式預測變項對工作滿足、離職意願之逐步迴歸分析結果

預測變項	工作滿足		離職意願	
	β	$\triangle R^2$	β	$\triangle R^2$
價值觀強度模式				
知覺價值觀	.45***	.21	−.40***	.20
年齡	.27**	.02	−.37***	.05
教育程度	—	—	.18**	.03
相關契合度模式				
相關契合度	.49***	.26	−.44***	.23
年齡	.23**	.04	−.33***	.06
教育程度	−.12*	.01	.21***	.05
差距契合度模式				
差距契合度	−.51***	.28	.43***	.23
年齡	.23***	.02	−.33***	.04
教育程度	−.13*	.01	.21***	.04
全部模式				
差距契合度	−.23*	.27	.15*	.23
相關契合度	.28***	.05	−.28***	.04
知覺價值觀	—	—	—	—
年齡	.23	.02	−.33***	.05
教育程度	−.11	.01	−.18***	.04

$^*p<.05$, $^{**}p<.01$, $^{***}p<.001$，—表不顯著，其餘未列入表內的個人背景變項，包括性別、年資、工作性質亦不具顯著預測效果。

â 為標準化迴歸係數，$\triangle R^2$ 為相對解釋變異量

在離職意願預測方面，就強度模式而言，以知覺價值爲最高(20%)，其次依序爲年齡(5%)、教育程度(3%)；就相關模式而言，以相關契合度爲最高(23%)、其次依序爲年齡(6%)、教育程度(5%)；就差距模式而言，以差距契合度爲最高(23%)，其次依序爲年齡(4%)、教育程度(4%)；就全部模式而言，以差距契合度爲最高(23%)，其次依序爲年齡(5%)、相關契合度(4%)、教育程度(4%)。由以上分析結果，可知在個別預測變項模式中，以相關契合度及差距契合度對離職意願的變異解釋量最高(23%)，而在全部預測變項模式中，則以差距契合度的變異解釋量爲最高(23%)。顯示就所有預測變項而言，以差距契合度這個預測變項對離職意願有最佳的預測能力。此外，綜合對工作滿足與離職意願的預測，雖然知道知覺價值觀與相關契合度也有不錯的效果，但以差距契合度最佳：當差距愈大時，工作滿足愈低，而離職意願愈高。

3．對組織公民行為之預測

表六是各模式預測變項對組織公民行爲之逐步迴歸分析結果。在主動積極的預測方面，就強度模式而言，以知覺價值觀爲顯著(6%)，其餘預測變項皆不顯著；就相關模式而言，以相關契合度爲顯著(5%)；就差距模式而言，以差距模式而言，以差距符合度爲顯著(3%)；就全部而言，以知覺價值觀爲最高(6%)，其次依序爲差距契合度(2%)、相關契合度(1%)。

表六 各模式預測變項對組織公民行為之逐步迴歸分析結果

預測變項	主動積極		和睦相處		工作操守	
	β	$\triangle R^2$	β	$\triangle R^2$	β	$\triangle R^2$
價值觀強度模式						
知覺價值觀	.22**	.06	—	—	.15*	.02
年齡	—	—	—	—	.19*	.04
相關契合度模式						
相關契合度	.21***	.05	—	—	.21***	.05
年齡	—	—	—	—	.17*	.04
差距契合度模式						
差距契合度	−.15*	.03	—	—	—	—
年齡	—	—	—	—	.19*	.05
全部模式						
知覺價值觀	.29**	.06	—	—	—	—
相關契合度	.21*	.01	—	—	.26**	.05
差距契合度	−.24*	.02	—	—	.22*	.01
年齡	—	—	—	—	.18*	.04

*$p<.05$, **$p<.01$, ***$p<.001$，—表不顯著，其餘未列入表內的個人背景變項，包括性別、年資、教育程度、工作性質亦不具顯著預測效果，â為標準化迴歸係數，$\triangle R^2$為相對解釋變異量。

由以上分析結果，可知在個別預測變項模式中，以知覺價值觀對主動積極變異解釋量最高(6%)，而在全部預測變項模式中，仍以知覺價值觀的變異解釋量最高(6%)。顯示就所有預測變項而言，以知覺價值觀這個預測變項對主動積極有最佳的預測能力。

在和睦相處的預測方面，所有的預測變項皆不具顯著的預測效果。而在工作操守的預測方面，就強度模式而言，以年齡爲最高(4%)，其次爲知覺價值觀(2%)；就相關模式而言，以相關契合度爲最高(5%)，其次爲年齡(4%)；就差距模式而言，以年齡爲顯著(5%)，其餘皆不具顯著效果；就全部模式而言，以相關契合度爲最高(5%)，其次依序爲年齡(4%)，差距契合度(1%)。

由以上分析結果，可知在個別預測變項模式中，以相關契合度及差距契合度預測變項模式中的年齡，對工作操守的變異解釋量爲最高(皆為5%)，而在全部預測變項模式中，則以相關契合度的變異解釋量爲最高(5%)。顯示就所有預測變項而言，以相關契合度這個預測變項對工作操守有最佳的預測能力。

4. 迴歸分析總結

綜合上述迴歸分析結果可以發現：

(1) 在組織承諾方面，價值觀強度、相關契合度、及差距契合度均對組織認同具有良好的預測效果(解釋變異量分別為36%、20%及28%)，然而，對工具承諾的預測效果並不高或不顯著，解釋變異量在2%以下，顯示組織價值觀與工具承諾的關係不大。至於個人背景變項對組織承諾的預測，不管是組織認同或工具承諾，其解釋變異量都不高，均在4%以下。

(2) 在工作滿足與離職意願方面，價值觀強度、相關契合度、差距契合度都具有良好的預測效果，解釋的變異量都在20%與28%之間。至於個人背景變項則偏低，均在5%以下。

(3) 在組織公民行爲方面，除了對和睦相處不具顯著預測效果之外，價值觀強度、相關契合度、及差距契合度對主動積極與工作操守均具有顯著預測效果，但解釋變異量並不高，在6%以下。至於個人背景變項，只有年齡對工作操守具顯著預測效果，但解釋變異量亦不高，在5%以下。

(4) 從標準迴歸係數的數值來看，價值觀強度與相關契合度對正面工作績效的指標均具有正向的預測效果，顯示當知覺價值觀的強度、相關契合度越高，則員工個人的組織認同、工作滿足、主動積極、及工作操守越高，而離職意願越低，至於差距契合度的效果則相反。

(5) 從各模式或各變項的預測效果來看，顯然地，對組織認同與主動積極的預測，以知覺價值觀較佳；然而，對工作滿足與離職意願的預測，則以差距契合度較佳，亦即對不同工作效能效標變項的預測，不同的組織價值觀指標具不同的效果。

四、討論

以往的組織文化研究，大都側重在優勢文化對員工行爲的影響，而忽略了員工對組織價值觀的期待、接受度、以及認知歷程。所以本研究採取契合度(**相關契合度、差距契合度**)的概念，探討員工的知覺價值觀與期待價值觀之契合度對其行爲的影響；此外，基於考慮強勢文化對員工行爲的塑造作用，所以把知覺價值觀也納入考量，分別探討「相關契合度」、「差距契合度」以及「知覺價值觀」三變項與員工個人行爲依變項的關係，並且檢定其對員工個人工作效能的預測能力，嘗試找出最佳的預測變項或模式，以便能正確預測員工的行爲。

首先，由本研究的相關分析結果中，可知知覺價值觀與相關契合度及差距契合度皆有高相關，期待價值觀只與差距契合度成中度的相關，顯示員工若知覺到組織價值觀，則其個人契合度則愈高。因此，組織若能展現強勢文化，則必能提昇員工個人與組織間的契合度。此外，知覺價值觀以及契合度皆與員工的個人行為依變項有顯著的相關，顯示知覺價值觀不但可透過契合度間接地影響員工，也可直接塑造員工個人行為。此研究結果與 **Deal** 與 **Kennedy**(1982)在《塑造企業文化》書中所提及的概念相符合。**Deal** 與 **Kennedy** 認為組織文化影響員工的行為表現，是塑造員工勤奮或懶散、嚴肅或友善、合群或孤獨的決定因素。因此，塑造一個強而有力的組織文化，應是組織管理者的首要目標。

其次，在「相關契合度」、「差距契合度」、「知覺價值觀」三者對個人工作效能依變項的預測力比較方面，依據逐步迴歸分析結果，可歸納為**表七**。在組織承諾方面，就組織認同而言。個別預測變項模式及全部預測變項模式皆以知覺價值觀的變異解釋量為最高，且分別佔其所在模式的 92.30%及 87.80%，因此以知覺價值觀單一預測變項來預測員工的組織認同是適宜的、可行的。就工具承諾而言，個別預測變項模式以教育程度的變異解釋量為最高，分別佔其模式的 60%、50%及 50%，全部預測變項模式的 37.50%。

上述結果證實員工個人契合度確實與組織承諾依變項有關，此研究與丁虹(1987)、鄭伯壎(1992)、O'Reilly 等人(1991)的研究結果一

表七　各模式預測變項對個人工作效能之預測效果

預測變項	組織認同	工具承諾	工作滿足	離職意願	主動積極	工作操守
價值觀強度模式						
知覺價值觀	.36		.21	.20	.06	.02
年齡			.02	.05		.04
性別	.01					
工作性質						
教育程度	.02	.03		.03		
整個預測模式	.39	.05	.23	.29	.06	.07
相關契合度模式						
相關契合度	.20	.01	.26	.23	.05	.05
年齡			.04	.06		.04
性別						
工作性質		.01				
教育程度	.40	.03	.01	.05		
整個預測模式	.26		.31	.34	.06	.10
差距契合度模式						
差距契合度	.28	.28	.23	.03		
年齡			.02	.04		.05
性別						
工作性質		.01				
教育程度	.03	.03	.01	.04		
整個預測模式	.32	.06	.32	.31	.03	.07
整體模式						
知覺價值觀	.36	.02			.06	
契合度						
相關契合度	.02		.05	.04	.01	.05
差距契合度			.27	.23	.02	.01
個人特徵						
年齡			.02	.05		.04
性別	.01					
工作性質						
教育程度	.02	.03	.01	.04		
整個預測模式	.41	.08	.35	.37	.10	.12

註：表內之數字代表各預測變項之變異解釋量

致。然而，本研究則更進一步發現了組織價值觀與組織認同(或是規範承諾)關係較為密切，而對工具承諾的預測力較低，可見組織文化所影響的是員工個人的組織認同，而非工具承諾；對內滋動機(intrinsic motivation)有較大的效果，而對外衍動機(extrinsic motivation)效果極微。這也證實了強勢組織文化具有規範員工行為的功能(Caldwell et al., 1990)。

第三、在工作滿足方面，個別預測變項模式以及全部預測變項模式皆以差距契合度的變異解釋量為最高，且分別佔其所在模式的87.50%及 77.14%；在離職意願方面，個別預測變項模式以相關契合度及差距契合度的變異解釋量最高，分別佔其所在模式的 67.55%及74.19%，而全部預測變項模式則以差距契合度的變異解釋量為最高，佔其模式的 62.16%。顯示契合度研究取向可以有效預測員工的工作滿足與離職意願，此結果與 O'Reilly 等人(1991)的研究一致，但O'Reilly 等人只採用相關契合度的指標來做預測，本研究則進一步證實了差距契合度的預測效果也不相上下，而且當兩者綜合起來做預測時，可以進一步提高預測效果。

第四、在公民行為方面，就主動積極這個因素而言，個別預測變項模式及全部預測變項模式皆以知覺價值觀的解釋量為最高，且分別佔其所在模式的 100%及 60%；就工作操守這個因素而言，個別預測變項模式以相關契合度以及差距契合度等預測變項模式中的年齡的變異解釋量較高，分別佔其所在模式的 50%及 71.43%，而全部預測變項模式則以相關契合度與年齡的解釋量較高，兩者的和爲 9%，佔全部預測變項的 75%。此結果顯示組織價值觀的強度與一致性能夠預測組織公民行爲的主動積極(或助人行為)與工作操守(或良心行為)，這支持了 Organ(1988)的推論：即組織文化應該與組織公民行爲具有某種程度的相關，雖然效果不是很大。

第五、本研究亦發現知覺的文化價值觀對組織認同有較大的預測效果，而差距契合度則對工作滿足與離職意願有較大預測力，這說明了當公司具有強力的組織文化時，員工對組織的認同較高；然而，員工對工作是否滿意、是否想離職，則必須進一步考慮員工的期待，當個人的期望與實際組織價值差距大時，組織成員會感到不滿意，離職意願亦較高。這裡是否隱涵著：強勢組織文化與組織認有較直接的關係；而價值觀一致性則與工作滿足、離職意願有較密切的關係。此一現象值得做進一步的探討，應可更清楚釐清組織文化強度與契合度的功能。

第六、除了組織價值觀強度、契合度與員工個人工作效能有密切關係之外，某些個人背景變項(如教育程度、年齡、工作性質等)也與個人工作效能有關，雖然預測效果並不大，此結果與 O'Reilly 等人(1991)以及 Posner(1992)的研究發現並不一致：他們認爲個人與組織價值觀的契合度是直接與工作態度或工作效能有關的，而不受個人背景因素的干擾與影響。原因何在?仍有進一步研究之必要。

根據上述結果，本研究的結果亦可提供未來研究的參考：首先，過去在掌握組織價值與個人價值契合的研究都採 Q－分類(Q－sort)的方式來比較組織價值與個人價值的異同，並探討契合程度與員工效能的關係。本研究雖然沒有採 Q－分類的作法，而採評定量表(rating scale)的方式，但是在指導語上仍遵循 Q－分類的精神，要求受試者先評定最重要的組織價值，按著評定完全相反的組織價值；再評定第二重要的組織價值、最不重要的組織價值，餘此類推，應該能使受試者針對組織價值間的重要性互作比較，而非拿此組織與其他組織做比較。獲得的結果亦與過去的研究(如 O'Reilly 等人，1991)一致，顯示採用上述作法，仍可得到與 Q－分類一樣的效果。由於此結果是一種間接的證據，未來的研究似乎可以組織價值為對象，分別採用 Q－分類、評定量表、李克特氏量表等不同方式，比較各種方法對組織價值測量的異同。

另一方面，從本研究的結果可以發現知覺的組織價值與契合度對組織認同、工作滿足、離職意願及組織公民行為均具有預測效果，前者證明了卓越組織文化是存在的，組織文化的研究仍然可以採用普則性的研究途徑(nomothetic approach)，找出對組織效能具有影響效果的組織文化或組織價值內涵；後者則反映了契合度研究途徑(congruency approach)的效用，兩種研究途徑並非是互斥、不並存的，而是具有互補效果的，因此，未來的組織文化研究，可以兼採此兩類研究途徑，先找出有效的組織文化內容，再探討此文化內容的期望—實際契合度，應可提高對各行業組織與個人效能的預測力。另外，兩種研究途徑對組織效能的預測，究竟是成加性效果(additive effect)或是乘積效果(multiplicative effect)，亦値得探討。事實上，這種作法對傳統的普則研究途徑與權變研究途徑的爭論，應有一些啓發作用。

最後，綜合本研究與其他研究結果，大致可以發現組織價值觀的強度與契合度與組織效能或個人效能的關係頗爲穩定，關於組織價值觀強度爲何會與組織效能有密切的關係，Peters 與 Waterman(1982)在「追求卓越(In search of excellence)」一書中已有詳細的說明。至於契合度與個人效能的關係，則仍舊缺乏精闢的理論來描述，當然，也許可以採用相似性說(similarity theory)來解釋當互動的雙方具有類似價值觀時，較容易做人際互動、雙方能互相吸引、互相增強，並降低角色衝突或角色模糊，然而，真正的機制(mechanism)何在，仍需做進一步的探討，這也是未來値得研究的一個重點。

最後，根據上述結果，本研究具有若干實用上的意義：

第一、員工之知覺價值觀與期待價值觀確實存在著顯著的差距，這種差距下影響員工的價值觀契合度，進而影響其工作效能。爲了縮小此差距，以提升組織效能，組織對於新聘的人員，可透過設計完善的招募與甄選過程，來選擇適合組織價值觀的員工。當員工新加入組織，則組織可透過社會化歷程，將核心價值觀灌輸給新進人員，使新進人員知曉、熟悉組織價值觀，進而與其一致。

第二、雖然社會化歷程主要用在新進人員身上，但也可以用來維持或更新組織的價值觀，尤其對忠誠度低或一致性程度低的員工。

透過強力而密集的社會化歷程，可使成員提高價值觀一致性，因而能提升其工作效能。即使員工的期待價值觀與現行組織價值觀不一致，也可透過此種方式來減少不一致。

第三、可用儀式與典禮等溝通體系來強化員工對組織價值觀的知覺。任何儀式與典禮的背後都有一個隱涵的價值觀，例如從雇用、開革、升遷、頒獎、集會的安排、演講的方式、退休人員的退休餐會等，都可反應出組織的核心價值觀。因此，透過儀式與典禮的舉行，可增強員工對此核心價值觀的知覺，進而認同此核心價值觀，以便提升其價值觀契合度，並進而提高工作效能。

參考文獻

丁虹（1987）〈企業文化與組織承諾之關係研究〉。 國立政治大學企業管理研究所博士論文（未出版）。

林淑姬（1992）〈薪酬公平、程序公正與組織承諾、組織公民行爲關係之研究〉。國立政治大學企業管理研究所博士論文（未出版）。

鄭伯壎（1990）〈組織文化價值觀的數量衡鑑〉。《中華心理學刊》32：31-49。

鄭伯壎 1992〈有效組織文化的探討：組織價值觀一致性與成員效能的關係〉。《行政院國家科學委員會專題研究計劃成果報告》。

Barley, S. (1983). Semiotics and the Study of Occupational and Organizational Cultures. **Administrative Science Quarterly, 28**: 393-413.

Barley, S., Meyer G. and Gash D. (1988). Cultures of Culture: Academics, Practitioners, and the Pragmatics of Normative Control. **Administrative Science Quarterly, 33**: 24-60.

Bem, D. and Allen A. (1974). On Predicting Some of the People Some of the Time: The Search for Cross-situational Consistencies in Behavior. **Psychological Review, 81**: 506-520.

Berger, P. and Luckmann T. (1966). The Social Construction of Reality: A Treatise in the Sociogy of Knowledge. Garden city, New York: Doubleday.

Caldwell, D. and O'Reilly C. (1990). Measuring Person-job Fit Using a Profile Comparison Process. **Journal of Applied Psychology, 75**: 648-657.

Cameron, K. and S. Freeman. (1989). Cultural Congruence, Strength, and Type: Relationships to Effectiveness. Presentation to the Academy of Management Annual Convention, August, Washington, DC.

Cascio, W. F. (1991) . **Applied Psychology in Personnel Management**. 4th ed. Englewood Cliffs, NJ: Prentice-Hall.

Chatman, J. (1989) . Improving Interactional Organizational Research: A Model of Person-organizational Fit. **Academy of Management Review, 14**: 333-349.

Cooke, R. A. and Rousseau D. M. (1988) . Behavioral Norms and Expectations: A Quantitative Approach to the Assessment of Organizational Culture. **Group and Organization Studies, 13**: 245-237.

Davis, S. (1984) . **Managing Corporate Culture**. Cambridge, MA: Ballinger.

Deal, T. and A. Kennedy (1982) **Corporate Cultures**. Reading, MA: Addison-Wesley.

Denison, D. R. (1990) . **Corporate Culture and Organizational Effectiveness**. New York: Wiley.

Dessler, G. (1986) . **Organization Theory**. Englewood Cliffs, New Jersey: Prentice-Hall.

Edward, J. R. (1991) . Person-job Fit: A Conceptual Integration, Literature Review, and Methodological Critique. C. L. Cooper and I. T. Robertson, (Eds). **In International Review of Industrial and Organizational Psychology**. New York: Wiley.

Enz, C. (1986) . **Power and Shared Value in the Corporate Culture**. Ann Arbor, MI: UMI.

Enz, C. (1988) . The Role of Value Congruity in Intra-organizational Power. **Administrative Science Quarterly, 33**:284-304.

Geertz, C. (1973) . **The Interpretation of Cultures**. New York: Basic Books.

Hofstede, G., B. Neuijen, D. D. Ohayv and G. Sanders (1990) . Measuring Organizational Cultures: A Qualitative and Quantitative Study Across Twenty Cases. **Administrative Science Quarterly, 35**: 286-316.

Joyce, W. and Slocum J. (1984) . Collective Climate: Agreement as a Basis for Defining Aggregate Climates in Organizations. **Academy of Management Journal, 27** : 721-742.

Katz, D. and Kahn R. L. (1978) . **The Social Psychology of Organization**. New York: Wiley.

Kluckhohn, C. K. M. and Associates (1951) . Value and Value Organization in the Theory of Action: An Exploration in Definition and Classification. **In Toward a General Theory of Action**. T. Parsons and E. A. Shils, eds. Cambridge, MA: Harvard University Press.

Lewin, K. (1951) . **Field Theory in Social Science**. New York: Harper & Row.

Lofquist, L. and R. Dawis (1969) . **Adjustment to Work**. New York: Appleton-Century-Crofts.

Louis, M. (1983) Organizations As Culture-bearing Milieux. **In Organizational Symbolism**. L. Pondy, P. Frost, G. Morgan and T. Dandridge eds. pp.186-218. Greenwich, CT: JAI Press.

Martin, J. and Siehl C. (1983) . Organizational Culture and Counterculture: An Uneasy Symbiosis. **Organizational Dynamics, 12(1)**: 52-64.

Meglino, B., Ravlin E. and Adkins C. (1989) . A Work Values Approach to Corporate Culture: A Field Test of the Value Congruence Process and Its Relationship to Individual Outcomes. **Journal of Applied Psychology, 74(3)**: 424-432.

Mobley, W. H. (1982) . **Employee Turnover: Causes, Consequences, and Control**. Reading, MA.: Addison-Wesley.

Morrow, P. (1983) . Concept Redundancy in Organizational Research: The Case of Work Commitment. **Academy of Management Review, 8**: 486-500.

Mowday, R., Porter L. and Steers R. (1982) . **Organizational Linkages**: The Psychology of Commitment, Absenteeism, and Turnover. New York: Academic Press.

O'Reilly, C. A. and Chatman J. A. (1986) . Organizational Commitment and Psychological Attachment: The Effects of Compliance, Identification, and Internalization on Prosocial Behavior. **Journal of Applied Psychology, 71(3)**: 492-499.

O'Reilly, C. A., Chatman J. A. and Caldwell D. (1991) . People and Organizational Culture: A Profile Comparison Approach to Assessing Person-organization Fit. **Academy of Management Journal, 34(3)**: 487-516.

Organ, D. W. (1988) . **Organizational Citizenship Behavior**: The Good Soldier Syndrome. Lexington, MA.: Lexington.

Ott, J. S. (1989) . **The Organizational Culture Perspective**. Chicago: Dorsey Press.

Ouchi, W. (1981). **Theory Z. Reading**. MA: Addison-Wesley.

Ouchi.W. and Wilkins A. (1985). Organizational Culture. **Annual Review of Sociology II**: 457-483.

Parsons, T. (1951). **The Social System**. New York: Free Press.

Peters, T. and Waterman R. (1982) . **In Search of Excellence**. New York: Harper & Row.

Podsakoff, P. M., Mackenzie S. B.,. Moorman R. H and Fetter R. (1990). Transformational Leader Behaviors and Their Effects on Trust, Satisfaction, and Organizational Citizenship Behavior. **Leadership Quarterly, 1**: 107-142.

Porter, L., Steers R., Mowday R. and Boulian P. (1974). Organizational Commitment, Job Satisfaction, and Turnover among Psychiatric Technicians. **Journal of Applied Psychology, 59**: 603-609.

Posner, B. Z. (1992). Person-organization Value Congruence: No Support for Individual Differences As a Moderating Influence. **Human Relations, 45(4)**: 351-361.

Rokeach, M. (1973). **The Nature of Human Values**. New York: Free Press.

Rousseau, D. (1990). Normative Beliefs in Fund-raising Organizations:Linking Culture to Organizational Performance and Individual Responses. **Group and Organization Studies,15(4)**: 448-460.

Rousseau, D. (1990). Assessing Organizational Culture: The Case for Multiple Methods. **In Organizational Climate and Culture**. B. Schneider et al., (Eds.) pp.153-192. San Francisco: Jossey-Bass.

Sathe, V. (1985) . How to Decipher and Change Corporate Culture. **In Gaining Control of the Corporate Culture**. R. H. Kilmann, M. J. Saxton, R. Serpa, (Eds.) San Francisco: Jossey-Bass.

Schein, E. (1985). **Organizational Culture and Leadership**. San Francisco: Jossey-Bass.

Schneider, B. (1987). The People Make the Place. **Personnel Psychology, 40**: 437-453.

Smircich, L. (1983). Concepts of Culture and Organizational Analysis. **Administrative Science Quarterly, 28**:339-359.

Smith, C. A., Organ, D. W. and Near, J. P. (1983). Organizational Citizenship Behavior: Its Nature and Antecedents.**Journal of Applied Psychology, 68**:653-663.

Steers, R. M. and Rhodes S. R. (1987). Major Influences on Employee Attendance: A Process Model. **Journal of Applied Psychology, 63**:391-407.

Tom, V. (1971). The Role of Personality and Organizational Images in the Recruiting Process. **Organizational Behavior and Human Performance, 6**: 573-592.

Trice. H. M. and Beyer J. M. (1984). Studying Organizational Cultures through Rites and Ceremonials. **Academy of Management Review, 9**:653-669.

Wanous, J. P. (1977). Organizational Entry: Newcomers Moving Form Outside to Inside. **Psychological Bulletin**, 87:610-618.

Weick, K. E. (1987). Organizational Culture As a Source of High Reliability. **California Management Review, 29(2)**: 112-127.

Wiener, Y. (1988). Forms of Value Systems: A Focus on Organizational Effectiveness and Cultural Change and Maintenance. **Academy of Management Review, 13(4)**: 534-545.

組織文化與員工效能（三）：上下契合度的效果

鄭 伯 壎

國立台灣大學心理學系

本文曾發表於*中華心理學刊*，37卷1期，1995年

<摘要>

本研究旨在探討組織價值的上下契合度與組織成員個人效能的關係。以一家大型跨國企業的 170 位經營主管、261 位專業職員及 335 位現場作業人員為對象，蒐集內部整合價值與外部適應價值的資料，用以計算專業職員、現場作業人員與經營主管的組織價值差距。接著再掌握專業職員與現場作業人員的組織承諾、組織公民行為、及工作績效等個人效能變項，進行迴歸分析。結果發現：在控制個人特性變項之後，除了工作績效之外，不管是專業職員或是現場作業人員，內部整合組織價值的上下契合度對組織承諾、組織公民行為均具有顯著的預測效果，此結果支持了契合假說的主張。然而，對專業職員而言，外部適應價值與組織公民行為的關係，卻不符合契合度假說的預測，而較支持優勢文化假說的主張：個人的社會責任知覺愈高，則其組織公民行為愈高。最後，討論了本研究在組織文化、領導研究、及實際應用上的意義。

緒　論

過去對組織行爲的研究經常環繞在特質論與情境論的爭論上：特質論主張個人的性格特質、價值、動機、能力是穩定的，可以有效預測個人的行爲模式（如 Staw & Ross, 1985；Weiss & Adler, 1984）；相反地，情境論卻主張，個人所處之情境，才是影響行爲之重要因素，是情境型塑了個人的行爲，而非特質（如 Salancik & Pfeffer, 1977；1978）。換言之，此兩種理論的爭論點，乃在於究竟是個人(person)還是情境（situation）對行爲的解釋變異量較大？雖然爭論頗爲厲害，但許多行爲科學家卻另闢蹊徑，認爲個人與情境對行爲都應兼具影響效果（如 Terberg, 1981），此即所謂的互動論。其主要論點是：(1) 微觀組織行爲是受到個人與其所需情境連續而多向互動的影響；(2) 在這個互動的歷程當中，個人是一個主動而積極的個體，能夠改變情境，亦會接受情境對他的塑造；(3) 就互動中人的一面來看，人的認知、感情、動機因素、及人的能力都會影響到人的行爲；(4) 就情境的一面來說，情境對個人所具有的心理意義、以及情境誘發的個人行爲潛能都是影響行爲的要素。於是特質論、情境論兩者的爭論，有逐漸減緩的趨勢。

從互動論的觀點來看個人特性、情境、及個人效能的關係，會主張個人效能應該同時受到個人與情境互動的影響，然而，此種互動要用何種機制來說明呢？這顯然不是一個簡單的問題，理由是互動研究必須能夠準確地掌握情境的成份、考慮個人對情境的效果、全面地對情境與個人的特性概念化（Chatman, 1988）。 目前許多研究者（如鄭伯壎、郭建志，1993；Chatman, 1988；O'Reilly, Chatman & Caldwell, 1991）都已經同意人與情境契合度（person-situation fit）的概念可以滿足上述三點要求，可以充分說明個人與情境對效能的互動效果。因此，「人－情境契合度」（person-situation fit）一直被用來解釋組織成員之生產力與工作滿意度的差異，並充當人事甄選的策略。過去，人與情境契合度的研究可分為兩大類：一為「人－工作契合度」（person-job fit），探討個人特徵和工作屬性二者互動的情形，如 Wanous（1977）從個人對工作要求的了解程度來研究個人對工作的適應。二為「人－組織契合度」（person-organization fit），主要研究個人特徵與組織屬性二者互動的情形，如 Lofquist 與 Dawis（1969）從個人與所處環境的關係來研究個人的工作滿足感。

不論是「人－工作契合度」，或是「人－組織契合度」，都隱涵著一個共同的假設：即契合的程度越高，則員工的正向行為就越可能產生。但這樣的研究取向仍存有一些問題亟待解決：首先、測量的變項或題目足以充分涵蓋個人特質與組織特徵嗎？第二、要如何界定契合度呢？第三、契合度研究取向能夠提高對組織成員工作行為或個人效能之變異量的解釋嗎？一般而言，前面兩個問題屬於研究方法上的問題，必須加以解決，方能進行契合度方面的研究。第三個問題屬於實徵上的問題，只要能證實契合度研究途徑對個人效能有較特質研究或情境研究途徑爲高的預測效果，即可回答第三個問題，並解決爭論。前面兩個問題，目前已有一些研究加以探討，並有所進展。就第一個問題而言，以人－組織契合度爲例，只要使用廣泛而共通的語言來描述個人特質與組織特徵，使個人特質與組織特徵能經由多重向度而做整體性的比較，即可獲得解決。由於需要大量與情境有關的題目或描述句，所以在使用時，確有實際上的困難。爲簡化測量的問題或描述句，而又能對變項作個人間的相對比較，Chatman（1988）提出 「人－組織契合度模式」的概念，採用剖面圖比較歷程（profile comparison process）的技術，運用共同的語言來評估個人特質與組織特徵，再探討人－組織契合度的大小。因此，以這種技術可以解決第一個問題。

就第二個問題－－契合度的定義而言，雖然各個組織行爲研究領域都有其偏好的契合度定義，但經過 Edward（1991）針對各領域之契合度定義與研究方法做進一步的檢討與統整之後，對契合度研究也已有較全面的看法與較少的爭論。通常過去對契合度指標的掌握，包括減差、絕對值、絕對值平方、乘積、除商、均等值、變異分析之交互作用、減差商、乘積平方等，不一而足，但減差、絕對值、絕對值平方是其中最常用的。 Edward 在比較絕對值、減差、絕對值平方、交互作用、及二次曲線的作法之後，提醒研究者必須瞭解各種契合度定義的幾何圖形意涵，方可準確掌握契合度與個人效能關係的確切意義。

以組織行爲契合度的研究而言，早期只有人－組織契合度的概念（Joyce & Slocum, 1984；Tom, 1971）。直到八〇年代，人類學家、社會學家、社會心理學家才開始努力嘗試以文化概念，如符號、手勢、祭典、儀式、神話、故事來分析組織中個人和團體的行為（Ouchi & Wilkins, 1985；Smircich, 1983；Trice & Beyer, 1984），亦才有「人－文化契合度」的概念產生（O'Reilly, Chatman & Caldwell, 1991）。基於組織文化的核心為價值觀之理由，所以「人－文化契合度」的研究也都以價值觀為研究的對象。在契合度的指標方面，則以減差（如丁虹，1987）、絕對值與差平方（如鄭伯壎，1993）、或相關（如 Meglino, Ravlin & Adkins, 1989；O'Reilly *et al*., 1991）等來表示。利用減差來做契合度的指標，是假設當組織價值觀高於個人價值觀時，個人的工作效能較高；利用絕對值或差平方做為契合度指標，則假設當個人價值觀與組織價值觀類似，即差距接近於零時，個人的工作效能較高；反之，不管是個人價值觀或組織價值觀較高，即差距大於零時，個人的工作效能較低。至於相關契合度，則計算個人價值觀與組織價值觀間的相關係數，其數值介於 -1 與 +1 之間，並假設相關係數越高，個人效能越高。理論上，上述四種指標中，減差較無法說明兩變項間一致性的關係（Edward, 1991）：亦即過與不及應該都是不契合（unfit）的狀況，然而減差的指標假設「超過（excess）」是最一致的，而「不及（deficiency）」才是不一致的，與契合度的界定有所出入。因此，不是適切的契合度指標。至於相關係數，則可能存有不同人的相關係數雖然相同，而實際原始分數可能差距過大的問題。因此，差距絕對值及其平方應是較佳的契合度指標。

在解決了題目廣度與契合度指標等方法上的問題之後，探討人－文化契合與個人效能間的確切關係就成爲可能。通常契合論者均假設：當個人價值觀與組織文化價值觀契合時，則員工個人容易表現正面的工作行爲與工作態度。從個人的分析層次（individual level of analysis）來看，由於每個組織都存有強弱不一的組織文化價值觀，不同組織的成員面對組織文化價值觀時，可能採取不同的知覺方式；而同一個組織成員面對組織文化價值觀時，知覺的結果也不盡相同，因而就個人而言，皆有主動知覺與解釋組織價值觀的能力（O'Reilly, 1989）。況且個人先前的工作經驗會影響個人對組織文化的知覺，先前的經驗影響了個人對組織事件的解釋，並將它併入個人在新工作經驗的「組織文化實體」（reality of the organizational culture）。

既然組織是由個人所組成，個人內部價值的差異（intra-individual difference）與個人與個人之間的價值差異（inter-individual difference）都將對個人效能產生影響。前者反映了過去期望價值觀與組織實際價值觀契合度的研究方向，探討個人期望組織價值觀與組織實際價值觀契合度對個人效能的影響，並發現當契合度越高時，個人的效能越高（如鄭伯壎，郭建志，1993；O'Reilly, Chatman & Caldwell, 1991）。後者則以上下價值觀契合度的研究爲代表，探討部屬價值觀與領導者價值觀契合度對部屬個人效能的影響。後面這個問題雖然重要，但研究卻十分稀少。例如，目前領導研究的論文已經超過六、七千篇，但以網羅所有領導論文著稱的 Bass 與 Stogdill 領導手冊（Bass & Stogdill's handbook of leadership）而言，對領導者價值觀、部屬價值觀與個人效能間之關係卻著墨很少，只有極爲少數的論文曾對此現象加以探討，但亦只處理了領導者價值觀對部屬個人效能的主要效果（Bass, 1990），而未能從上下契合度的概念去分析領導者價值觀與部屬價值觀契合度對部屬個人效能的影響。爲了彌補此項缺失，本論文的主要目的，即從層級差距的角度探討上下組織價值觀契合度與個人效能間的關係。

究竟上下組織價值觀契合度與個人效能間的關係爲何？目前尚無直接的研究可以解答此一問題。然而，從上下屬之間的背景或特質相似性或其他相關的研究仍可獲得進一步的啓發。以相似－吸引的研究典範（similarity-attraction paradigm）而言，通常都發現當上司與下屬在偏好、性格特質、背景（包括年齡、性別、種族、教育程度、年資）、解決問題方式類似時，雙方的人際吸引力較高、互動的頻數較多、部屬的工作滿足感較高（如 Lincoln & Miller, 1979；Tsui & O'Reilly, 1989；Zenger & Lawrence, 1989）。

在價值觀的研究方面，多數研究都在探討個人價值觀與組織價值觀契合的效果，並發現契合具有正面的效果。例如，Posner, Kouzes 及 Schmidt（1985）以企業組織的經理爲對象，發現當經理人的個人價值觀與組織價值觀一致時，經理人的個人成就較高，較願意留在組織而不離職。另外一個企業組織的研究亦證實了，當組織成員的個人價值觀與組織價值觀契合時，個人的組織承諾、工作滿足感較高，而且預測力較傳統的人口統計變項爲高（O'Reilly, Chatman & Caldwell, 1991）。以學生爲對象的研究，也發現了學生價值與學校價值的一致性高時，學生的幸福感與滿意度較高。

除此之外，亦有少數研究探討上下價值觀契合度與個人效能或其他依變項的關係。以工作價值觀的契合度而言，有一個研究以工廠工作者爲對象，發現當操作人員的工作價值觀與督導人員一致時，員工個人的滿足感與組織承諾較高（Meglino, Ravlin & Adkins, 1989）。另一個研究則直接採用對偶關係（dyadic relationship）的方式，探討直屬上司與直轄下屬之一般價值觀契合度的效果，發現契合度與上司的體恤、成就及勝任能力有關（Weiss, 1978）。在所有的相關研究當中，只有一篇論文是直接針對上下組織價值觀契合度來進行研究的，然而其效標變項並非是個人效能，而是個人的職權，並發現當部門經理的組織價值觀與高級主管的組織價值觀一致時，部門的權力較大（Enz, 1986）。

顯然地，過去對上下屬性契合的實徵研究證明了：上下屬性的契合度對個人效能具有正面效果，這種屬性涵蓋了人口統計背景、性格特質、價值信念等等，但對組織價值觀契合度與個人效能關係的探討卻付之闕如。當然，此一現象並不值得大驚小怪。理由是組織文化價值觀的概念與研究是在 1980 年以後才開始盛行的。在此之前，對組織心理學家而言，組織文化只是一個陌生的字眼。由於優勢組織文化理論的提出－－認爲表現傑出的企業均具有清晰可辨而且強烈的企業文化（如 Peters & Waterman, 1982），以及日本式管理講究經營理念的衝擊，許多研究者都主張：當組織具備某種文化特質時，組織的效能較高（如

Ouchi, 1981；Peters & Waterman, 1982）。然而，究竟什麼是組織文化，其內容為何，則引起了十分廣泛的爭議，有的人認為組織文化指涉的是潛意識的基本假設（如 Schein, 1991），有的則認為是行為規範（如 Allen & Dyer, 1980）、價值觀（如 O'Reilly, Chatman & Caldwell, 1991）、甚至是管理實務（如 Hofstede, Neuijen, Ohayv & Sanders, 1990）。透過文化層次概念的提出，上述概念都可加以整合，亦即組織文化均可能從基本假設、價值觀、行為規範、管理實務、人工器物上展現出來，各層次之間是互有關聯的（Rousseau, 1990；Schein, 1985）。為了進行量化的實徵研究，大多數研究者也都同意組織價值觀是組織文化的核心，是定義組織文化的關鍵（如Wiener, 1988）。理由是組織價值觀能通過理論和方法上的重複鑑定（theoretical & methodological scrutiny），能做操作性的定義和測量，也是行為規範、典禮、管理策略、實務活動及其他文化活動的實質內涵。所以不少研究都認為組織文化的研究，應以組織價值觀做為研究重心（如O'Reilly, Chatman & Caldwell, 1991）。

組織價值觀通常是組織在處理外部適應（external adaptation）與內部整合（internal integration）的問題中發展出來的。外部適應是指組織必須隨時調整自己的任務、目標、手段及各種作法，以適應環境的變化，並得以在動態的環境中屹立不搖；內部整合則指組織必須促進內部人際關係的成長，同時要能夠維持人際與群際良好的關係，以便能同心協力，達成個人或工作群體所不能獨立完成的目標（Schein, 1985）。只要組織存在一段時間，就可發展出一套特定的外部適應與內部整合價值觀。根據 Schein（1985）對組織文化的定義與想法，鄭伯壎（1991）編製了具建構與預測效度的組織文化價值觀量表，用以測量企業組織外部適應與內部整合價值，而可進一步驗證上下組織價值觀契合度與個人效能的確切關係。

究竟上下組織價值觀契合度與個人效能有何關係呢？此關係又是透過何種機制達成的？理論上，共享的價值觀（shared value）往往對人際互動具有正面效果。理由是具有類似價值觀的組織成員應該擁有類似的認知歷程，對環境事件的分類與解釋較爲一致；使用同樣的語言，而使得彼此間的溝通較爲容易。也由於能夠降低工作互動時的不確定性、刺激負荷及其他種種負面障礙（Schein, 1985），因此，上述特徵有助於人際活動的進行與潤滑，而進一步強化協調度、工作滿足感、及組織承諾。

此外，價值觀一致性亦可透過預測機制（prediction mechanism），使互動的雙方，提高彼此對行爲的預測，而再次強化了個人的滿足感與組織承諾。更詳細地說，當組織成員之間或上司下屬間具有相似的組織價值觀時，彼此對組織內的角色期望較爲清楚，較能準確預測對方的行爲，而可以降低角色模糊（role ambiguity）與角色衝突（role conflict）（Katz & Kahn, 1978；Kluckhohn, 1951）。由於價值觀通常具有穩定且不與時俱移的特性，因此，上下組織價值觀契合度不會隨時發生改變，對成員個人效能所造成的效果也較爲持久。因此，根據理論上的推衍與對過去文獻的回顧，組織價值觀上下契合度對成員個人效能應具有正面效果。

然而，究竟組織價值觀的內容是否會干擾契合度與個人效能間的關係？這個問題亦值得做進一步的推敲。從本研究所探討的兩類組織價值觀－－外部適應與內部整合價值來說，是否此兩類組織價值觀對個人效能具有類似效果？根據 Meglino 等人（1989）的討論，認為外部適應價值對組織的生存是十分必要的，因此，組織成員所持有的外部適應價值對個人的工作效能具有較直接的效果，而不受上司所持有之組織價值觀的影響。然而，內部整合價值的角色是完全不同的，常牽涉到人際互動的問題，因此，此種價值對成員個人效能的效果是較間接的，必須考慮上級對內部整合價值的想法。當上下內部整合價值的一致性較高時，則部屬個人效能較高，反之亦然。歸結而言，外部適應價值對個人效能的效果是較為直接的，不必顧慮上級的外部適應價值；而內部整合價值對個人效能的效果卻是間接的，而必須考慮上下內部整合價值的一致性。

另一方面，也有一些研究者主張，在探討組織價值觀與成員個人效能間的關係時，何種內容並不重要，重要的是成員之間或上下之間是否有共識，當成員的組織價值與權威當局一致時，成員的個人效能較高（如 O'Reilly *et al.*, 1991；Weick, 1985）。顯然地，有些人主張內容會干擾契合度與個人效能間的關係，有些人則主張不會。研究者認為依照共享價值觀所發揮的作用，不管是外部適應價值觀或是內部整合價值觀的上下契合度，應該都對個人效能具有某種程度的效果。然而，內容也應有其影響力，不同內容的組織價值觀由於功能不同或對組織成員的意義不同，而有不同的效果。以功能而言，內部整合價值牽涉到團隊合作，以及達成工作目標的共識，與個人效能有較直接的關係；外部適應的功能則是組織對環境變化的適應，與個人效能的關係較少（Schein, 1985）。因此，內部整合價值觀上下契合度的預測效果應該比外部適應價值觀爲大。根據以上的推論可以得到第一個假說：

H1：對個人效能的預測，內部整合價值觀的上下契合度效果要比外部適應價值觀為大。

以組織價值對成員所彰顯的意義而言，幾乎在所有的正式組織裏面，都有垂直分化（vertical differentiation）的現象。此種垂直分化將造成階層上的差異，並形成不同的次文化（Van Mannen & Barley, 1985）。次文化形成的原因頗多，但交易成本（transactional cost）是其中一個極爲重要的因素：由於不同層級或不同工作單位內的成員之間具有不同的交易成本，而導致了不同的資源掌控權（property right）結構，進而形成了不同的單位規範、價值、及次文化（Jones, 1983）。以現場生產單位或專業職員階層的對比來說：現場生產單位通常採用標準化的工作歷程或技術，將原物料的投入轉變爲產品的產出，其工作性質是較爲例行化的，成員所需的技能較低、工作行爲較容易監看、協調溝通容易，因此，成員彼此間的交易成本較少，資源掌控權的分化程度較低，於是會形成緊密控制的生產次文化：成員只要遵守標準工作製程，依照正式的操作規範，即時生產一定量的產品即可。反之，專業單位的工作變化較大、工作難度較高，工作性質並無常規或前例可循，於是監看工作投入與產出歷程的交易成本較高。例如，以工程師的工程計劃而言，除非經過一段較長的時間，否則無從估算其工程計劃的品質。也由於專業技能可以應用在各類型的組織上，於是專業職員的吸納與留存也變得較爲複雜，需要不同的資源掌控權結構，包括發展親密的工作夥伴關係、尊重專業倫理、及同行互相監看等，而形成不同於生產現場的專業次文化。

除此之外，Martin（1992）亦強調組織文化由於受到行動、符號、及意識型態等的不一致性（inconsistency），而會產生種種性質迥異的次文化。因此，許多組織文化的研究者都同意組織內的次文化確實存在，而現場次文化與專業次文化是極爲不同的。對不同次文化的群體而言，所強調的組織價值觀也是不同的：以現場次文化而言，由於直接與生產有關的，會感受到外界顧客的壓力，如交期、品質等；同時，也因爲現場人員幾乎多來自當地，社區意識也應較爲強烈。因此，外部適應價值會被適當強調，而成爲一種彰顯（salient）且有意義的價值觀。但對專業次文化而言，由於與生產無直接關聯，工作角色是一種不負擔成敗的幕僚職位，對外部顧客的需求自然較不敏感。另外，也因爲勞力市場爲全國性的，成員來自全國各地，而不見得與社區具有休戚與共的關係。因此，外部適應價值可能較不重要、意義也較不顯著。換言之，對現場操作人員而言，外部適應價值是顯著而有意義的；但對專業職員而言，則較不顯著，且意義較小。至於內部整合價值觀，則由於牽涉到內部共識的形成，對組織成員應該都有相似的意義與重要性。

根據上述討論，可以得兩個重要結論：第一、內部整合之組織價值觀的上下契合度，對成員效能具有正面效果，此一效果不受成員角色的影響；第二、外部適應之組織價值觀的上下契合度對現場操作人員的效能具有正面效果，但對專業職員則不見得如此。這兩個結論分別代表了兩種假說：

H_2：內部整合組織價值觀的上下契合度，對成員效能具有正面效果，此效果不因成員的角色而有所不同。

H_3：外部適應組織價值觀的上下契合度對現場操作人員的效能具有正面的效果；但對專業職員則效果不顯著。

在本研究裏，組織成員個人效能包括組織承諾、組織公民行爲及工作績效。一般而言，在選擇個人效能的指標時，除了採用生產力、流動率等客觀指標之外，組織行爲研究者亦喜歡採用組織承諾、組織公民行爲、及自評式工作績效等主觀指標，來說明個人效能的高低（Cascio, 1991）。通常主觀指標與客觀指標的相關頗高，而且具有易於蒐集的好處。因此，本研究將以組織承諾、組織公民行爲、及自評式工作績效做爲個人效能的指標。

組織承諾的定義雖然頗多，而且眾說紛紜，但以 Porter, Steers 與 Boulian（1974）的主張最廣爲人所接受。此主張認爲組織承諾是個人對特定組織之認同與投入的強度，而且通常會有兩個清楚的向度：即組織認同與留職意願。

組織公民行爲是 Organ（1988）擴充 Katz 與 Kahn（1978）的自發與創新行爲的概念而來，認爲任何組織系統的設計均不可能完美無缺，若只依靠組織成員的角色內行爲，可能很難有效達成組織目標，而必須仰賴員工主動執行角色要求以外（extrarole）的行爲，以補足角色定義之不足，並促進組織目標的達成。由於此類行爲通常不涵蓋在員工的角色要件或工作說明書中，員工可自行取捨。過去的研究顯示，組織公民行爲可分爲兩個主要因素：一爲利他行爲（altruism）：組織成員在組織的相關任務或問題上主動協助其他人；二爲良心行爲（conscientiousness）：組織成員在某些角色行爲上，如出勤、服從規定、及放棄休息時間等，主動超越組織要求的標準（如 Smith, Organ & Near, 1983）。工作績效則指組織成員在工作質量上的實際表現。

根據上述討論，第二個假說可以衍生出三個更詳細的假說：

H_{2a}：內部整合組織價值觀之上下契合度與成員個人的組織承諾（組織認同、留職意願）具有正向關係。

H_{2b}：內部整合組織價值觀之上下契合度與成員個人的組織公民行為（利他行為、良心行為）具有正向關係。

H_{2c}：內部整合組織價值觀之上下契合度與成員個人的工作績效具有正向關係。

第三個假說，可以衍生出六個更詳細的假說，其中有三個是與現場作業人員有關的：

H_{3a}：外部適應之組織價值觀的上下契合度，與現場作業人員個人的組織承諾（組織認同、留職意願）具有正向關係。

H_{3b}：外部適應之組織價值觀的上下契合度，與現場作業人員個人的組織公民行為（利他行為、良心行為）具有正向關係。

H_{3c}：外部適應之組織價值觀的上下契合度，與現場作業人員個人的工作績效具有正向關係。

另外三個假說則是與專業職員有關的：

H_{3d}：外部適應之組織價值觀的上下契合度，與專業職員個人的組織承諾（組織認同、留職意願）不具正向關係。

H_{3e}：外部適應之組織價值觀的上下契合度，與專業職員個人的組織公民行為（利他行為、良心行為）不具正向關係。

H_{3f}：外部適應之組織價值觀的上下契合度，與專業職員個人的工作績效不具正向關係。

總之，過去對上下組織價值觀契合度與個人效能關係的相關研究不但非常少，而且僅有的類似研究仍然存有方法上的問題。例如 Posner, Kouzes, & Schmidt（1985）與 Enz（1986）在探討上下價值觀一致性與個人效能或部門權力的關係時，都直接要求受試者說明其價值觀是否與上級類似，並讓受試者直接填答個人效能等效標變項，因而產生知覺與知覺膨脹（percept-percept inflation）的謬誤（Crampton & Wagner, 1994）是不可避免的，而無法掌握上下價值觀契合度與個人效能的確切關係。有鑑於此，本研究將同時蒐集經營主管、專業職員、及現場作業人員的組織價值觀資料，再掌握專業職員與現場作業人員組織承諾、組織公民行為、及工作績效等個人效能指標，進行假說的驗證，以釐清上下組織價值觀契合度的真實效果。

方　　法

受試者

本研究以一家大型的跨國公司為對象，此公司在台灣的員工大約 8500 人，年營業額大約新台幣 500 億左右。參與研究的經營層主管（即經理級以上）有 170 人，分別來自各個不同功能部門。專業職員有 332 人，真正列入資料分析者有 261 人，佔 78.61% 。所有的專業職員當中，依工作性質區分，生產佔 13.00%、工程佔 41.90%、管理佔 25.60%、後勤佔 13.90% 、業務佔 5.70% ；依年齡區分，30歲以下佔 11.94%、31－35歲佔 31.34%、36－40歲佔 28.36%、41－45歲佔 17.31%、46歲以上佔 11.04%；依年資區分， 3 年以下佔 25.83%、3－5 年佔 19.82%、5－10 年佔 27.63%、10 年以上佔 26.72%；依級職區分，七級佔 22.50%、八級佔 15.6%、九級佔 62.00%。此外，專業職員大多爲男性（佔 90.96%）、教育程度在大專以上（佔 96.10%）。

參與研究之現場作業人員有 482 人，真正列入資料分析者有 335 人，佔 69.50%。所有的現場作業人員當中，生產佔 71.70%，其他工程或後勤支援人員佔 28.30%；年齡在 30 歲以下者佔 41.94%、31－35 歲佔 24.17%、36－40 歲佔 16.53%、41－45 歲佔 11.57%、46 歲以上者佔 5.79%；年資在 3 年以下者佔 30.62%、3－5 年佔 12.92%、5－10 年佔 23.44%，10 年以上者佔 33.01%；級職爲一級者佔 7.10%、二級佔 18.80%、三級佔 28.40%、四級佔 16.50%、五級佔 13.20%、六級佔 16.0%；男性佔 52.66%、女性佔 47.34%；教育程度在國中以下者佔 31.25%、高中（職）佔 57.08%、專科佔 11.67%。

研究工具

預測變項。本研究的預測變項－上下組織價值觀契合度是同時測量經營層主管、專業職員、及現場操作人員的組織價值觀後，再計算專業職員與經營層主管、現場操作人員與經營層主管之組織價值觀的 Hamming 相對距離而得。組織價值觀的測量是以組織文化價值觀量表爲主。本量表乃由鄭伯壎（1990）編製而成，包括社會責任、敦親睦鄰、顧客取向、科學求真、正直誠信、表現績效、卓越創新、甘苦與共、及團隊精神等九個向度，主要是測量受試者同意組織強調各向度題目內容的程度，並以李克特四點量尺來回答。此量表各向度分量表的信度 Cronbach's α 在.70 與 .89 之間。上述組織價值觀的九大向度，經過因素分析之後，可以得到兩個清楚的次級向度，即外界適應價值：包括社會責任、敦親睦鄰、顧客取向、及科學求真；與內部整合價值：包括正直誠信、表現績效、卓越創新、甘苦與共、及團隊精神。蒐集了組織價值觀的資料之後，先求得經營層主管在各向度題目得分平均數，做爲經營層主管之共享組織價值觀之指標。接著再計算各專業職員、現場操作人員之組織價值觀得分與經營層主管平均之差絕對值，即所謂的 Hamming 相對距離。由於差絕對值與差距平方對效標變項的預測效果差距不大（鄭伯壎，1993），因此，只以差絕對值做爲契合度之指標。

效標變項。組織承諾的測量主要是採楊國樞與鄭伯壎（1987）修正自 Mowday、Porter 及 Steers（1982）的組織投注量表爲工具，掌握組織認同與留職意願兩類因素，其信度 Cronbach's α 分別爲 .87 與 .80。組織公民行爲的測量，則以 Smith, Organ 及 Near（1983）發展的組織公民行爲量表（Organizational Citizenship Behavior）爲工具，測量利他行爲（altruism）及良心行爲（generalized compliance）兩類行爲。就前者而言，是指組織成員會主動協助他人，幫助組織達成目標，其信度 Cronbach's α 爲 .91；就後者而言，則指一位標準的員工能夠遵守規定，服從公司內部的規範，在準時上班、出席率、打電話、休假、休息、與同事交談等方面，符合工作單位的要求，此因素的信度 Cronbach's α 爲 .81 。顯然地，前者亦可稱爲利於他人的公民行爲（OCBIs ），後者則爲利於組織的公民行爲（OCBOs）（Werner, 1994）。過去對此量表因素分析的研究，亦證實了此兩個因素是明顯存在的（如鄭伯壎，1993；Organ, 1988）。除了上述兩大類效能指標之外，亦加入了一般績效（general performance）的向度，包含工作品質、工作效率、及工作表現等三個題目，做爲個人工作績效的指標，此向度的信度爲 .87。

控制變項。爲了探討上下組織價值觀契合度與個人效能的確切效果，本研究以受試者個人的年齡、工作性質、年資、級職做爲控制變項。

研究步驟

在選擇樣本時，主要是依據級職的高低，分別選擇屬於經營主管、專業職員、及現場作業人員的受試者，由於經營層主管較少，選擇的人數比例較高（約 50%），其次爲專業職員（約 20%），而現場操作人員選取的人數比例較低（約 8%），這些受試者是儘量透過隨機抽樣選擇的，但也由於有些被抽中的受試者因爲工作因素或個人因素無法填答，而改由同單位的人員替代的。在選取樣本之後，研究者分赴各公司施測或委託公司的有關部門施測，施測時，除了少部份受試者因爲業務繁忙，攜回填答，再行繳交之外，大多是採團體施測（group test）方式，將受試者集中一處填答問卷。填答問卷時，經營主管填寫組織文化價值觀量表，而專業職員與現場操作人員則除了填寫組織文化價值觀量表之外，亦填答組織承諾、組織公民行爲、一般績效、及背景資料的量表。填寫完畢之後，則直接由研究者或受託人員收回。資料蒐集完畢之後，進行廢卷處理工作，將明顯不合作者，包括空白過多、反應趨勢（response set）明顯的問卷捨棄不用。

統計分析

爲了計算上下組織價值觀契合度的指標，本研究首先求得經營層主管的組織價值觀各題的平均數，再計算每位專業職員、現場操作人員各題得分與各題平均數的差絕對值，並將外部適應與內部整合價值觀兩向度各題的差絕對值加總。由此得到每位受試者在兩向度上的上下差距絕對值和 $\sum_{i=1}^{n}|D_i|$，作爲契合度的指標。$\sum_{i=1}^{n}|D_i| = \sum_{i=1}^{n}|X_i - \overline{Y_i}|$，其中 D_i 爲差，X_i 爲專業人員或現場操作人員在第 i 題上的得分，$\overline{Y_i}$ 爲經營層主管在 i 題得分的平均數。因此，差絕對值和愈大，表示契合度愈小；差絕對值和愈小，則表示契合度愈大。

接著，再進行上下組織價值觀契合度、個人效能變項、控制變項之相關分析，以掌握各研究變項的關係。爲了進一步瞭解各獨變項對個人效能的效果，針對留職意願、組織認同、利他行爲、良心行爲、及一般績效，分別發展迴歸模式。亦即以上下組織價值觀契合度、個人特性等控制變項爲預測變項，進行區組迴歸分析（blocked regression analysis），分別估算各預測變項對後果變項測的變異數百分比值，以確切掌握上下組織價值觀契合度的確切效果。在 Tsui 與 O'Reilly（1989）的個人與組織價值觀契合度的研究中亦曾做過類似的分析。在本研究中，由於上下組織價值契合度是以差絕對值爲指標的，契合度與後果變項的迴歸係數應該是負的，代表差距大、契合度小，則個人效能較差；反之，差距小、契合度大，則個人效能較佳。此外，也因爲專業職員與現場作業人員的性質差異頗大，可能影響及契合度對個人效能的效果分開來做獨立的統計分析。

最後，在進行專業職員的統計分析時，亦發現上下外部價值觀對利他與良心行爲的迴歸係數竟然是正的，爲了進一步瞭解可能的原因乃以更詳細的九大組織價值觀爲預測變項，進行迴歸分析，並比較經營主管與專業職員在九大價值觀上的平均數差異。

結　　果

現場作業人員的上下契合度與個人效能

表一說明了現場操作人員上下組織價值觀契合度個人特性與員工個人效能能的相關。在測量員工個人效能之各變項間的相關方面，各變項間的相關均顯著大於 0，相關係數在 .12 與 .70 之間。其中留職意

願與組織認同的相關較高，爲 .70，表示組織承諾的兩個因素：留職意

表一 現場人員之各研究變項間的相關（N = 335）

變 項	1	2	3	4	5	6	7	8	9	10
上下組織價值觀差距										
1. 外部適應										
2. 內部整合	.55***									
個人特性										
3 年齡	-.05	.03								
4. 工作	.01	-.05	.06							
5. 年資	.10	.18***	.65***	.09						
6 級職	.08	.12*	.35***	.47***	.39**					
員工效能										
7 留職意願	-.38***	-.48***	.21***	.17**	.14**	.13*				
8. 組織認同	.39***	-.59***	.04	.20***	-.01	.05	.70***			
9 利他行為	-.34***	-.35***	.18***	.1**	.16**	.19***	.37***	.33***		
10 良心行為	-.10	-.09	.06	.14***	.12*	.09	.12*	.16**	.27***	
11 一般績效	-.19***	-.25***	.23***	.14**	.23***	.07	.33***	.31***	.33***	.23***

$p < .05$, ** $p < .01$, *** $p < .001$

願與組織認同，在實徵上不是互相獨立的。其餘各效標變項的相關均在 .37 以下。雖然如此，本研究在進行迴歸分析時，仍然將留職意願與組織認同分開分析，理由在概念上，這兩個因素並非是重複或其中一個因素是多餘的（redundant）（Porter, Steers & Boulian, 1974）。

在各預測變項的相關方面，大部份的相關值都不高，最高者爲年資與年齡之相關（r = .65）、及外部適應與內部整合契合度之相關（r = .55），其餘顯著的四個相關係數都在 .47 以下。顯示應該沒有多元

共線（multicollinerarity）的問題。就各預測變項與個人效能的相關而言，外部適應與內部整合價值之上下契合度，均與個人效能成負相關，表示契合度的差距愈大，員工效能愈低，其中又以留職意願與組織認同的相關較高（r 在 -.38 與-.59 之間，$p < .001$）。其他個人特性變項雖然亦與個人效能有關，但相關係數較小，都在 .23 以下。

表二說明了迴歸分析的結果。所有的五個迴歸分析方式都達顯著水準，表示選擇的預測變項可以有效預測個人效能。首先，以上下內部整合價值契合度來看，在五個個人效能變項當中，除了良心行爲的迴歸加權值未達顯著之外，其餘四個個人效能指標，包括留職意願、組織認同、利他行爲、及一般績效均達顯著，β 值在 -.28（$p < .001$）與 -.53（$p < .001$）之間，解釋的變異量在 6% 與 35% 之間。另外，以上下外部適應價值契合度而言，除了良心行爲與一般績效的迴歸加權值未達顯著之外，其餘留職意願、組織認同、及利他行爲均達顯著，β 值在 -.11（$p < .05$）與-.22（$p < .001$）之間，解釋的變異量在 1% 與 3% 之間。至於個人特性變項對個人效能的預測，除了年齡對各個人效能變項均無顯著效果之外，其餘各個人特性變項對個人效能都或多或少具顯著效果，如工作性質對留職意願、組織認同、良心行爲、及一般績效的預測；年資對留職意願、利他行爲、及一般績效的預測；以及級職對利他行爲的預測。同時，其迴歸係數均爲正向，表示具某種個人特性程度愈高的員工，其個人效能愈高。然而，個人特性對個人效能的解釋、變異量較低，約在 1% 與 8% 之間。

表二　現場人員上下價值觀差距等預測變項與效標變項關係之迴歸分析結果(N = 335)

預測變項	留職意願		組織認同		利他行為		良心行為		一般績效	
	β	$\triangle R^2$	β	$\triangle R^2$	β	$\triangle R^2$	β	$\triangle R^2$	β	$\triangle R^2$
上下組織價值觀差距										
外部適應價值	-.17**	.01	-.11*	.01	-.22***	.03	-.10	-	-.07	-
內部整合價值	-.42***	.23	-.53***	.35	-.28***	.12	-.09	.03	-.29***	.06
個人特性										
年齡	.10	.01	.06	-	.02	-	.05	-	.09	.01
工作性質	.13**	.02	.17***	.03	.03	-	.14*	.02	.10*	.01
年資	.22***	.06	.10	-	.16**	.02	.11	-	.27***	.08
級職	.07	-	.06	-	.18***	.06	.03	-	-.07	-
全部R^2		.33		.39		.23		.05		.17
F		26.68***		35.38***		16.62***		2.76*		10.79***

* $p < .05$, ** $p < .01$, *** $p < .001$

根據上述結果，可以探討假說 2 是否得到支持。假說 2a 認為內部整合組織價值觀的上下契合度與成員個人的組織承諾具有正向關係，在本研究中此假說顯然獲得強力的支持：不管是留職意願、或是組識認同，在控制個人特性變項之後，內部整合之上下契合度，均具有顯著的預測效果，R^2 值分別為 23% 與 35%。

假說 2b 主張內部整合組織價值觀之上下契合度與成員的組織公民行為具有正向關係，此假說只獲得了部份的支持，即在利他行為方面獲得支持，但在良心行為方面，卻無法得到支持。對前者的預測而言，內部整合之上下契合度具有顯著之預測效果，其 R^2 值為 12%；然而對良心行為的預測，上下價值觀契合度雖具正面效果，但效果並不顯著。

假說 2c 認爲內部整合組織價值觀之上下契合度與成員的工作績效具有正向關係，此假說亦獲得了支持：其預測的變異量百分比爲 6%。

以假說 3 來說，假說 3a 主張外部適應價值觀之上下契合度與現場操作人員個人的組織承諾具有正向關係，此假說得到了支持：對留職意願與組織認同而言，外部適應之上下契合度，均具有顯著之預測效果，其 R^2 值則均爲 1%。

假說 3b 主張外部適應之上下契合度與現場人員的組織公民行爲具有正向關係，此假說只獲得了部份的支持：對利他行爲具顯著之預測效果，其 R^2 值爲 3%；但對良心行爲的預測雖具正向效果，但卻不顯著。

假說 3c 認爲外部適應之上下契合度與現場人員的工作績效具有正向關係，此假說並未得到支持，雖然外部適應之上下契合度具正面效果，但關係並不顯著。

綜合上述結果，可以發現，除了良心行爲之外，內部整合價值的上下契合度對其他四種個人效能變項均具有顯著效果，其解釋變異量分別爲留職意願 23%、組織認同 35%、利他行爲 12%、一般績效 6%。而外部適應價值的上下契合度則對留職意願、組織認同、及利他行爲具顯著的預測效果，解釋變異量分別爲 1%、1% 與 3%。顯然地，對組織承諾、一般績效、及利他行爲的預測，內部整合價值觀的上下契合度效果，都要比外部適應價值觀爲大，此結果則支持了假說 1 的看法。

專業職員的上下契合度與個人效能

表三列出了專業職員上下價值觀契合度、個人特性與員工個人效能的相關。在個人效能各變項的相關方面，除了留職意願與組織認同相關較高（$r = .77$）之外，其餘相關均在 .49 以下。此結果頗類似現場工作人員的結果。而在各預測變項的相關方面，除了外部適應與內部整合價值觀的上下契合度相關及年資與年齡的相關較高之外（r 值分別為 .73 與 .61），其餘各變項之相關均在 .48 以下。雖然外部適應與內部整合上下契合度相關頗高，但在概念上卻是完全不同的，而且功能有異（Meglino, *et al*., 1989；Schein, 1985），因此，仍然採兩個變項分開分析的方式。

就各預測變項與個人效能的相關而言，外部適應的上下契合度與留職意願及組織認同具顯著關係，r 值分別爲-.49（$p < .001$）與 -.53（$p < .001$）；內部整合的上下契合度與留職意願、組織認同、利他行爲、及良心行爲均具有顯著關係，r 值分別爲 -.59（$p < .001$）、-.70（$p < .001$）、-.28（$p < .001$）、及-.21（$p < .001$）。至於個人特性變項雖然多少亦與個人效能變項有顯著關係，但 r 值都在 .33 以下。

表三　專業職員之各研究變項間的相關(N=261)

變　項	1	2	3	4	5	6	7	8	9	10
上下組織價值觀差距										
1. 外部適應										
2. 內部整合	.73***									
個人特性										
3. 年齡	-.20***	-.25***								
4. 工作	.01	-.05	-.12*							
5. 年資	-.21***	-.18***	.16***	-.04						
6. 級職	-.25***	-.31***	.48***	.07	.34***					
員工效能										
7. 留職意願	-.49***	-.59***	.33***	.00	.22***	.19***				
8. 組織認同	-.53***	-.70***	.22***	.14*	.18**	.23***	.77***			
9. 利他行為	-.12*	-.28***	.03	.08	-.03	.15**	.30***	.43***		
10. 良心行為	-.08	-.21***	.11	.10	.03	.12*	.32***	.36***	.49***	
11. 一般績效	-.02	-.04	-.01	.18**	-.02	.14*	.09	.17**	.34***	.39***

* $p < .05$, ** $p < .01$, *** $p < .001$

表四列出了專業職員的迴歸分析結果，所有的五個迴歸分析方程式均達顯著水準，解釋的變異量在 5% 與 50% 之間。在五個個人效能的指標中除了工作績效之外，內部整合價值觀的上下契合度均具有顯著的預測效果：其中留職意願的迴歸係數爲 -.54（$p < .001$），解釋變異量爲 35%；組織認同的迴歸係數爲 -.69（$p < .001$），解釋變異量爲 49%；利他行爲的迴歸係數爲 -.41（$p < .001$），解釋變異量爲 8%；良心行爲的迴歸係數爲 -.21（$p < .001$），解釋變異量爲 4%。顯示假說 H_{2a} 、H_{2b} 均得到支持，而 H_{2c} 則未得到支持。

表四　專業職員上下價值觀等距預測變項與效標變項關係之迴歸分析結果（N = 335）

預測變項	留職意願 β	留職意願 $\triangle R^2$	組織認同 β	組織認同 $\triangle R^2$	利他行為 β	利他行為 $\triangle R^2$	良心行為 β	良心行為 $\triangle R^2$	一般績效 β	一般績效 $\triangle R^2$
上下組織價值觀差距										
外部適應價值	-.10	.02	-.05	-	.18*	.02	.11	.03	.01	-
內部整合價值	-.54***	.35	-.69***	.49	-.41***	.08	-.21***	.04	.01	-
個人特性										
年齡	.19***	.03	.11*	.01	-.05	-	.06	-	-.07	-
工作性質	-.00	-	.09	-	.06	-	.09	-	.17**	.03
年資	.00	-	.07	-	-.08	-	-.01	-	-.06	-
級職	-.10	-	.01	-	.07	-	.06	-	.13*	.02
全部R^2		.40		.50		.11		.07		.05
F		27.96***		43.08***		5.35***		3.16**		2.32***

* $p < .05$, ** $p < .01$, *** $p < .001$

就外部適應價值觀的上下契合度效果而言，則只有對利他行爲具顯著效果，迴歸係數爲 .18（$p < .05$），解釋變異量爲 2%。至於個人特性的預測，雖然年齡對留職意願、組織認同的預測、及工作性質、級職對一般績效的預測達顯著效果，但解釋變異量並不高，只在 1% 與 3% 之間。顯然地，除了一般績效之外，對個人效能的預測，仍以內部整合價值觀的上下契合度的效果最佳，此結果亦支持了假說 1 的主張。此外，對專業職員而言，外部適應價值上下契合度的正面效果並不顯著，因此，假說 H_{2a}、H_{2b}、H_{2c} 也都得到支持。

值得注意的是，外部整合價值觀的上下契合度對利他行爲或良心行爲等組織公民行爲的迴歸分析係數爲正號，表示契合度差距越大，個人的利他行爲與良心行爲也越高，這顯然違背契合論的推測。經過進一步的分析之後，發現正向的迴歸係數是因爲專業職員的外部適應價值顯著高於經營層主管造成的，表示當專業職員的外部適應價值較高時，其利他行爲與良心行爲較高。根據上述發現，說明了外部適應契合度與個人效能的關係，會受到階層次文化之影響。

爲什麼當專業職員的外部適應價值高於經營層主管時，其組織公民行較高的問題，並未能從上述分析中得到圓滿的解答。也許外部適應價值的某種成份或因素，才是造成組織公民行爲高的主因，因此，有必要以九大組織價值觀，即社會責任、敦親睦鄰、顧客取向、科學求真（**以上為外部適應價值**）、正直誠信、表現績效、卓越創新、甘苦與共及團隊精神（**以上為內部整合價值**）爲預測變項，進行相關與迴歸分析。相關分析結果，如**表五**所示。由**表五**可知，除了社會責任價值觀的上下差距與助人行爲、良心行爲、及一般績效等三個相關係數爲正號之外，其餘 42 個相關均爲負號。顯示社會責任價值觀的上下差距愈大，助人行爲、良心行爲、及一般績效愈高。

進一步的迴歸分析結果，如**表六**所示。由**表六**可知，以留職意願而言，以敦親睦鄰、表現績效、及卓越創新的上下契合度差距具有顯著的預測效果，其迴歸加權值分別爲 -.14（$p < .01$）、-.38（$p < .001$）、及 -.18（$p < .01$），解釋變異量百分比分別爲 2%、32%、及 3%，合計上下價值觀差距可以解釋 37% 的變異量。個人特性變項中，只有年齡具顯著預測效果，迴歸加權值爲 .20（$p < .001$），解釋 4% 的變異量。

表五　專業職員九種價值觀的上下差距與其他各研究變項的相關(N = 261)

變　項	1	2	3	4	5	6	7	8	9	10	11	12	13	14	15	16	17
上下組織價值觀差距																	
1. 社會責任																	
2. 敦親睦鄰	.26***																
3. 顧客取向	.08	.26**															
4. 科學求真	.29***	.20***	.34***														
5. 正直誠信	.41***	.21***	.33***	.55***													
6. 表現績效	.33***	.26***	.42***	.53***	.66***												
7. 卓越創新	.42***	.27***	.44***	.61***	.67***	.59***											
8. 甘苦與共	.39***	.38***	.37***	.58***	.68***	.71***	.71***										
9. 團隊精神	.30***	.30***	.39***	.59***	.55***	.72***	.58***	.72***									
個人特性																	
10. 年齡	-.16**	-.04	-.20***	-.13*	-.11	-.24***	-.19***	-.22***	-.27***								
11. 工作性質	-.04	-.05	.14*	-.02	-.04	-.03	-.03	-.09	-.02	-.12							
12. 年資	-.18**	-.01	-.15**	-.18***	-.10	-.14*	-.22***	-.12*	-.20***	.61***	-.04						
13. 級職	-.23***	-.12*	-.04	-.25***	-.21***	-.32***	-.19**	-.29***	-.31***	.48***	.07	.34***					
員工效能																	
14. 留職意願	-.29***	-.30***	-.33***	-.38***	-.46***	-.57***	-.48***	-.53***	-.47***	.33***	.00	.22***	.19***				
15. 組織認同	-.30***	-.28***	-.35***	-.45***	-.55***	-.62***	-.59***	-.61***	-.80***	.22***	.14*	.18**	.23***	.77***			
16. 助人行為	.10	-.04	-.16**	-.22***	-.21***	-.23**	-.22***	-.24***	-.32***	.03	.08	-.03	.15**	.30***	.43***		
17. 良心行為	.14*	-.03	-.16**	-.18***	-.16**	-.13*	-.22***	-.19**	-.16**	.11	.10	.03	.12*	.32***	.36***	.49***	
18. 一般績效	.17**	-.05	-.10	-.08	-.01	-.00	-.10	-.01	-.02	-.01	.18**	-.02	-.14*	.09	.17**	.34***	.39***

* $p < .05$, ** $p < .01$, *** $p < .001$

表六　專業職員上下價值觀差距與個人特性對部屬效能之迴歸分析（N = 335）

預測變項	留職意願		組織認同		利他行為		良心行為		一般績	
	β	$\triangle R^2$	β	$\triangle R^2$	β	$\triangle R^2$	β	$\triangle R^2$	β	$\triangle R^2$
上下組織價值觀差距										
社會責任	-.02	–	-.03	–	.22***	.04	.31***	.06	.30***	.03
敦親睦鄰	-.14**	.02	-.08	–	.02	–	-.00	–	-.06	–
顧客取向	-.01	–	-.05	–	-.04	–	-.04	–	-.07	–
科學求真	-.03	–	.01	–	-.08	–	-.05	–	-.01	–
正直誠信	-.08	–	-.09	–	-.11	–	-.06	–	.07	–
表現績效	-.38***	.32	-.27***	.08	-.04	–	-.00	–	.10	–
卓越創新	-.18**	.03	-.29***	.08	-.12	–	-.33***	.05	-.19**	.04
甘苦與共	-.08	–	-.08	–	-.08	–	-.06	–	.12	–
團隊精神	.02	–	-.23***	.02	-.38***	.10	-.03	–	.08	–
個人特性										
年齡	.20***	.04	.07	–	.05	–	.04	–	-.08	–
工作性質	.00	–	.12**	.02	.09	–	.10	–	.17**	.03
年資	.00	–	.05	–	-.07	–	-.03	–	-.06	–
級職	-.12	–	.01	–	.09	–	.13*	.02	.16**	.02
全部 R^2		.43		.51		.19		.16		.16
F		14.12***		19.79***		4.34***		3.55***		3.58***

* $p < .05$, ** $p < .01$, *** $p < .001$

以組織認同而言，以表現績效、卓越創新、及團隊精神之上下契合度差距具顯著之預測效果，其迴歸加權值分別為-.27（$p < .001$）、-.29（$p < .001$）、及 -.23（$p < .001$），解釋變異量百分比為 38%、8%、2%，合計可以解釋 48% 的變異量。另外，工作性質亦具有顯著預測效果，其迴歸加權值為 .12（$p < .01$），可以解釋 2% 的變異量。綜合上述分

析，就對員工個人的組織承諾而言，以內整合價值中的表現績效上下契合度最具預測力，可以解釋留職意願 32% 的變異量與組織認同 38% 的變異量，至於個人特性的解釋力並不大，只有 4% 與 2%。

就利他行爲而言，以團隊精神、社會責任的上下契合度差距具有顯著的預測效果，其迴歸加權值分別爲 -.38（$p < .001$）、及 .22（$p < .001$），解釋變異量百分比分別爲 10% 與 4%。就良心行爲而言，以社會責任、卓越創新具顯著預測效果，迴歸加權值分別爲 .31（$p < .001$）、-.33（$p < .001$），解釋變異量百分比分別爲 6% 與 5%。此外，級職亦具有顯著預測效果，迴歸加權值爲 .13（$p < .05$），解釋變異量百分比爲 2%。就一般績效而言，以社會責任及卓越創新具顯著預測效果，迴歸加權值分別爲 .30（$p < .001$）及 -.19（$p < .01$），解釋變異量百分比分別爲 3% 與 4%。此外，工作性質與級職亦有顯著效果，其迴歸加權值爲 .17（$p < .01$）與 .16（$p < .01$），解釋變異量百分比爲 3% 與 2%。上述結果顯示了組織價值觀上下契合度對組織公民行爲及一般績效仍然具有較大的預測效果，而個人特性的效果則較微不足道。

在上述結果中，特別值得強調的是，雖然社會責任契合度對公民行爲（利他行為、良心行為）、及一般績效具有顯著的預測效果，但方向卻與契合論所預測者相反：當契合度差距越大時，三種個人效能亦較高。經過進一步分析之後，發現專業職員的社會責任價值觀顯著地高於經營主管，顯示契合度差距大表示受試者的社會責任價值觀較高，因此，對利他行爲、良心行爲、及一般績效具有正面效果，應該是可以理解的。此一發現亦說明了，對社會責任價值觀與個人組織公民行爲或一般績效的關係而言，優勢組織文化假說（strong organizational culture hypothesis）較獲得支持，而文化契合度假說（cultural fit hypothesis）則不獲得支持 (1)。但對表現績效、卓越創新、團隊精神、及敦親睦鄰等其他組織價值觀而言，則還是支持契合度的主張。

總結而言，本研究獲得以下的結果，第一、除了個人的一般績效之外，組織價值上下契合度對其他四種個人效能指標（留職意願、組織認同、利他行為、良心行為）的預測，效果都比個人特性變項要高。第二、不管是現場操作人員或是專業職員，內部整合價值觀的上下契合度對組織承諾、組織公民行爲都有很高的預測效果，契合度越高，則個人的組織承諾與角色外行爲越強。第三、外部適應價值觀的上下契合度與個人效能的關係較爲複雜：對現場操作人員而言，契合度具有正面效果，契合度愈高，則留職意願、組織認同、及助人行爲越高。但對專業職員的組織公民行爲而言，此效果爲負面。經過進一步分析之後，發現外部適應中的社會責任是重要關鍵：由於專業職員的社會責任價值顯高於經營主管，契合度差距大，代表專業職員的社會責任較高。因此，契合度差距越高，則社會責任越高，而使得專業職員的助人行爲與良心行爲也較高。此結果說明了社會責任價值觀與專業職員個人的角色外行爲有相當直接的關係。

討　論

本研究證實了組織文化價值觀上下契合度對瞭解組織成員個人效能的重要性。研究者發現了即使控制組織成員個人特性的影響力，組織價值觀的上下契合度，對個人效能仍然具有極爲顯著的影響效果。尤其是對內部整合價值觀而言，不管是現場作業人員或是專業職員，上下契合度對組織認同、留職意願等組織承諾變項、及助人行爲、良心行爲等組織公民行爲變項，均具有十分顯著的效果，其中對組織承諾的效果更是十分顯著，解釋變異量的百分比在 23% 與 49% 之間，而組織成員的背景特性只有具有 1% 至 9% 的效果。此結果顯然十分支持 Meglino 等人（1989）的主張：由於內部整合價值觀是與人際關係有關的，因此與其他成員一致，將有助於組織承諾的提高。

至於對組織公民行爲的效果，除了現場操作人員之良心行爲不顯著之外（雖然不顯著，但其 β 值為 -.09，可以解釋 3% 的變異量），其餘上下內部整合價值觀對利他行爲、良心行爲均具顯著之預測效果，且效果亦較個人特性變項爲高。可見內部整合之上下契合度對組織公民行爲的預測亦的確比個人特性重要。事實上，Organ（1988）在建構組織公民行爲理論時，即宣稱組織文化與組織公民行爲具有十分密切的關係，當組織成員接受公司的組織文化、個人價值與組織價值一致時，個人的角色外行爲表現較佳。對內部整合價值觀而言，此一說法獲得了證實。從另一個角度來看，由於組織文化的衍生，通常是經營層爲因應組織環境變化所導致的（Gordon, 1991），內部整合價值觀上下契合度正說明了組織基層或專業員工的價值知覺與公司組織文化一致的事實，也因此而能提高個人效能。

對一般績效的預測，內部整合價值上下契合度的效果較爲分歧，對現場作業人員具顯著效果，但對專業職員卻不顯著，且效果都顯然低於個人特性變項，顯示契合度與一般績效的關係似乎不特別密切。可能的解釋是工作績效受限於工作者個人的能力，如果能力不高，則即使因上下契合度高而提高員工個人的工作動機，也是無濟於事的（Porter & Lawler, 1968）。從以上的討論可以看出，內部整合上下契合度對個人效能的主要功能，是在提高組織承諾與角色外行爲上，而非對工作績效具有直接的效果。

至於外部適應價值之上下契合度與個人效能關係之探討，結果亦頗爲複雜。以現場操作人員而言，外部適應契合度對組織承諾、助人行爲的預測雖然效果不大，但仍然顯著，解釋變異量在 1% 與 3% 之間。但以專業職員而言，則對組織承諾效果不大，而且對助人行爲有與預測相反之顯著結果。經過細部分析之後，發現社會責任價值是造成結果相反的主因：當組織成員知覺到的社會責任價值比經營層高時，專業職員的組織公民行爲較高。這個結果說明了：第一、上下契合度與個人效能的關係，顯然會因爲組織價值觀的內容而有所差異。本研究中，內部整合與外部適應價值的上下契合度所造成的影響效果是不同的。因此，對

O'Reilly 等人（1991）所主張的「契合度與個人效能的穩定關係不受價值內容影響」之論點應該有所保留。第二、上下契合度與個人效能之關係，亦會受限於成員的角色與階層，而有不同的結果。以現場人員來說，契合度假說似乎可以得到支持：當上下組織價值觀契合度時，個人的效能亦較高。但以專業職員而言，社會責任價值觀與個人組織公民行爲關係，卻反映了優勢價值假說（strong value hypothesis）的主張：當知覺到之社會責任價值高時，個人的角色外行爲較高；而非個人的社會責任價值與上司一致時，個人的角色外行爲較高。可見優勢文化假說與文化契合假說各有其適用的範圍與限制，值得針對此一爭論做更進一步的探討。第三、如果社會責任組織價值觀與成員個人組織公民行爲的關係是正面的，則代表了組織內的社會責任價值觀具有促進成員表現角色外行爲的功能，並進而提高組織效能。此一結果對目前社會責任的爭論殊具意義，值得做進一步的討論。

社會責任是指企業組織有義務制定有利於社會目標與價值的政策，做出有利於社會目標與價值的決策與行動（Bowen, 1953）。企業是否必須以社會責任做爲其目標，是見仁見智的問題。反對者認爲，從經營層面來看，如果企業組織以追求社會責任爲職志，而忽略了利潤極大化的正業，將削減市場機制的效率，並誤導了資源的運用。從法律層面來看，企業經營者爲股東的法定代理人，其唯一的任務是使股東的財務利潤極大化。如果經營者不務正業，以追求社會責任爲標的，就如同偷竊一樣。因此，談社會責任是沒有意義的（Friedman, 1970；Levitt,

1958）。然而贊成者卻主張：企業組織善盡企業責任是比較道德的作法，既然企業組織擁有許多資源，就應該貢獻部份資源，負起社會公民的責任，使社會更爲美好。另外，更實際的，負起社會責任也是一種開明的自利（enlightened self-interest），對公司具有長期的利益，不但可以提高公司的形象、吸引更多傑出的人才、促進技術的發展、而且亦可發現有利可圖的市場機會（Davis, 1973）。

顯然地，本研究的結果可以消弭此一紛爭：由於社會責任的組織價值，有助於成員角色外行爲的提升，而可進一步提高工作績效，因此，善盡企業公民的責任不但不見得會降低企業利潤的極大化，甚且因爲組織成員的互相幫助、忠於組織，而可發揮更高的工作效能，而有助於利潤極大化的達成，也當然可以對股東有所交待。可見社會責任的效果，不能光從表面的經濟因素來考慮，而需要注意到其對組織成員工作行爲的影響。因此，開明自利的說法是比較站得住腳的。

對目前組織文化與領導的研究而言，本研究雖然有其限制，但仍有一些重要的啓示：首先本研究將組織價值的概念擴充至不同的組織層面，而非像過去一樣，只限於組織或個人；契合度的想法可以用來說明不同組織層級之組織價值的差異，而非只在人與工作、人與職業、人與組織契合的概念上打轉。對未來探討組織內部的社會關係（social relationship）時，本研究將可提供參考。

本研究也證實了，在預測組織成員的組織承諾與角色外行爲時，組織價值的效果要遠較個人特性爲大，顯示組織文化或價值對個人效能的確有其不可抹煞的功用。當成員的內部整合組織價值與經營層一致時，成員較可能會去效忠組織，而不會到處流動。過去對組織承諾或組織公民行爲的研究（如 Porter, *et al.*, 1974；Organ, 1988），都忽略了此種組織價值的重要性。同時，此一研究結果亦凸顯了上下價值觀契合或一致性與個人效能的重要效果，這對領導研究具有十分深遠的意義。以前的領導效能的研究常將焦點放在領導者特質、行爲與工作特性或部屬成熟度的契合（如鄭伯壎與任金剛，1987；Hersey & Blanchard, 1977；Fiedler, 1967；House, 1971）或是領導者價值觀、領導方式及部屬效能的關係（如 Gordon, 1963；Pierson, 1984）上，而忽視了上下價值觀契合度所彰顯的重要效果。未來的研究可以將焦點集中在對偶互動（dyadic interaction）或角色取得（role taking）的歷程上，運用上下價值觀契合度的概念，進一步檢視領導者與部屬價值契合的影響。

在論及契合度與個人效能的關係時，本研究曾採用相似－吸引典範（similarity-attraction paradigm）的主張，認爲價值的相似性有助於互動的雙方提高相互的吸引力、易於溝通、容易預測、降低角色衝突與模糊性，並間接影響了組織成員的工作滿足感與組織承諾。本研究雖然探討了價值觀契合度與個人效能的關係，但卻未能探討契合度與吸引力或其他相關中介變項的直接效果。過去，雖然也有研究探討知覺相似性與角色衝突、角色模糊間的直接關係（如 Turban & Jones, 1988），但研究仍屬鳳毛麟角。因此，更仔細地去探討價值契合與個人效能的連結歷程或相關中介因素的影響仍有其必要。準此而言，本研究應具有拋磚引玉的作用。

在實際應用上，本研究的發現可提供實務工作者兩類重要的意涵。一類是與價值共識（value consensus）有關的；另一類則與社會責任有關。就前者而言，顯然地，內部整合價值的上下契合對成員個人的組織承諾、角色外行爲具有重要效果，因此，經營層主管不能忽略上下之間價值共識建立的重要性，對於價值相左或價值不一致的員工應該增加溝通頻數、或透過組織社會化的歷程，拉近彼此間的價值差距。尤其對離職率居高不下的單位而言，內部整合價值共識的建立，應可發揮改善離職率之立竿見影的效果。就後者而言，本研究發現社會責任對白領專業職員而言，具有提高其角色外行爲與工作績效的效果。顯示追求社會責任會降低組織利潤或降低組織效能的說法，是靠不住的。企業能夠善盡社會公民的責任、適切地關切社會、國家的福祉，實可間接提高專業職員的工作效能，並進而提昇組織效能。因此，關切社會、造福社會應是企業主持人在型塑組織文化時，所不能輕言放棄的主要價值。

註 (1)優勢文化假說認爲當組織擁有某種清晰可辨的優勢文化時，組織效能或成員效能較佳，而不受其他情境因素的影響（如 Deal & Kennedy，1982；Kotter & Heskett, 1992；Peters & Waterman, 1982）；然而，文化契合度假說卻主張：組織文化需與情境相契合，才有可能提高組織效能或成員效能，情境因素是十分重要的，不能忽略（如 Quinn & McGrath, 1985）。

參考文獻

丁虹（1987）：＜企業文化與組織承諾之關係研究＞。國立政治大學企業管理研究所博士論文。

楊國樞、鄭伯壎（1987）：＜傳統價值觀、個人現代性及組織行為：後儒家假說的一項微觀驗證＞。《中央研究院民族學研究所集刊》，64 期, 1-49 頁。

鄭伯壎（1990）：＜組織文化價值觀的數量衡鑑＞。《中華心理學刊》，32 卷, 31-49 頁。

鄭伯壎（1993）：＜組織價值觀與組織承諾、組織公民行為、工作績效的關係：不同加權模式與差距模式之比較＞。《中華心理學刊》，35 卷, 43-58 頁。

鄭伯壎、任金剛。（1987）。＜主動結構領導行為與部屬的工作績效及上司滿足感：Hersey 與 Blanchard 之情境領導論的驗證＞。《中華心理學刊》， 29 卷, 1-10 頁。

鄭伯壎、郭建志（1993）：＜組織價值觀與個人工作效能：符合度研究途徑＞。《中央研究院民族學研究所集刊》， 75 期, 69-103 頁。

Allen, R.F., & Dyer, F.J. (1980). A tool for tapping the organizational unconscious. **Personnel Journal**, 192-199.

Bass, B.M. (1990). **Bass and Stogdill's handbook of leadership：Theory, research, and managerial applications** (3rd ed.). New York：Free Press.

Bowen, H.R. (1953). **Social responsibilities of the businessman.** New York：Harper & Row.

Cascio, W.F. (1991). **Applied psychology in personnel management.** Englewood Cliffs, NJ: Prentice-Hall.

Chatman, J.A. (1988). Improving interactional organizational research：A model of person-organization fit. **Academy of Management Review, 14(3)**, 333-349.

Crampton, S.M., & Wagner Ⅲ, J.A. (1994). Percept-percept inflation in microorganizational research：An investigation of prevalence and effect. **Journal of Applied Psychology, 79(1)**, 67-76.

Davis, K. (1973). The case for and against business assumption of social responsibilities. **Academy of Management Journal, 16(3)**, 312-322.

Deal, T.E., & Kennedy, A.A. (1982). **Corporate cultures.** Reading, MA: Addison-Wesley.

Edward, J.R. (1991). Person-job fit： A conceptual integration, literature review, and methodological critique. **International Review of Industrial and Organizational Psychology**, 6, 283-357.

Enz, C. (1986). **Power and shared value in the corporate culture.** Ann Arbor, MI：UMI Research Press.

Fiedler, F.E. (1967). **A theory of leadership effectiveness.** New York：Academic Press.

Friedman, M. (1970, September 13). The social responsibility of business is to increase profits. **New York Time Magazine**, p.30.

Gordon, G.G. (1991). Industry determinants of organizational culture. **Academy of Management Review, 16(2)**, 396-415.

Gordon, L.V. (1963). **Gordon Personal Inventory：Manual.** New York：Harcourt, Brace & World.

Hersey, P., & Blanchard, K.H. (1977). **Management of organizational behavior** (3rd ed.). Englewood Cliffs, N.J.：Prentice-Hall.

Hofstede, G., Neuijen, B., Ohayv, D.D., & Sanders, G. (1990). Measuring organizational cultures：A qualitative and quantitative study across twenty cases. **Administrative Science Quarterly, 35,** 286-316.

House, R.J. (1971). A path-goal theory of leader effectiveness. **Administrative Science Quarterly, 16,** 321-339.

Jones, G.R. (1983). Transaction costs, property rights, and organizational culture：An exchange perspective. **Administrative Science Quarterly, 28,** 454-467.

Joyce, W., & Slcum, J. (1984). Collective climate：Agreement as basis for defining aggregate climates in organizations. **Academy of Management Journal, 27,** 721-742.

Katz, D., & Kahn, R.L. (1978). **The social psychology of organizations.** New York：Wiley

Kluckhohn, C.K.M. (1951). Value and value organization in the theory of action：An exploration in definition and classification. In T. Parsons & E.A. Shils (Eds.), **Toward a general theory of action.** Cambridge, MA：Harvard University Press.

Kotter, J.P. & Heskett, J.L. (1992). **Corporate culture and performance.** New York: Free Press.

Levitt, T. (1958). The dangers of social responsibility. **Harvard Business Review, 35,** 41-50.

Lincoln, J.R., & Miller, J. (1979). Work and friendship ties in organizations：A comparative analysis of relational networks. **Administrative Science Quarterly,** 24, 181-199.

Lofquist, L., & Dawis, R.C. (1969). **Adjustment to work.** New York：Applenton-Century-Crofts.

Martin, J. (1992). **Cultures in organizations：Three perspectives.** New York：Oxford University Press.

Meglino, B.M., Ravlin, E.C., & Adkins, C.L. (1989). A work values approach to corporate culture：A field test of the value congruence process and its relationship to individual outcomes. **Journal of Applied Psychology, 74(3),** 424-432.

Mowday, R.T., Porter, L.W., & Steers, R.M. (1982). **Employee-organization linkages.** New York：Academic Press.

O'Reilly Ⅲ, C.A. (1989). Corporate, Culture and Commitment：Motivation and social control in organizations. **California Management Review, 31(4)**, 9-25.

O'Reilly Ⅲ, C.A., Chatman, J.A., & Caldwell, D. (1991). People and organizational culture：A profile comparison approach to assessing person-organization fit. **Academy of Management Journal, 34(3)**, 487-516.

Organ, D.W. (1988). **Organizational citizenship behavior：The good soldier syndrome.** Lexington, MA：Lexington Books.

Ouchi, W.G. (1981). **Theory Z.** Reading, MA：Addison-Weslry.

Ouchi, W. & Wilkins, A. (1985). Organizational culture. **Annual Review of Sociology, 11**, 457-483.

Peters, T.J., & Waterman, R.H. Jr. (1982). **In search for excellence.** New York：Harper & Row.

Pierson, S.F. (1984). Leadership styles of university and college counsel center directors：Perspectives from the field. **Dissertation Abstracts International, 45(2A)**, 418.

Porter, L.W., & LawlerⅢ, E.E. (1968). **Managerial attitudes and performance.** Homewood, IL：Irwin.

Porter, L.W., Steers, R.M., & Boulian, R.V. (1974). Organizational commitment, job satisfaction and turnover among psychiatric technicians. **Journal of Applied Psychology, 19,** 475-479.

Posner, B.Z., Kouzes, J.M. & Schmidt, W.H. (1985). Shared values make a difference：An empirical test of corporate culture. **Human Resource Management, 24,** 293-309.

Quinn, R.E. & McGrath, M.R. (1985). The transformation of organizational cultures：A competing values perspective. In P.J. Frost, L.F. Moore, M.L. Louis, C.C. Lundberg, & J. Martin (Eds.), **Organizational culture.** Beverly Hills, CA：Sage.

Rousseau, D. (1990). Normative beliefs in fund-raising organizations：Linking culture to organizational performance and individual responses. **Group and Organization Studies, 15(4),** 448-460.

Salancik, G., & Pfeffer, J. (1977). An examination of need-satisfaction models of job attitudes. **Administrative Science Quarterly, 22,** 427-456.

Salancik.G., & Pfeffer, J. (1978). A social information processing approach to job attitudes and task design. **Administrative Science Quarterly, 23,** 224-253.

Schein, E.H. (1985). **Organizational culture and leadership.** San Francisco：Jossey-Bass.

Schein, E.H. (1991). **Organizational culture and leadership (2nd ed.).** San Francisco：Jossey-Bass.

Smircich, L. (1983). Concepts of culture and organizational analysis. **Administrative Science Quarterly, 28,** 339-359.

Smith, C.A., Organ, D.W., & Near, J.P. (1983). Organizational citizenship behavior：Its nature and antecedents. **Journal of Applied Psychology, 68,** 653-663.

Staw, B.M., & Ross, J. (1985). Stability in the midst of change：A dispositional approach to job attitudes. **Journal of Applied Psychology, 70,** 469-480.

Terberg.J.R. (1981). Interactional psychology and research on human behavior in organizations. **Academy of Management Review, 6,** 569-576.

Tom, V. (1971). The role of personality and organizational images in the recruiting process. **Organizational Behavior and Human Performance, 6,** 573-592.

Trice, H.M., & Beyer, J.M. (1984). Studying organizational cultures through rites and ceremonials. **Academy of Management Review, 9,** 653-699.

Tsui, A., & O'Reilly Ⅲ, C.A. (1989). Beyond simple demographic effects：The importance of relational demography in superior-subordinate dyads. **Academy of Management Journal, 32(2),** 402-423.

Turban, D.B., & Jones, A.P. (1988). Supervisor-subordinate similarity：Types, effects, and mechanisms. **Journal of Applied Psychology, 73(2),** 228-234.

Van Mannen, J., & Barley, S.R. (1985). Cultural organization：Fragments of a theory. In P.J.

Frost, L.F. Moore, M.R. Louis, C.C. Lundberg, & S. Martin (Eds.), **Organizational culture.** Beverly Hills, CA：Sage.

Wanous, J.P. (1977). Organizational entry：Newcomers moving from outside to inside. **Psychological Bulletin, 87,** 610-618.

Weick, K. (1985). **The social psychology of organizing (3rd ed.).** Reading, MA：Addison-Wesley.

Weiss, H., & Adler, S. (1984). Personality and organizational behavior. **Research in Organizational Behavior, 6**, 1-50.

Werner, J.M. (1994). Dimensions that make a difference：Examining the impact of in-role and extrarole behaviors on supervisory ratings. **Journal of Applied Psychology, 79(1)**, 98-107.

Wiener, Y. (1988). Forms of value systems：A focus on organizational effectiveness and cultural change and maintenance. **Academy of Management Review, 13(4)**, 534-545.

Zenger, T.R., & Lawrence, B.S. (1989). Organizational demography：The differential effects of age and tenure distributions on technical communication. **Academy of Management Journal, 32**, 353-376.

參、

組織文化
與人員甄選

6. 組織文化與員工甄選（一）：
一項新的甄選策略

7. 組織文化與員工甄選（二）：
遞增效度的分析

組織文化與員工甄選（一）：

一項新的選人策略

鄭 伯 壎

國立台灣大學心理學系

郭 建 志

國立台灣大學心理學研究所

本文曾發表於*中山管理評論*，8 卷 3 期，2000 年

<摘要>

在實務上，許多組織在進行人員甄選時，直覺式的作法，仍然受到較大的歡迎。然而，直覺式的策略充滿了主觀的臆測與偏差，選人的品質與準確性並不高。為了避免主觀偏差，研究者發展出結構式甄選策略，認為採用較系統化且科學性的人員與工作分析，可以改善上項缺點，而對選人的決策品質有所增益。可是在全球化與資訊化的趨勢下，工作變動極為快速，立基於人與工作契合假設下的結構式甄選策略也將受到挑戰。因此，本文認為應該另闢蹊徑，從人與文化契合的觀點，採取文化式人員甄選策略，去進行人員的甄選，應可收取較大的效果。這種想法迥異於以往人員甄選的觀點與理念，將可為未來的人員甄選研究與實務，開啟另一扇創新的大門。

前言

人員甄選與人力資源管理

吸引素質良好的應徵者來應徵，並從應徵者當中，選擇最合適的人進入組織，是人力資源管理最重要的目標之一。尤其在這個跨國競爭的時代，人力素質的良窳，確實是取得競爭優勢的主要決定關鍵。也因此，確保人員甄選的品質，選用最優秀的人才進入組織，應是維持競爭優勢的基礎。事實上，許多人事管理的專家早就指出：在選材、育才、用才及留才的四大人事管理項目當中，選才不但最爲重要，而且是育、用、留的主要張本。一但選對了人，則育、用、留都可收事半功倍之效；反之，當選擇的人不能適合工作與組織時，則人力資產將變成一種人力負債，不但無法發揮生產力，而且將成爲問題的來源與爭議的核心，輕則以離職收場，重則訴訟經年。一方面降低了組織的效能，一方面也提高了個人的機會成本，並對社會造成一定程度的傷害。

這種人員甄選與員工個人生活品質、組織效能、及社會福祉的關係，已經有不少的研究進行分析(如 Cascio, 1991；McCormick & Ilgen, 1985)，而且也得到了一致性的結論。一般而言，以員工個人的生活品質來說，當個人能適合工作與組織時，個人的滿足感較高，包括對工作、同事、上司、報酬的滿意度，並能認同組織，進而提高一般性的生活滿足感。雖然工作滿足不見得是工作績效的充分條件，但卻是工作績效的必要條件(Porter & Lawler, Hackman, 1975)：如果員工對組織與工作場所不能滿意時，其工作績效是不可能太高的，遑論追求卓越或發揮個人最大的潛能。其次，當個人能適合工作與組織時，個人具有較高的動機去精益求精，追求個人與組織的成長，並提升自己的勝任能力。第三、從消極面來說，當員工無法適合工作與組織時，會產生較大的心理壓力，容易產生職業倦怠，提早從職場上退休（Maslach & Leiter, 1998）。

在對組織效能的影響方面，已有不少研究指出，人員甄選的不當，會導致組織人力成本的提高，包括員工離職、缺勤與病假、工作態度不良、及集體協商曠日廢時等各式各樣的成本(Cascio, 1987)。其中，離職成本是被討論最多的(如 Gaudet, 1958；Staw, 1980)。雖然維持適當的離職率將有助於組織人力的新陳代謝，然而，員工離職後所產生的費用是十分驚人的。根據 Cascio(1987)的分析，一位銷售經理離職的成本在 1972 年是美金 185,100 元，而在 1986 年則高達 418,500 元，可惜大多數組織都低估離職的實際成本。以缺勤成本來看，每個國家因爲員工缺勤所造成的損失或成本也是十分高昂的，就美國而言，每年至少在 350 億美元(Robins, 1979)左右，而且有逐年上升的趨勢。

從人力資源會計的角度來看，人力資產可以從知識、技能、健康、配合度(availability)及工作態度來加以評估，這些項目都與工作績效有正面的關係。尤其是工作態度，可說是其他各種項目的重要表徵，對其他四項資產具有很大的影響效果，因此，有些人事管理專家主張可以用工作態度來代表所有人力資產的運用結果(Myer & Flowers, 1974)。透過工作態度的評估，並與個人的所得加以比較後，即可瞭解個人對組織的貢獻與價值。根據上述想法，選人不當所造成的工作態度低下，所導致組織成本的增加不但驚人，而且會造成人力資產的縮水。當然，勞動契約的重新協商與訂定、與員工或工會發生爭議而來的訴訟、仲裁費用，也都會提高了人事成本。

在社會效益方面，當我們考慮到社會的整體目標以及國家的整體競爭力時，人盡其材，使得每個人都能適才適用，適時適地貢獻所能時，較能發揮社會整體的績效，達成國家整個的目標。因此，在選人時考慮個別差異，將工作者安置到適切的職位與適當的組織，將是達成社會與國家目標的間接基礎。

總之，選錯員工的代價是十分昂貴的。因此，確保人與工作的最佳契合是人力資源管理最重要的使命之一。從人員甄選的實務來看，過去對人員甄選的做法至少採取兩種策略，一種是透過人爲判斷，偏向主觀的直覺式的選人策略(intuitive selection strategy)，另一種則是謹守標準化歷程，較有系統的結構式選人策略(structured selection strategy)。這兩種策略雖然最後目標都是要達成人與工作的契合(person-job fit)，使得個人能發揮所長，對組織有所貢獻，但仍有基本的差異存在：直覺式的甄選策略較非正式化、且受到人爲直覺判斷的影響；而結構式策略則較爲制度化、較依照實徵證據來進行甄選。換言之，這兩種策略的主要差別乃牽涉到直覺判斷與理性判斷、質性分析與量化分析的問題(如Hammond, Hamm, Grassia & Pearson, 1987)。有關這兩種策略與人員甄選歷程的關係比較，如圖一所示。

直覺式的甄選策略

雖然在實務上，組織內的人員甄選做法可能兼具直覺式與結構式選人策略的某些特色，而不見得是直覺式或結構式策略範型(prototype)的直接反應。不過，爲了討論方便起見，區分這兩種範型的差異、特性及限制，是十分有意義的。一般來說，在本質上，直覺式的甄選策略非常依賴甄選人主觀而直覺的判斷，像非結構式面談的甄選方式即爲典型的例子。其餘未做工作分析的甄選程序、或未做有系統之實徵研究的甄選作法，亦可歸入直覺式的甄選策略。當然，這些作法的主觀程度是有所不同的。

這種主觀而直覺的判斷，會遍佈在各種甄選的方法或歷程當中。以工作者所需具備之工作要件而言，直覺式的策略較依賴甄

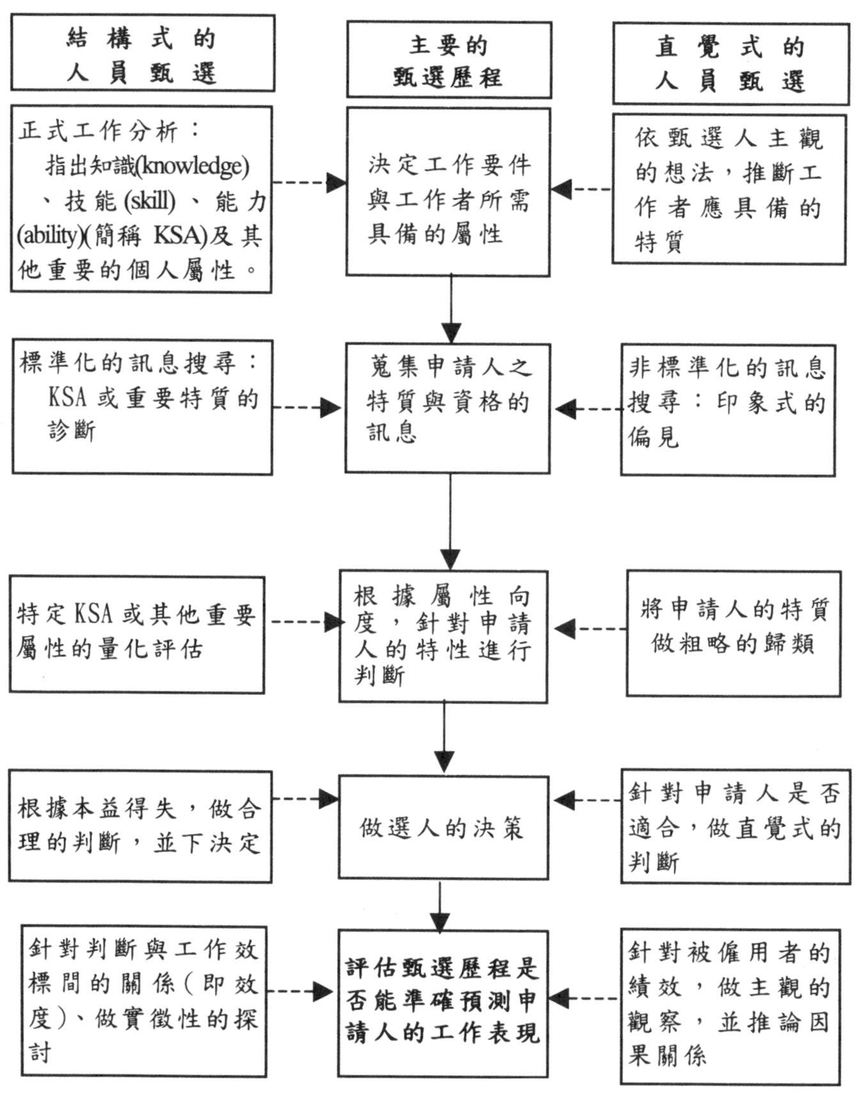

圖一　結構式與直覺式甄選的比較

(來源：修正自 Dipboye，1994)

選人或人事管理人員個人主觀的信念與經驗，來推斷各種工作所需要具備的條件。另外，在蒐集候選人或申請人的特質與資格的條件時，會採用非標準化的訊息蒐集方式，獲得的是較爲片段與印象式的資訊。其次，在對申請人做判斷時，會先做粗略的歸類，再依據個人的直覺與印象，去做整體性的判斷（overall judgement），以推斷個人的特性是否能與工作特性配合，並做出選人的決定。最後，甄選人會透過個人的體驗與觀察，去查核選進來的人是否適合工作，是否與工作表現有密切的關係，並做主觀性的因果推論，以評估甄選過程是否有效。

顯然地，對絕大多數的組織而言，直覺式的甄選策略是較常受到採用的(Dipboye, 1994)。理由很簡單，因爲這種策略有其方便性，不但容易使用，而且表面成本是比較低的。不像結構式的策略，每個階段都必須謹慎爲之，需要標準化；得做許多研究、蒐集具體的證據；花的時間較多，可能緩不濟急，而導致較高的表面成本與較長的發展時間。何況，建立了客觀而系統化的程序之後，也要投入時間與精力來訓練甄選人員熟悉此項歷程。總之，在甄選過程當中，結構式的策略要投入相當的心力與時間，甚至得聘請外界的專家來協助，才能建立一套標準化的甄選制度。

雖然直覺式的甄選策略受到較廣泛地採用，但實際上，其背後的隱藏成本是十分高昂的，理由是直覺式的甄選策略存有不少的陷阱，而可能會得出偏頗的結論，最後，導致選人決策的錯誤。

這些陷阱至少包括了：刻板印象（stereotype）的影響、歸類的偏差（categorization bias）、非理性決策（irrational decision making）、及肯定偏差（confirmatory bias）等問題。

以刻板印象的作用來說，許多研究都已經證實了，每個人對其他人的屬性包括性別、年齡、職業、種族等，都持有強烈的信念，這些信念會影響了每個人的行為表現（如 Westbrook & Molla, 1976）。以情境甄選的狀況來說，多數人對申請者常持有一種「理想申請人（ideal applicant）」的刻板印象，而無法區分什麼是理想的特性，什麼又是典型（typical）的特性。例如，有一項針對 5000 位晤談者做的研究，發現晤談者認為優秀申請人必須具備合群、誠信及可靠的特性，而這些特性幾乎不受職種或工作特性不同的影響（Hakel & Schuh, 1971）。即使是有經驗的晤談者，在區分什麼是理想的特性、什麼又是典型的特性時，其表現也與無經驗的晤談者不分軒輊（Paunonen & Jackson, 1987）。這說明了刻板印象會介入選人的歷程當中，而降低了選人的鑑別度與準確性。除此之外，即使是具有廣泛經驗的人事專家，也不太可能對各式各樣的工作，都具有同樣準確而鉅細靡遺地瞭解，因此，純靠人為判斷，將會降低甄選過程中的效度與信度。

以歸類偏差而言，社會知覺理論（如 Brewer, 1988）早就指出了歸類偏差是十分可能發生的：通常，社會知覺有兩大類型，一類是以刺激或個人為基礎（person-based）的，一類則以類別為基礎（category-based）。前者主張人可依照被知覺對象的種種特徵與行爲，組合成完整的印象。在認知負荷小的狀況下，刺激或個人知覺較有可能發生。後者則假設知覺者個人的認知原型（schema），決定了知覺結構的類別與其關連性，並導引了訊息處理的方向。類別知覺在認知負荷大的狀況下，特別常見。因此，當訊息的蒐集欠缺標準化、訊息超荷時，甄選人就容易將申請人歸入符合自己原先歸類好的類別當中，而會忽略了許多重要的訊息。這種歸類偏差所產生的效果，包括暈輪效應（halo effect）（如 Kinicki & Lockwood, 1985）、起始效果（primacy effect）（如 Farr, 1973；Johns, 1975）、及對比效果（contrast effect）（如 Cesare, Dalessio & Tannenbaum, 1988）等偏差。例如，有許多實驗室與現場研究都證實了，在晤談時，當晤談人覺得申請人與自己類似或具有似我效果（similar-to-me effect）時，對申請人的評估較爲正面（Grave & Powell, 1988）。由此可見，在欠缺結構的甄選過程當中，歸類偏差是很容易發生的，進而降低了甄選的準確性。

就像歸類的判斷一樣，個人在作決策時，也很容易偏離理性決策的範疇。意象論（image theory）指出了：在進行非結構式面談時，很容易根據個人所看重的意象，而做出非理性的決定（Beach, 1990）。意象論強調：在人員甄選時，許多決定都沒有經過太多仔細的考慮。甄選人常常只是根據個人認知結構中的重要意象，即做出錄取與否的決定。就像一項古典研究所強調的：許多晤談者只在四分鐘之內就做出了決定（Springbett, 1954）。當然，這個研究結果是稍嫌誇張，但的確有許多研究證實了，太多晤談者在晤談未結束之前，就已經做出了錄用與否的決定（如 Tucker & Rowe, 1977）。

最後，直覺式的甄選策略也很容易產生肯定偏差（confirmatory bias）。在許多狀況下，做決定的甄選人並未有太多的訊息來檢查其所做的決定是否正確。即使有，他們也通常只記得正確的決定，而忘了錯誤的決定，這就產生了所謂的肯定的偏差（Grab, 1989）。事實上，此偏差是與人做決策時的認知侷限（limitation）有關的：決策者通常只會尋求支持自己看法或決定的訊息，而忽略或漠視反對與不支持自己看法的訊息（Snyder, 1984）。

凡此種種，均說明直覺式甄選策略存有許多人為判斷上的偏差，而容易做出錯誤的甄選決策，並導致個人、組織及社會成本的提高。因此，雖有其方便性，但卻不值得提倡。相較之下，系統性的結構式甄選策略就較為客觀，而且有較高的準確度。

結構式的甄選策略

相對於充滿主觀判斷的直覺式人員甄選策略，結構式的甄選策略就較有系統而且客觀。結構式的策略主張採用科學方法，去進行人員的甄選：每一個甄選步驟，都得做仔細的查核，以確保衡鑑方法的客觀、可靠、及有效。在這個過程當中，工作分析是所有步驟中最重要的基礎。根據工作分析的結果或與工作有關的人員要件（requirement），去進行衡鑑方法與工具的選擇或設計，才能保證整套的甄選歷程，能夠發揮效果，並做出對的決策（APA standards, 1985；Cascio, 1998）。

因此，在結構式的選人策略中，第一個步驟是正式的工作分析，目的在指出員工在執行工作時所需具備的知識（knowledge）、技能（skills）、能力（abilities）（簡稱 KSAs）、及其他重要的個人屬性等條件。接著，再以工作分析的結果爲基礎，根據 KSAs 去選擇或發展測量 KSAs 或重要屬性的工具，並採取標準化的作法去蒐集應徵者的資料。所謂標準化是指每位應徵者所填答的問卷格式、詢問的問題、施測的程序、及填答的程序都是一樣的，不因爲應徵者的差異有所區別。此外，也根據相同的標準來進行計分與量化的分析，再透過應徵者未來成功的可能性來做理性的選人決策（Cascio, 1991）。最後，更重要的是，結構式的甄選程序必須進行許多實徵性的研究，以評估預測指標是否能有效地預測工作者的實際工作績效，而具有一定水準的效度（validity）。

目前，已經有不少研究證實了，結構式甄選策略的準確度，較直覺式策略爲高。以員工晤談而言，聚合分析（meta-analysis）的結果顯示，結構式策略的效度在.47 與.63 之間，而直覺式的策略，則只在.20與.37之間，結構式策略顯然要顯著高於直覺式策略（如 Dipboye, 1994；Wiesner & Cronshoaw, 1988）。另外，在以心理測驗或生物統計資料（biodata）來選人時，亦發現當衡鑑方法能與工作分析的結果互相配合或互有關連時，其準確度較依賴人為判斷要高（Smith & George, 1992）。

就有效性或效度而言，為什麼結構式的甄選策略要較直覺式的甄選策略為高？原因雖然不少，例如，甄選步驟之間的關連性（relevance）高，衡鑑過程標準化、甄選方式的前後一致性（consistency）強等，然而，最重要的仍然是結構式的甄選策略擁有許多實徵研究的證據，符合工業與組織心理學會（Society for Industrial and Organizational Psychology）（1987）所謂的有效性原則（validation principles）的要求。

一般來說，一套客觀的衡鑑方法，必須經過多次研究，進行有效性的查核與驗證，方能確立。其基本想法與邏輯，如**圖二**所示。**圖二**說明了透過工作分析，可以確定工作要件（job requirement）。工作要件通常包括兩方面，一方面是指達成工作目標或工作任務所必須完成的工作內容與工作活動；一方面則指為了達成工作目標或任務，工作者所需表現的工作行為或工作者所需具備的工作知識、能力、技能、氣質、興趣、及價值等種種屬性。前者可以透過工作取向的工作分析來獲取有關的訊息，後者則可經由人員取向的工作分析來瞭解（McCormick, 1979）。

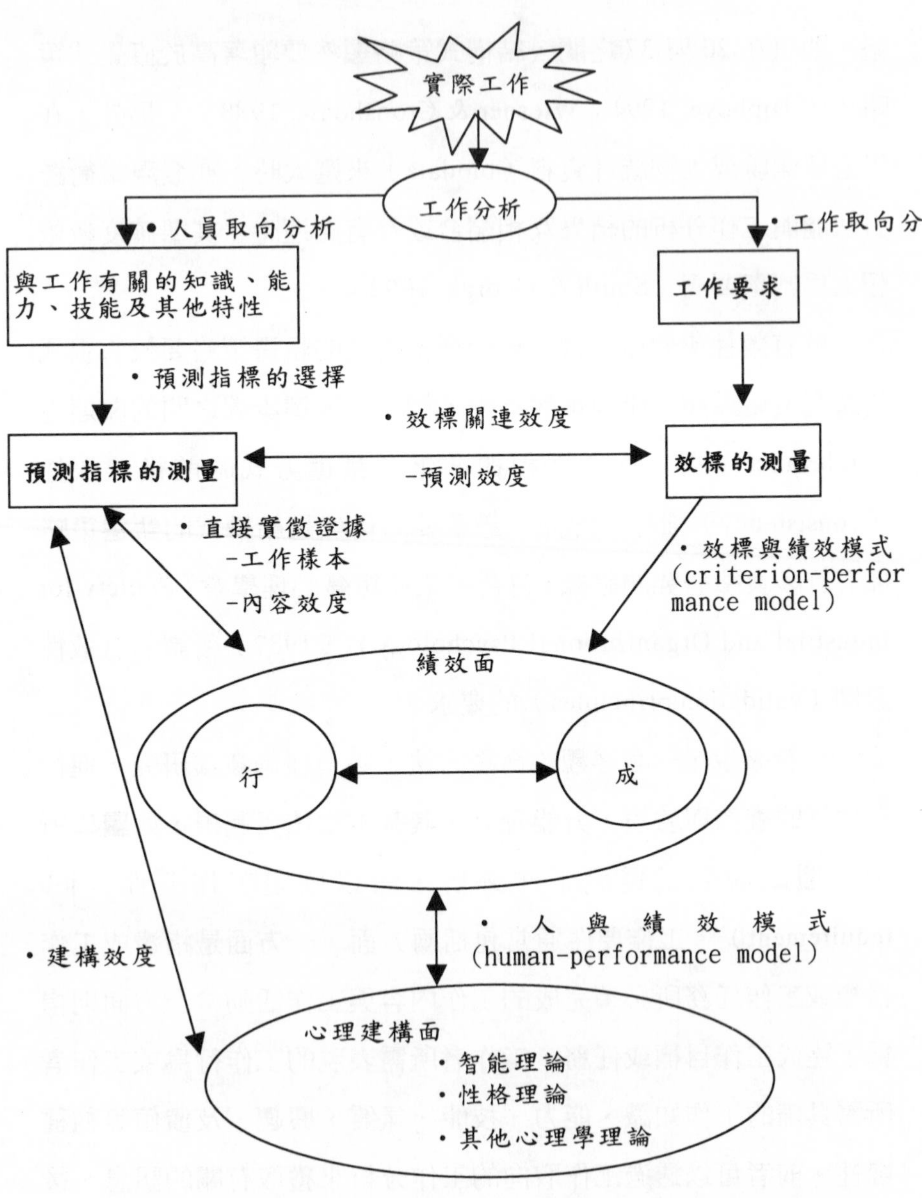

圖二、工作分析、衡鑑技術、效標、績效及心理建構

根據工作分析的結果，可以選擇相關的變項來做預測指標（predictor），也可以作爲效標（criterion）發展的基礎。預測指標指的是，用來預測員工現在與未來是否能在工作上有優異表現、或能成功完成工作的指標，這些指標通常包括了各種員工完成工作所需要具備的屬性。至於效標則是用來衡鑑員工工作的成敗（Bass & Barrett, 1981；Guion &, 1965），也就是評估績效、態度、及工作動機的標準（Blum & Naylor, 1968）。

預測指標的測量，涵蓋了各式各樣的心理測驗，例如智力、性向、性格、興趣、價值及情境測驗；也可以是一些個人屬性的評定量表（rating scale）或剖面圖（profile）。至於效標的測量，則包括了工作數量、品質、績效的評定等各種客觀（objective）與主觀（subjective）的指標。就像有些研究者宣稱的，尋找最適當的效標，以貼切說明工作績效的高低，是人事心理學家的重要任務，也是過去幾十年來人事心理學得以發展的重要原因（Cascio, 1998）。Stuit 與 Wilson（1946）在 50 年前也證實了：發展更好的績效測量，有助於績效預測的效果。換言之，效標與績效關係模式（criterion-performance model）的建立，能夠進一步提昇效標對工作績效的預測能力。

在工作績效方面，績效（performance）可以界定爲：「員工所表現的可以觀察之目標導向的行爲」（Campbell, 1990）。根據此一定義，工作績效涵蓋了多種面向（facet），是多向度的

（multidimentional）；也可以依照前因後果區分爲前導行爲與行爲後果（outcome）一行爲後果是效能（effectiveness）的重要因素。過去針對工作績效而來的研究相當多，主要的結論有：（1）工作績效是不穩定的，可能隨時間與情境而有所不同，所以必須做長期有系統的觀察（Rothe, 1978）；（2）工作績效不能只用單一指標來測量，單一指標並不能反應工作績效的實際狀況（unrealistic）（Campbell, 1990）。

爲了提昇人員甄選的效能，有些研究者呼籲：必須更重視操作式測量與心理建構間的關係（Binning & Barrett, 1989）。唯有瞭解各種操作指標背後的心理建構，才能更有效而貼切地去掌握員工績效與衡鑑技術的本質，以提昇預測效果，並瞭解背後的原因。就績效與心理建構的關係而言，有不少研究者從心理學的理論去探討績效的本質，並據以發展有效的績效考核技術。例如，Ilgen 與 Feldman（1983）曾運用認知心理學中的訊息處理理論（information processing theory），來解釋績效考核的歷程，並指出進行績效考核時可能產生的人爲偏差（bias）。此種偏差必須要加以避免，才能提高績效考核技術的準確度。

以各種衡鑑技術或預測指標的心理建構而言，所要探討的即爲建構效度（construct validity）的問題。當研究能夠證實預測指標或衡鑑技術可以測量到特定的心理建構時，就可以推論指標分數所代表的理論與實徵意義（Messick, 1995）。一般來說，爲了證實一項衡鑑技術的建構效度，必須導出許多假說，並逐一加以驗證（Cronbach & Meehl, 1955）。

除了建構效度之外，衡鑑技術也可能要具備效標關聯效度（criterion-related validity）或內容效度（content validity）的要求。效標關聯效度指的是預測指標能夠有效地預測效標，或兩者具有顯著的相關。根據預測指標與效標測量時間的不同，效標關聯效度可以區分爲預測效度（預測指標的測量先於效標）與並行效度（預測指標與效標同時測量）（Anastasi, 1988）。至於內容效度，是指預測指標能夠反映績效的程度，亦即預測指標之樣本（sample），能代表績效母體（population）的大小。當代表性越高時，內容效度越高。像工作樣本測驗、或公事包測驗（in-basket test），都具有較高之內容效度（如 Hunter & Hunter, 1984；Borman, 1982）。

總之，對結構式的甄選策略而言，由於提供較多建構效度、內容效度、及效標關聯效度等直接與間接的實徵證據，而且預測指標的選擇與效標的發展是根據工作分析的結果而來，相關性（relevance）高；同時，亦能針對相關概念與理論，包括工作績效與心理建構，進行系統性的探討，因此，其甄選效果要較直覺式的甄選策略爲佳。從過去的比較研究中，已經證實了此項結論（如 Dipboye, 1994）。

雖然，結構式的甄選策略的確比直覺式的策略具有較高的信度與效度，但多數的準確性效度（correct validity）還停留在.40與.60之間，表示還有許多的工作績效變異（variance），必須由其他的因素來解釋。事實上，結構式甄選策略所反映的，只是人與工作契合（person-job fit）的看法而已。就像 Wanus（1992）所強調的：個人對工作的適應，必須從個人對工作的瞭解程度來研究。然而，這種想法卻忽略了人到工作職場去工作，所要適應的不只是工作而已，其他還有許多重要的層面必須考慮，其中組織與文化當然是犖犖大者，因此人與組織契合（person-organization fit）或人與文化的契合（person-culture fit）就顯得重要。以人員甄選的角度來看，前者也許可以稱之爲情境式的甄選策略，後者則稱之爲文化式的甄選策略。在人員甄選時，一旦將這些因素納入考慮，就可以更進一步提高甄選品質。可惜傳統的人員甄選研究上，這些因素都受到忽視；所有的衡鑑技術也未能針對人與組織或人與文化契合的概念來發展。因此，有必要給予正視，並提出具體的策略，以補足此項缺口。

情境式的甄選策略

一、人與團體的契合

在論及個人與組織的契合方面，工作者所處的組織情境通常涵蓋了工作團體與組織兩種層次。在團體情境方面，包括工作團體所能提供的資源、工作團體的特徵、以及直接主管三個面向；在組織情境方面，則包括組織結構系統及組織最高領導者兩個面向。各面向的內容如**表一**所示。

首先，就團體所提供的資源而言，一些研究皆支持團體所能提供的資源會影響工作者的工作態度與工作行爲，諸如工作滿意（Dawis & Lofquist, 1984）、工作壓力（French, Caplan, & Harrison, 1982）、及工作動機（Lock, Shaw, Saari, & Latham, 1981）。團體所能提供的資源包括決策參與權、角色的明確性、未來發展性、及工作豐富性（enriched jobs）等要素。Hackman 與 Oldham（1980）的工作特徵模式（job characteristic model）強調，當員工個人的成長需求與工作所提供的成長機會能互相配合時，個人的工作動機、工作績效及工作滿足較高，曠職率與離職率則較低。可見當團體資源與個人需求能夠契合時，員工較能產生正面的工作態度與行爲（Edwards, 1991）。因此組織在進行人員甄選時，必須考

表一、 情境式甄選策略中的情境因素

類別	主要重點	主要學者
工作情境		
團體資源	個人需求能與團體資源互相配合	Dawis & Lofquist（1984） French, Caplan, & Harrison（1982） Hackman & Oldham（1980） Lock, Shaw, Saari, & Latham（1981）
工作團體	個人與工作團體能夠相容	Hackman & Morris(1975) Jackson, Brett, Sessa, Cooper, Julin, & Peyronnin（1991） Klimoski & Jones(1995) Trice & Beyer（1993） Tsui, Egan, & O'Reilly（1992） Weldon & Weingart(1993)
直屬主管	個人與直屬主管的契合	Meglino, Ravlin, & Adkins（1989, 1992） Tsui & O'Reilly（1989） Zenger & Lawrence（1989） 丁虹（1987） 任金剛（1996） 鄭伯壎（1993）
組織情境		
組織制度或結構	個人特性能與組織制度或結構互相配合	Bowen, Ledford, Nathan（1991） Bretz, Ash, & Dreher（1989） Burke & Deszca（1982） Cable & Judge（1994） Ivancevich & Matteson（1984） Turban & Keon（1993）
高階領導者	個人與組織最高領導者間的配合度	Vancouver, Millsap, & Peters（1994） Vancouver, & Schmitt（1991）

慮工作者的個人工作目標、個人價值、以及個人偏好等個人需求與團體資源配合的狀況。

其次，工作者處在工作團體中，必須考慮個人與其工作團體的相容性（compatibility）。由於工作團體可能由同僚、功能部門、以及分支機構等組織次級單位所組成，因此，考慮的面向包括了個人目標與團體目標的一致性（Weldon & Weingart, 1993）、部門間價值觀的相容性（Trice & Beyer, 1993）、及同事間的性格類似性（Hackman & Morris, 1975）等議題。另外，也有些研究指出：團體成員的背景組成要素（demographic composition），會影響成員的離職意願（Jackson, Brett, Sessa, Cooper, Julin, & Peyronnin, 1991）、以及對團體的依附行爲（Tsui, Egan, & O'Reilly, 1992）。換言之，只有在個人與團隊產生契合時，才能提高團隊效能（Klimoski & Jones, 1995）。因此，在做團隊成員的甄選時，就得考慮個人與團隊或群體的相容性。

最後，對工作者而言，最重要的團體情境影響要素可能是其直接主管。當上司與下屬在偏好、性格特質、解決問題的方式、及背景（包括年齡、性別、種族、教育程度、年資）的類似程度高時，雙方的人際吸引力較高，互動的頻數較多，部屬對工作的滿足也較高（Tsui & O'Reilly, 1989; Zenger & Lawrence, 1989）。

同樣地，部屬與主管價值觀相似性的研究，也獲得了類似的結果：當雙方具有類似的價值觀或產生價值觀契合時，部屬的工作滿足感較高（Meglino, Ravlin, & Adkins, 1989,1992）、組織承諾較強（丁虹, 1987）、績效表現較優（任金剛, 1996），並表出現利他主義與良心行爲等組織公民行爲（鄭伯壎, 1993）。顯示部屬與主管間的價值契合，也是甄選過程亟需考量的重點。根據以上的討論，可以瞭解當個人與團體能夠在各方面有所契合時，員工的工作績效、態度、及滿意度等個人效能都較高。因此，在做人員甄選時，如果能考慮個人與團體的契合，則甄選品質應該較佳。

二、人與組織的契合

在組織層次方面，從組織制度與結構的角度，來探討個人的工作態度與行爲，已經累積了不少研究成果。此類研究假設：當組織制度與結構所提供的資源能滿足個人需求時，員工的工作態度較佳，工作滿足感較高（Bretz, Ash, & Dreher, 1989; Cable & Judge, 1994; Turban & Keon, 1993）。組織制度與結構包括了薪酬體系、激勵制度、工作設計、溝通型態、及生涯管理等面向，有人通稱爲「組織性格」（如 Bowen, Ledford, & Nathan, 1991;Ivancevich & Matteson, 1984）。

當個人的人格特質能配合組織性格時，員工的效能較高。有一些間接的證據證明了此項觀點：有一個研究發現，應徵者的成就需求會影響其對薪酬系統的偏好，高成就需求者喜歡個人式的計薪制度，而低成就需求者則偏好團體計薪制（Bretz, Ash & Dreher, 1989）。另外，A 型性格（雄心壯志、競爭性、敵意、成就需求）者偏好高標準、主動、以及具挑戰性的工作環境（Burke & Deszca, 1982）；B 型性格者則反之。

當然，組織的最高領導者也是一個重要的組織情境因素。吸引-選擇-耗損（attraction-selection-attrition）理論的主張，組織會吸引並選擇具相似目標或價值觀的人進入組織。組織是這些人實踐自己目標的場域，因此，組織內的同質性會與日俱增，而組織最高領導者的個人聲望、形象、與魅力就是主要的吸引力來源。上述觀點已經有實徵研究加以證實：當個人與組織領導者的目標相似性越高時，個人選擇進入此組織工作的機率就越高（Vancouver, Millsap, & Peters, 1994；Vancouver & Schmitt, 1991）。由此可見，個人目標與組織最高領導者之目標的契合度，也是人員甄選需加以注意的。

就人員甄選實務而言，情境式的甄選策略在概念上提供了豐富的訊息，但在實用上仍有其限制，最大的限制在於甄選工具的發展費用太高。由於每一項工作的情境變異性大，若要同時考量特定的工作與情境來發展甄選工具，將所費不貲。而且相關的團體與組織情境因素實在太多了，也不容易聚焦。因此，在人員甄選的實務與效度的提升上仍有一定的限制。爲了解決上述限制，我們認爲文化式的甄選策略可能是最佳的解決方法之一。就一個組織而言，其展現的團體情境（工作資源、團體屬性、及直接主管）與組織情境（組織結構系統及組織最高領導者）等因素，實則相當程度的反映出一個組織的文化內涵。因此，我們認爲以組織文化的概念來統合上述各類型的情境要素，應是可行且有效的甄選策略。

文化式的甄選策略，從組織文化的角度出發，強調應徵者的價值觀與組織價值觀的相似性，認爲文化契合是最重要的甄選標準。其主要的核心概念是個人與組織的價值觀。由於價值觀是一種持久的信念（Rokeach, 1973），可作爲個人行爲選擇的標準（Parsons, 1951），因此可以用來引領個人的行爲，提供個人是非好惡的判斷基準。換言之，組織所展現的行爲規範、行爲模式、系統與結構、信念、或是目標，其基礎皆建立在組織所信奉的價值觀上（Schein,1990；鄭伯壎,1990）。因此，從文化價值觀的概念來設計甄選的工具，不但能涵蓋各種情境因素，在實際的操作上亦能符合成本效益，能夠進一步提高甄選品質，是一種兼及理論與實務的有效策略。

文化式的甄選策略

文化式的甄選策略強調：當員工的價值觀與組織文化價值觀一致或個人與組織的價值契合時，就能夠對個人與組織效能產生正面效果，包括組織獲利的增加、管理成本的降低、個人工作動機的提昇、公民行爲的促進、以及工作績效的提昇等，同時，員工個人也較願意留駐在組織。有關文化契合與人員甄選的關係，如**圖三**所示。

一、人與文化契合的效果

爲什麼價值觀的契合能夠導致員工的正面工作行爲？目前的一些研究結果能夠對這個問題提供若干的線索。首先，價值觀的契合，能夠提高應徵者對組織的認同，經由認同的機制與作用，工作者可以獲得工作的意義與關連性（Ashforth & Mael, 1989）。在一些有關教師（Betz & Judkins, 1975）、新聞記者（Sigelman, 1975）、及森林管理員（Hall, Schneider, & Nygren, 1970）的研究顯示，當價值觀與組織不同的應徵者被甄選進入組織之後，其組織承諾較低，較容易離職（O'Reilly, Chatman, & Caldwell, 1991）。

其次，在理論上，共享的價值觀（shared value）往往對人際互動具有正面效果。理由是具有類似價值觀的組織成員擁有類似的認知歷程，對環境的解釋較爲一致；使用同樣的語言，使得彼此間的溝通較爲容易。也由於能夠降低工作互動時的不確定性、刺激負荷過高及其他種種的負面障礙（Schein, 1985；1992），而

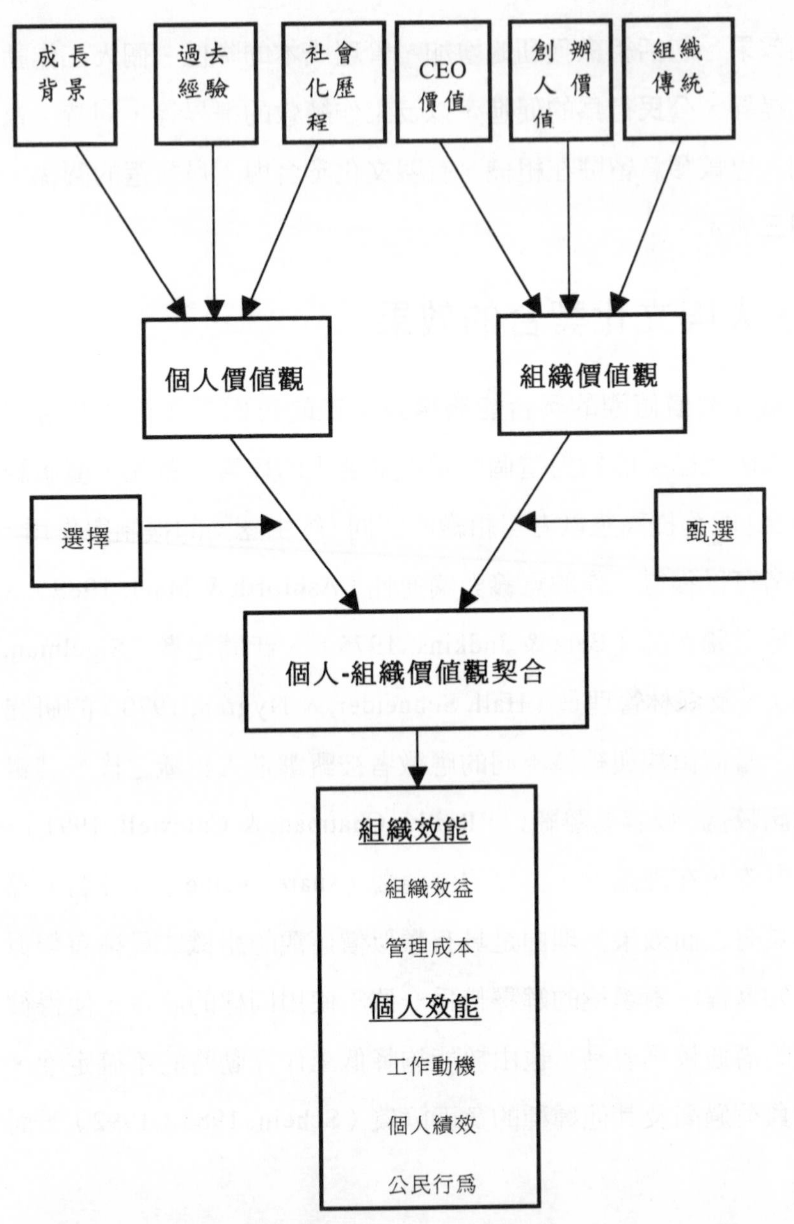

圖三：個人-組織價值契合與人員甄選（修改自鄭伯壎，1992）

有助於人際活動的進行與潤滑，並進一步強化協調度、工作滿足感、及組織承諾。

第三，價值觀一致性可以透過預測機制（prediction mechanism），使互動的雙方，提高彼此對行爲的預測，而再次強化了個人的滿足感與組織承諾。更詳細地說，當組織成員具有相似的組織價值觀時，彼此對組織內的角色期望較爲清楚，較能準確預測對方的行爲，而可以降低角色模糊（role ambiguity）與角色衝突（role conflict）（Katz & Kahn, 1978；Kluckhohn, 1951）。

第四、員工在具有相似價值觀或管理哲學的組織中工作，可以爲工作提供意義化的理由，而可衍生出內在的工作動機，並成爲組織力量(organizational strength)的來源。有研究發現個人與組織價值觀契合，與員工的個人成就發展有顯著正相關（Posner, Kouzes, & Schmidt, 1985），這隱涵著價值觀契合的確可以爲員工提供工作的方向、目標、以及力量，並激發個人的工作動機，並進而促進了工作成就與生涯發展。

第五、價值觀契合提供組織成員共同的信念、理念、規範、及思考架構，能加速共識的形成，進而產生合作行爲，提昇成員的工作滿意與工作效能（Chatman, 1991）。由於價值觀通常具有穩定且不與時俱移的特性，因此，個人與組織價值觀的契合度不會隨時發生改變，對成員個人效能與組織效能所造成的效果也較爲持久。因此，根據理論上的推演與對過去文獻的回顧，個人與組織價值觀的契合度對成員個人效能與組織整體的效能具有正面效果：當員工個人與組織的價值觀互相契合，能夠促進個人工作動機的提升、較高的工作滿足、較不容易離職、表現較多公司沒有要求的角色外行爲，因而，有助於個人與組織效能的提升。

當新進成員進入組織後，價值觀的契合將會有效的型塑個人的工作態度與行爲。價值觀的契合具有規範性統合(normative integration)的功能(Cameron & Freeman, 1989)，使組織成員樂於遵守其所認同的規範或表現組織所期待的行爲。由於成員對這些規範或期待的認同，因而能約束其行爲與態度，這是規則(rule)、科層制度(bureaucracy)、以及正式結構(formal structures)所無法做到的，尤其是當新進人員或組織成員遇到不熟悉的情境時，規範性統合的功能特別彰顯。例如，企業對於業務人員等邊際人員（boundary people）的管理，只能在業務範圍內來規範其行爲，許多灰色地帶是企業主管鞭長莫及的地方。但業務人員是公司的前線人員，代表公司與顧客互動，其言行舉止又與企業的形象息息相關。因此，若採取文化式的甄選策略，業務人員在價值契合的基礎之上，便能依循組織的價值體系，表現出企業所期望其表現的行爲。

許多研究者（如 Organ, 1988）均認爲任何組織系統的設計均不可能完美無缺，若只依靠組織成員的角色內行爲（intrarole），可能難以有效達成組織目標，因而必須仰賴成員主動執行角色要求以外（extrarole）的行爲，以補足角色定義之不足，促進組織目標之達成。此種角色外行爲的表現，亦有賴價值觀的契合才能達成。總之，價值觀契合可激發組織成員的一體感與使命感，使組織成員瞭解工作的意義與目的，進而衍生出對組織的順從、價值內化、以及認同依附等組織承諾的行爲與表現。

有關價值觀契合具有正面效果的論點，已經得到了許多實證研究的支持。這些研究結果的摘要，如**表二**所示。綜合**表二**的結果，可歸納出個人與組織文化價值觀的契合具有提升組織成員的組織承諾、工作滿足、及組織公民行爲，降低成員的離職意願，增進成員的工作效能等正面功能。因此，就未來組織人事甄選的角度而言，單純以工作要件爲基準的甄選概念已經無法滿足現代應徵者與企業雙方的需求，所以應該再將個人與組織文化的契合納入考慮。由此，除了可以補救結構甄選策略的不足、提升人員甄選的效度之外，也可以降低企業的人事管理成本，更能長期留住優秀的人才。

表二 價值契合與個人效能的相關

研究者	契合指標	組織承諾	離職意願	工作滿足	自評績效	組織公民行為	個人成就發展
Chatman (1991)	**Q**		−	+			
O'Reilly, Chatman, & Caldwell (1991)	**Q**	+	−	+			
Posner, Kouzes, & Schmidt (1985)	**Q**		−				+
任金剛（1996）	**|D|、D′、D^2**	+	−		+	+	
黃國隆、陳惠芳（1998）	**|D|**	+					
郭建志（1992）	**|D|、Q**	+	−	+		+	
鄭伯壎（1992）	**|D|、D**	+				+	
鄭伯壎、郭建志（1993）	**|D|、Q**	+	−	+		+	

＋：正相關，－：負相關。Q：等距尺度相關，|D|：絕對差和，D′：代數差和，D：平方差和的平方根，D^2：平方差和。

二、實際作法與效度的建立

雖然文化式甄選策略，具有許多明顯的優點，例如預測效度、並行效度、建構效度及內容效度頗高。然而，在進行實際的量表發展時，仍必須針對每個階段作慎重的考慮。我們將以四個階段來說明，第一個階段爲個人與組織價值觀剖面圖的建立，第二個階段爲個人與組織價值觀剖面圖的測量，第三個階段爲契合度指標的選擇，第四個階段爲效度係數的建立。

階段一：個人價值觀與組織價值觀剖面圖的建立

在個人與組織價值觀剖面圖的建立方面，當組織文化與個人價值經過仔細分析之後，可以選擇具有代表性的共同價值觀作為量表發展的根據。接著再建立個人與組織價值的剖面圖。剖面圖的建立，過去問題很多，然而，最近已有突破性的進展。通常我們可以採用 Chatman(1989)的「剖面圖比對程序」(profile comparison process)」，用 Q-分類(Q-sort)的方法建構組織價值觀的剖面圖與個人價值觀的剖面圖。由於「剖面圖比對程序」可使用共同的語言來評估個人價值觀與組織價值觀，允許對個人特性的自比性 (ipsative)測量，所以能直接評估「個人-組織文化的契合」。因此這種技術可以作為人員甄選的有效工具。然而，鑑於以 Q-分類(Q-sort)的方法來建構價值觀剖面圖，可能耗時甚久，不太切合實用的要求，因此有些學者也嘗試用評定量表（rating scale）來代替 Q-分類(Q-sort)，並獲得相當良好且一致的結果（如黃國隆、陳惠芳，1998；郭建志，1992；鄭伯壎，1992）。

階段二：個人價值觀與組織價值觀剖面圖的測量

在個人與組織文化剖面圖的測量方面，可分為直接測量法與間接測量法兩種（Kristof, 1996）。直接測量法，是指直接詢問受試者價值觀契合的程度，例如 Posner 等人（1985）在組織文化契合的研究中，要求經理人直接評估自己與組織價值觀的相似性。

直接測量法強調受測者的主觀知覺與判斷，而不管實際的契合情況，因此能反映員工的主觀想法；然而，也由於過於主觀，而容易混淆了個人與組織的價值建構，因此難以估計個人與組織之單獨的影響效果（Edwards, 1991）。

鑑於直接測量法的缺失，有些學者建議採用間接測量法，分別測出個人價值與組織文化的剖面圖，再選擇契合指標來代表契合度。此類方法又可分爲兩類，第一類爲跨層級間接測量法（indirect cross-level measurement）。此方法以不同受試者來測量個人價值與組織文化，而涉及了個人與組織兩種分析層級。例如 O'Reilly 等人（1991）在個人與組織文化的契合研究中，要求新進人員依據個人對組織價值觀的偏好程度做 Q-分類，以建構個人價值觀剖面圖；接著，再以資深員工與中階主管爲另一樣本，要求他們依據組織對價值觀的重視程度做 Q-分類，以建構組織價值觀剖面圖，此研究爲跨層級間接測量法的典型。

第二類爲個人層次間接測量法（indirect individual-level measurement），此方法以同一受試者來測量其對個人價值與組織文化的知覺，屬於個人內的測量方式，例如黃國隆與陳惠芳（1998）、郭建志（1992）、鄭伯壎（1993）在組織文化的研究中，要求受試者依據公司的實際情況與個人期待兩向度，分別來評定組織價值觀，此種方式屬於個人層次間接測量法。

一般來說，研究者若採取跨層級間接測量法，則必須考慮個人價值的變異性與組織文化的整體性（Kristof, 1996）。因爲組織文化是以個人分數的累計總分來指稱的，所以必須在個人價值穩定與組織文化具有共識的前提下，跨層級間接測量法才能發揮作用。

當研究者採取個人層次間接測量法時，其主要假設是認爲個人對實體（reality）的知覺，會影響個人的認知評估與對特定情境的反應（如 Nisbett & Ross, 1980）。因此，就對工作態度與工作行爲等效標變項的影響效果而言，個人對組織價值知覺上的契合遠比實際上的契合要來的大。

階段三：文化契合度指標的選擇

在契合指標的選擇方面，契合指標可分成兩大類，一類是計算兩種剖面圖的差異和（sum of differences），另一類則是計算二個剖面圖的相關係數（Edwards, 1993）。較常用的契合指標有平方差和（D^2，sum of squared difference）、絕對差和（｜D｜）、代數差和（D’，sum of algebraic differences）、以及等距尺度相關（Q）等四種指標（任金剛, 1996）。

當研究者採用絕對差和或平方差和作爲契合指標時，是假設個人的價值觀與組織的價值觀越相似時，個人的工作效能越高；反之，當雙方的差距大於零時，不論是個人價值觀或組織價值觀何者較高，個人的工作效能都較低。當研究者採用代數差和作爲文化契合指標時，是假設當組織價值觀高於個人價值觀時，個人的工作效能較高；反之則較低。當研究者採用等距尺度相關作爲文化契合指標時，是假設當組織價值觀與個人價值觀成正相關時，個人的工作效能較高；反之則較低。

依據文化契合的意涵，不及與超過皆屬於不契合的情況，所以研究者若採取代數差和，較有違契合的真正意義，因此，代數差和並非良好的契合指標。就等距尺度相關而言，則可能存有相關係數雖同，但原始分數確有顯著差距的情況。因此，比較之下，絕對差和或平方差和不但較能表達契合的意義，而且也能顧及原始分數的影響，應是測量契合的較佳指標（任金剛，1996）。

階段四：效度係數的建立

在效標的選擇方面，可以工作態度、工作行為、或工作績效作為預測效標。在工作態度方面，包括組織承諾、離職傾向、及工作滿足等變項；在工作行為方面，包括離職行為與組織公民行為等效標變項；在工作績效方面則可以個人自評績效、個人的成就發展、以及實際績效如考績等為效標變項。透過契合指標與效標變項間的相關分析，就可掌握文化式甄選策略的效度係數。

總之，選用適當的價值項目、剖面圖測量、契合指標及效標，就有助於提高組織價值與個人價值等衡鑑技術的效度。根據此項效度，甄選人就能透過個人價值的測量，選擇價值觀類似的應徵者進入組織，而可收人盡其才之效。

結論：超越人與工作契合的觀點

企業組織在邁入二十一世紀的過程中，最需克服的問題是企業環境的變動。就企業的外在環境而言，二十一世紀是企業國際化與全球化的年代。企業必須貼近市場，不斷在海外活動：或藉由企業併購、合併，或透過聯合投資的策略，來擴充企業的海外版圖，如此企業體才能存活。在此情況下，企業所需的優秀人才條件就可能迴異於以前環境穩定時的標準，也因此企業在人員甄選的策略上就必須有所更迭。例如許多美國跨國公司發現，旅美華人是最適合派往大陸的工作成員人選。因爲這些華人具備西方的教育背景與工作經驗，具有與本公司組織文化類似的價值觀；有關鍵的語言能力，對華人文化亦有深刻地理解（樊景立, 梁覺, 謝貴枝, 1998）。顯然地，這樣的想法已經超出了 KSAs 的概念，而突顯出文化式甄選策略的特色。

由此可見，當企業進行國際化時，需要多元化的人力，才能使海外企業順利運轉，其中尤以總公司的派外人員最爲重要。但總公司對派外人員的管理常有鞭長莫及的窘境，不但難以規範業務內容，而且無法透過正式制度加以約束。因此，若要有效因應此問題，則需從人事甄選的角度切入，以文化式的甄選策略來作爲問題解決的基礎。藉由個人與組織文化契合的功能，以提高成員的認同感、促進成員間人際的互動、提升成員行爲的預測力、使成員衍生內在工作動機、並促進成員間的合作行爲，以內化的規範來作爲企業管理與控制的主軸，而非科層制度與正式結構。

就企業的內在環境而言，二十一世紀的企業組織也將發生重大的變革：在組織設計方面，動態組織（dynamic networks）、虛擬組織(virtual corporation)、及組合機構（modular corporation）的概念相繼出現，組織結構漸趨扁平化，業務功能趨於專業化，而管理與控制則更趨向自主化。

在製造技術方面，則從傳統的製造技術走向半自動，再轉變爲全自動化或整合型製造（integrated manufacturing）技術。這種製造技術典範的演化，改變了員工的工作特徵、工作環境，甚至管理的方式。同時網際網路的崛起，也改變了組織的溝通方式與溝通型態。

基於組織結構、製造技術、以及傳播科技的改變，組織成員的工作環境以及工作條件也隨之不同，導致工作內容、工作要求、以及工作目標發生重大的變異。企業內的工作變得更爲複雜，需要更有技術、概念、分析、及問題解決能力的員工（Helfgott, 1988），於是技術工作者轉型爲知識工作者（knowledge workers）（Zammuto & Oconnor, 1992）、員工的工作職責也從單純的勞力貢獻（physical work）走向複雜的問題解決（Snell & Dean, 1992）。

此外，員工所接受到的督導性降低了，團體的界線變得模糊，工作的自主性提升了，工作所需的知識與技能增加了，工作責任區擴大了，但所面對的反應不確定性（response uncertainty）卻升高了。凡此種種，導致了工作充滿著無可預測的動態性變化。也因此，透過人與工作契合的觀點來甄選人員，可能不再像以前環境穩定時那麼有效。而必須從文化價值等較爲持久的因素上著手，分析個人的價值與組織文化的契合度，才較有可能適應環境的變動與工作的變異。

總之，雖然過去結構式的策略在人員甄選上，已經比直覺式的策略更爲有效，也更爲準確。然而人與工作契合的概念仍然過於狹隘，忽略了許多應該考慮的組織情境要素。尤其在面對二十一世紀的巨大變化，工作充滿了無限的複雜性與測不準性；在全球化的浪潮下，文化多樣性（culture diversity）變成人力資源管理的主要焦點。因此，傳統的人員甄選策略必須有所更新，我們必須跳脫人與工作契合的窠臼，從人與文化契合的角度去仔細思考衡鑑技術與人員甄選的議題，才能因應未來嚴酷的挑戰。

參考文獻

丁虹（1987）：《企業文化與組織承諾之關係》，國立政治大學企業管理研究所博士論文。

任金剛（1996）：《組織文化、組織氣候、及員工效能：一項微觀的探討》，國立台灣大學商學研究所博士論文。

黃國隆、陳惠芳（1998）：＜資訊技術、組織價值觀與組織承諾之關係＞，《管理學報》，15 卷 3 期：343-366。

郭建志（1992）：《組織價值觀與個人效能：符合度研究途徑》，國立台灣大學心理學研究所碩士論文。

樊景立、梁覺、謝貴枝（1998）：＜跨越九七香港人力資源管理所面臨的挑戰＞，鄭伯壎、黃國隆、郭建志主編，《海峽兩岸之人力資源管理》，台北：遠流出版社。

鄭伯壎（1990）：＜組織文化價值觀的數量衡鑑＞。《中華心理學刊》，32 期：31-49。

鄭伯壎（1992）：《有效組織文化的探討：組織價值觀一致性與成員效能的關係》，行政院國家科學委員會專題研究計畫成果報告。

鄭伯壎（1993）：<組織價值觀與組織承諾、組織公民行爲、工作績效關係：不同加權模式、差距模式之比較>，《中華心理學刊》，35卷1期：43-58。

鄭伯壎、郭建志（1993）：<組織價值觀與個人工作效能：符合度研究途徑>，《中央研究院民族學研究所集刊》，75期：69-103。

Anastasi, A., （1988）. **Psychological testing (6th ed.).** New York：Macmillan.

Ashforth, B. and Mael, F.（1989）. Social identity theory and the organization. **Academy of Management Review, 14**: 20-39.

Bass, B. M. and Barrett G. V.,（1981）. **People, work, and organizations (2nd ed.).** Boston: Allyn & Bacon.

Beach, L. R.（1990）. **Image theory：Decision making in personal and organizational contexts.** Chichester：John Wiley.

Betz, M. and Judkins, B.（1975）. The impact of voluntary association characteristics on selective attraction and socialization. **The Sociological Quarterly,** 16: 228-240.

Binning, J. F and Barrett G. V. (1989) . Validity of personnel decisions：A conceptual analysis of the inferential and evidential bases. **Journal of Applied Psychology,** 70: 442-450.

Blum, M. L. and Naylor J. C. (1968) . **Industrial psychology, its theoretical and social foundations (Rev. ed.).** New York：Harper & Row.

Borman, W. C.(1982). Validity of behavioral assessment for predicting military recruiter performance. **Journal of Applied Psychology,** 67: 3-9.

Bowen, D. E., Ledford G. E., G. E., and Nathan B. R （1991）. Hiring for the organization not the job. **Academy of Management Executive,** 5: 35-51.

Bretz, R. D., Ash R. A., and Dreher G. F (1989) . Do people make the place ? An examination of the attraction-selection-attrition hypothesis. **Personnel Psychology,** 42: 561-581.

Brewer, M. B. (1988) . A dual process model of impression formation. In T.K. Scrull & R. S. Wyer, Jr.(Eds.), **Advances in social cognition.** Hillsdale, NJ：Erebaum.

Burke, R. J. and Deszca E. (1982). Preferred organizational climates of Type A individuals. **Journal of Vocational Behavior,** 21: 50-59.

Cable, D. M. and Judge T. A.（1994）. Pay preferences and job search decisions：A person-organization fit perspective. **Personnel Psychology**, 47: 317-348.

Cameron, K. and Freeman S.（1989）. **Cultural congruence, strength, and type：Relationships to effectiveness.** Presentation to the Academy of Management Annual Convention, August 1989, Washington, DC.

Campbell, J. P.（1990）. Modeling the performance prediction problem in industrial and organizational psychology. In M. D. Dunnette and L. M. Hough(Eds.), **Handbook of industrial and organizational psychology(2nd ed.**, Vol.1, 687-782). Palo Alto, CA：Consulting Psychologist Press.

Cascio, W. F.（1987）. **Costing human resources：The financial impact of behavior in organization**(2nd ed.). Boston, MA：PWS-Kent

Cascio, W. F.（1991）. *Costing human resources*：**The financial impact of behavior in organizations(3rd ed.)**. Boston：PWS-Kent.

Cascio, W. F.（1998）. **Applied psychology in human resource management (5th ed.)**. Englewood, Cliffs, NJ：Prentice-Hall.

Cesare, S. J., Dalessio A., and Tannenbaum, R. J.（1988）. Contrast effects for black, white, and female interviewees. **Journal of Applied Social Psychology,** 18: 1261-1273.

Chatman, J.（1989）. Improving international organizational research：A model of person-organizational fit. **Academy of Management Review,** 14: 333-349.

Chatman, J.（1991）. Matching people and organizations：Selection and socialization in public accounting firms. **Administrative Science Quarterly,** 36: 459-484.

Cronbach, L. J. and Meehl, P. E.（1955）. Constructive validity in psychological tests. *Psychological Bulletin,* 52: 281-302.

Dawis, R. V. and L. H. Lofquist（1984）. **A psychological theory of work adjustment.** Minneapolis：University of Minnesota Press.

Dipboye, R. L.（1994）. Structured and unstructured selection interviews：Beyond the job-fit model. **Research in Personnel and Human Resources Management,** 12: 79-123.

Edwards, J. R.（1991）. Person-job fit：A conceptual integration, literature review, and methodological critique. In C. L. Cooper & I. Robertson (Eds.), **International review of industrial and organizational psychology,** 6: 283-357. New York: John Wiley & Sons.

Edwards, J. R.（1993）. Problems with the use of profiles similarity indices in the study of congruence in organizational research. **Personnel Psychology,** 46: 641-665.

Farr, J. L.（1973）. Response requirements and primacy-recency effects in a simulated selection interview. **Journal of Applied Psychology,** 82: 268-272.

French, J. R. P., R. D. Caplan, and R. V. Harrison.（1982）. **The mechanisms of job stress and strain.** London: Wiley.

Garb, H. N., 1989. Clinical judgement, clinical training, and professional experience. **Psychological Bulletin,** 105: 387-396.

Gaudet, F. J.（1958）. Calculating the cost of labor turnover. **Personnel,** 35(2): 31-37.

Graves, L. M. and G. N. Powell.（1988）. An investigation of sex discrimination in recruiters' evaluations of actual applicants. **Journal of Applied Psychology,** 73: 20-29.

Guion, R. M.(1965). **Personnel testing.** New York：McGraw-Hill.

Hackman, J. R. and Morris C. G.(1975). Group tasks, group interaction process, and group performance effectiveness: A review and proposed integration. In L. Berkowitz (Ed.), **Advances in experimental social psychology**, 8: 45-99, New York: Academic Press.

Hackman, J. R. and Oldham G. (1980) . **Work redesign.** Reading, MA: Addison-Wesley.

Hakel, M. D. and Schuh A. J. (1971) . Job applicant attributes judged important across seven diverse occupations. **Personnel Psychology**, 24: 45-52.

Hall, D. T., B. Schneider, and Nygren H. T. (1970) . Personal factors in organizational identification. **Administrative Science Quarterly**, 15: 176-190.

Hammond, K. R., Hamm R. M., Grassia J., and Pearson T. (1987) . Direct comparison of the efficacy of intuitive and analytic cognition in expert judgement. **IEEE Transactions on Systems, Man, and Cybernetics**, SMC-17:753-770.

Helfgott, R. B. (1988) . **Computerized manufacturing and human resources: Innovation through employee involvement.** Lexington, MA: Lexington Books.

Hunter, J. E. and Hunter R. F.（1984）. ***Validity and utility of alternative predictors of job performance. Psychological Bulletin,*** 96: 72-98.

Ilgen, D. R. and Feldman J. M.（1983）. Performance appraisal：A process focus. **Research in Organizational Behavior,** 5: 141-197.

Ivancevich, J. M. and Matteson M. T.(1984). A Type A-B person-work environment interaction model for examining occupational stress and consequences. **Human Relations,** 37: 491-513.

Jackson, S. E., Brett J. F., Sessa V. I., Cooper D. M., Julin J. A., and Peyronnin K.（1991）. Some differences make a difference: Individual dissimilarity and group heterogeneity as correlates of recruitment, promotions and turnover. **Journal of Applied Psychology,** 76: 675-689.

Johns, G.（1975）. Effects of informational order and frequency of applicant evaluation upon linear information-processing competence of interviewers. **Journal of Applied Psychology,** 60: 427-433.

Katz, D. and Kahn, R. L.（1978）. **The social psychology of organizations.** New York：Wiley.

Kinicki, A. J. and Lockwood, C. A.（1985）. The interview process：An examination of factors recruiters use in evaluating job applicants. **Journal of Vocational Behavior,** 26: 117-125.

Klimoski, R. J. and Jones, R. G.（1995）. Staffing for effective group decision making: Key issues in matching people and teams? In R. Guzzo, & E. Salas (Eds.), **Team effectiveness and decision making in organizations.** San Francisco：Jossey-Bass.

Kluckhohn, C. K. M. and Associates（1951）. Value and value organization in the theory of action: An exploration in definition and classification. In T Parsons & E. A. Shils (Eds.). **Toward a general theory of action.** Cambridge, MA: Harvard University Press.

Kristof, A. L.（1996）. Person-organization fit：an integrative review of its conceptualizations, measurement, and implications. **Personnel Psychology,** 49: 1-49.

Lock, E. A., Shaw, K. N., Saari, L. M. and G. P. Latham（1981）. Goal setting and task performance：1969-1980. **Psychological Bulletin,** 90: 125-152.

McCormick, E. J.（1979）. **Job analysis：Methods and applications.** New York：AMACON.

McCormick, E. J. and Ilgen, D. R. （1985）. **Industrial psychology(7th ed.)**. Englewood Cliffs, NJ：Prentice-Hall.

Meglino, B. M., E. C. Ravlin, and Adkins, C. L. （1989）. A work values approach to corporate culture：A field test of the value congruence process and its relationship to individual outcomes. **Journal of Applied Psychology,** 74(3): 424-432.

Meglino, B. M., Ravlin, E. C. and Adkins, C. L. （1992）. The measurement of work value congruence：A field study comparison. **Journal of Management,** 18(1): 33-43.

Messick, S.（1998）. Validity of Psychological assessment. **American Psychologist,** 50: 741-749.

Myer, M. S. and V. S. Flowers, 1974. A framework for measuring human assets. **California Management Review,** 16(4): 5-16.

Nisbett, R. E. and Ross, L.（1980）. **Human inference：Strategies and shortcomings of social judgement**. Englewood Cliffs, NJ：Prentice-Hall.

Organ, D. W.（1988）. **Organizational citizenship behavior：The good soldier syndrome**. Lexington, MA：Lexington Books.

O'Reilly, C. A. and D. F. Caldwel（1981）. The commitment and job tenure of new employees：Some evidence of post-decisional justification. **Administrative Science Quarterly,** 26: 597-616.

Parsons, T.（1951）.**The social system**. New York：Free Press.

Paunonen, S. V. and D. N. Jackson.（1987）. Accuracy of interviewers and students in identifying the personality characteristics of personnel managers and computer programmers. **Journal of Vocational Behavior,** 31: 26-36.

Porter, L. W., Lawler, E. E. and Hackman, J. R.（1975）. **Behavior in organizations**. New York：McGraw-Hill.

Posner, B. Z., Kouzes, J. M. and Schmidt, W. H.（1985）. Shared values make a difference：An empirical test of corporate culture. **Human Resource Management,** 24(3): 293-309.

Robins, J.（1979）. Costing problem：Firms try newer ways to slash absenteeism as carrot and stick fail. **Wall Street Journal,** March 14: 1-35.

Rokeach, M.（1973）. **The nature of human values**. New York：Free Press.

Rothe, H. F.（1978）. Output rates among industrial employees. **Journal of Applied Psychology,** 63: 40-46.

Schein, E. H.（1990）. Organizational Culture. **American Psychologist,** 45(2):109-119.

Schein, E. H.（1985/1992）. **Organizational culture and leadership.** San Francisco：Jossey-bass.

Sigelman, L.（1975）. Reporting the news: An organizational analysis. **American Journal of Sociology,** 79: 132-151.

Smith, M. and George, D.（1992）. Selection methods. **International Review of Industrial and Organizational Psychology,** 7: 55-97.

Snell, S. A. andW. Dean, J.（1992）. Integrated manufacturing and human resource management: A human capital perspective. **Academy of Management Journal,** 35(3): 467-504.

Snyder, M.（1984）. When belief creates reality. In L. Berkowitz(Ed.), **Advances in experimental social psychology,** 17:248-299. Orlando, FL：Academic Press.

Society for Industrial and Organizational Psychology.（1987）. **Principles for the validation and use of personnel selection procedures.** College Park, MD：Author.

Springbett, B.M.（1954）. **Series effects in the employment interview.** Unpublished doctoral dissertation, McGill University.

Staw, B. M.（1980）. The consequences of turnover. **Journal of Occupational Behavior**, 1: 253-273.

Stuit, D. B. and Wilson, J. T.（1946）. The effect of an increasingly well defined criterion on the prediction of success at naval training school(tactical radar). **Journal of Applied Psychology**, 30: 614-623.

Trice. H. M. and Beyer, J. M.（1993）. **The cultures of work organization**. Englewood Cliffs, NJ：Prentice-Hall.

Tsui, A. S., T. D. Egan, and O'Reilly, C. A.（1992）. Being different: Relational demography and organizational attachment. **Administrative Science Quarterly**, 37: 549-579.

Tsui, A. S. and O'Reilly, C. A.（1989）. Beyond simple demographic effects: The importance of relational demography in superior-subordinate dyads. **Academy of Management Journal**, 32:402-423.

Tucker, D. H. and Rowe, P. M.（1977）. Consulting the application form prior to the interview：An essential step in the selection process. **Journal of Applied Psychology**, 62: 283-288.

Turban, D. B. and Keon, T. L.（1993）. Organization attractiveness: An interactional perspective. **Journal of Applied Psychology,** 78: 184-193.

Vancouver, J. B., Millsap, R. E. and A. Peters, P.（1994）. Multilevel analysis of organizational goal congruence. **Journal of Applied Psychology,** 79: 666-679.

Vancouver, J. B. and Schmitt, N. W.（1991）. An exploratory examination of person-organization fit：Organizational goal congruence. **Personnel Psychology,** 44: 333-352.

Van Maanen, J. and Schein, E.（1979）. Toward a theory of organizational socialization. In B. M. Staw & L. L. Cummings (Eds.). **Research in organizational behavior,** 1: 209-264, Greenwich, CT: JAI Press.

Wanus, J. P.（1992）. **Organizational entry：Recruitment, selection, orientation, and socialization of newcomers. (2nd ed.).** Reading, MA：Addison-Wesley.

Weldon, E. and Weingart, L. R.（1993）. Group Goals and group performance. **British Journal of Social Psychology,** 32: 307-334.

Westbrook, F. D. and Molla, B.（1976）. Unique stereotypes for Holland's personality types, testing the traits attributed to men and women in Holland's typology. **Journal of Vocational Behavior**, 9:21-30.

Wiesner, W. H. and Cronshaw, S. F.（1988）. The moderating impact of interview format and degree of structure on interview validity. **The Journal of Occupational Psychology**, 61: 275-290.

Zammuto, R. F. and O'Connor, E. J.（1992）. Gaining advanced manufacturing technologies' benefits：The roles of organization design and culture. **Academy of Management Journal**, 17(4): 701-728.

Zenger, T. R. and Lawrence, B. S.（1989）. Organizational demography: The differential effects of age and tenure distributions on technical communication. **Academy of Management Journal**, 32: 353-376.

組織文化與員工甄選（二）：遞增效度的分析

郭 建 志

私立中原大學心理學系

鄭 伯 壎　王 建 忠

國立台灣大學心理學系

本文曾發表於*中華心理學刊*，2001 年

<摘要>

雖然許多學者提出文化價值契合在組織人員甄選上的應用概念，但實證性的研究卻相當欠缺。本研究以國內一家半導體產業公司的 571 位員工為研究對象，蒐集其工作性格、文化價值契合、及個人工作效能等資料，探討工作性格與文化價值契合對員工個人工作效能的影響效果，並檢驗文化價值契合的遞增效度。結果顯示，工作性格對組織承諾、組織公民行為、自評績效、出勤狀況、及工作滿意等效標變項具有顯著的預測力，證實了工作性格與組織的適配性在人員甄選上的有效性。其次，在控制工作性格後，本研究也發現價值契合度對上述效標變項仍具有顯著的預測力，顯示價值契合對員工個人工作效能確實具有顯著的遞增效度，此意涵著組織之人員甄選內容若能將文化價值契合也納入考量，則勢必能提升組織人員甄選之預測效果。

過去二十年來，組織文化是「組織行為學」中一個重要的研究主題（O'Reilly, 1989），不論是在管理實務界或學術界，皆造成一股風潮。對組織管理實務者而言，他們深信組織所揭櫫的價值、信念、及規範，強烈影響組織的實務運作與人力資源管理，並且型塑組織的行動方向與共同願景。而在管理學術界，許多學者採用功能主義的變項（variable）論點(如 Deal & Kennedy, 1982；Denison, 1984；Peters & Waterman, 1982)，將組織文化視為獨變項，系統性的探討組織文化對組織效能、員工效能及組織策略與結構的影響效果。這種功能主義取向的研究途徑，使的管理實務界可以運用組織文化的知識，有效地來管理組織成員的工作行為，並用以解釋與預測組織效能的生成。

組織文化功能主義論者，咸認為組織成員的共享價值（shared value）是組織文化的核心運作基礎（如 Meglino, Ravlin & Adkins, 1989；O'Reilly, Chatman & Caldwell, 1991；Schein, 1985；Wiener, 1988）。藉由共享的價值，組織文化可作為成員非正式的控制系統（Pfefffer, 1981），可提升組織溝通的效率（Sathe, 1985），降低成員間的交易成本（Wilkins & Ouchi, 1983），作為成員情緒表達與社交的規範（Saffold, 1988）及強化團體的凝聚力（Boxx, Odom & Dunn, 1991）。因為價值相似的工作者，可能擁有相似的認知處理歷程，對環境刺激的分類與詮釋有共同的參考架構，因而有助於組織的內部整合（internal integration）（Schein, 1985）。一個內部整合較佳的組織，其成員通常具有較清楚的角色規範，彼此間的協調性較佳，對組織的承諾感也較高。

這種組織文化價值相似的概念，開啓了組織文化契合研究取向。文化契合論者從員工個人角度出發，強調員工價值與組織價值的相似或契合，是員工工作效能的重要影響因子（如 O'Reilly *et al.*, 1991）。基本上，此研究取向屬於互動心理學的概念延伸，認爲個人特徵及情境要素皆可影響組織成員的行爲（如 Chatman, 1989）。由此觀之，組織若要瞭解與預測成員的行爲，就應考慮員工個人價值與組織價值的契合。由於價值是一種持久的信念（Rokeach, 1973），可作爲個人行爲選擇的標準（Parsons, 1951），因此可用來引領個人的行爲，提供個人是非好惡的判斷基準。基於價值是持久性的個人特徵，因此個人與組織的價值契合，不易在短時間內產生改變，因此可用來預測與解釋成員的行爲。

文化價值契合的功能

所謂的個人與組織文化價值的契合，是指成員接受且認同組織價值的程度。當成員認同組織價值，這些價值可用來導引其行動方向，使其表現出組織所期待的行爲。再者，價值的契合，可吸引特定類型的員工進入組織（Wilkins & Ouchi, 1983），由於在相似的價值體系下工作，個人因而較願意留駐在組織（Chatman, 1991），也較易對組織產生承諾感（O'Reilly *et al.*, 1991），表現出較多的助人行爲（鄭伯壎、郭建志，1993），以及展現較高的工作動機（Posner, Kouzes & Schmidt, 1985）。由此觀之，基於個人與組織價值的契合，一方面可以降低組織的管理成本，諸如員工離職或曠職所帶來的成本；一方面又可因成員正向工作態度的展現，導致其有較佳的工作效能。上述這些結果，均有助於組織獲利水準的提升。有關組織文化價值契合與員工個人效能與組織效能之關係，如圖一所示。

爲什麼價值契合能夠導致員工的正面工作行爲？目前的一些研究結果能夠對這個問題提供若干的線索。首先，價值的契合能夠提高工作者對組織的認同，經由認同的機制與作用，工作者可以獲得工作的意義與關連性（Ashforth & Mael, 1989），在一些有關教師（Betz & Judkins, 1975）、新聞記者（Sigelman, 1975）、會計師（Chatman, 1989）及森林管理員（Hall, Schneider & Nygren, 1970）的研究顯示，當個人價值與組織價值相異的應徵者被甄選進入組織後，其組織承諾較低，且較容易離職。而價值相似的工作者，其工作滿意度較高，也較能快速適應組織環境。

其次，在理論上，共享的價值對人際互動具有正面效果，其理由是具有類似價值的組織成員擁有類似的認知歷程，對環境的解釋較爲一致；使用同樣的語言，使得彼此間的溝通較爲容易。也由於能夠降低工作互動時的不確定性、刺激負荷過高及其他種種的負面障礙 (Schein, 1985；1992)，而有助於人際活動的進行與潤滑，並進一步強化協調度、工作滿足感及組織承諾。

第三，價值一致性可以透過預測機制（prediction mechanism），使互動的雙方，提高彼此行爲的預測力，而再次強化了個人的滿足感與組織承諾。更詳細地說，當組織成員具有相似的組織價值時，彼此對組織

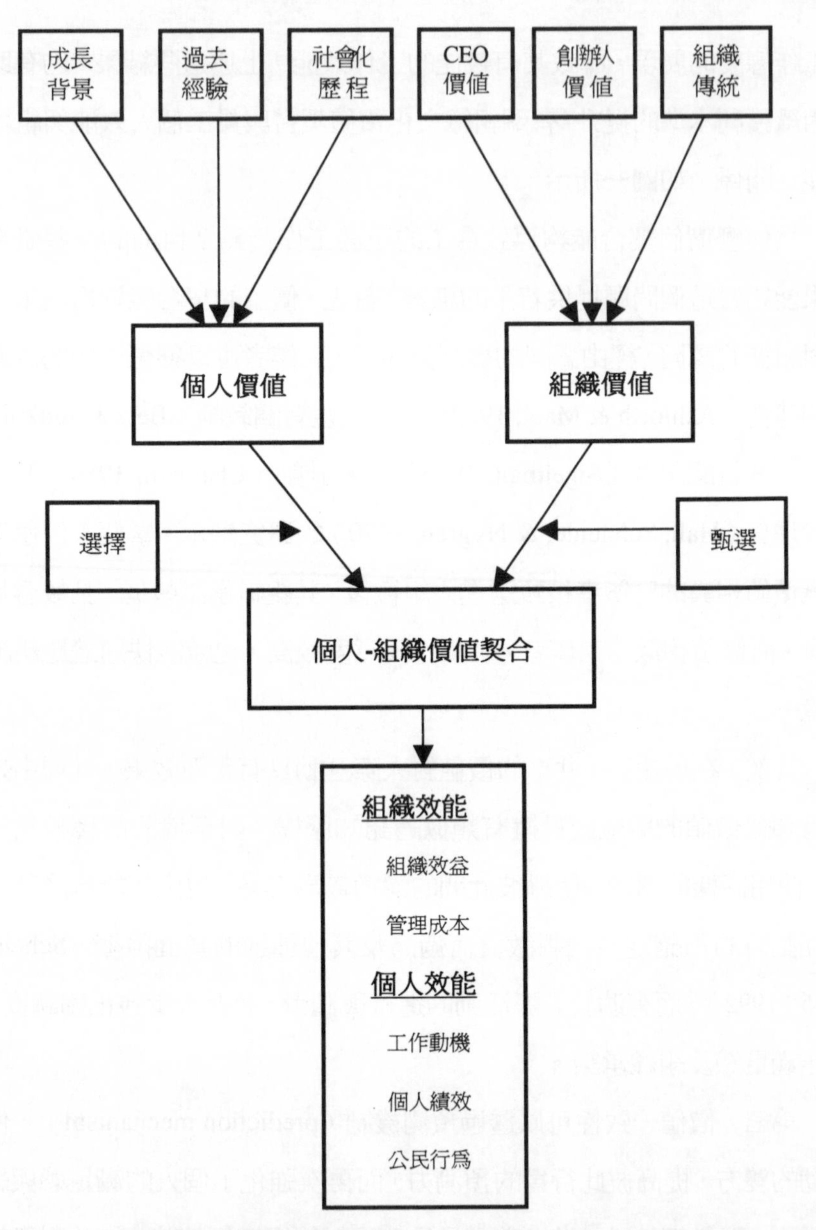

圖一：個人-組織價值契合與人員甄選（修改自鄭伯壎，1992）

內的角色期望較爲清楚，較能準確預測對方的行爲，而可以降低角色模糊（role ambiguity）與角色衝突（role conflict）（Katz & Kahn, 1978）。

第四、員工在具有相似價值或管理哲學的組織中工作，可以爲工作提供意義化的理由，而衍生出內在的工作動機，並成爲組織力量(organizational strength)的來源。有研究發現，個人與組織價值的契合與其個人的成就發展有顯著正相關（Posner *et al.*, 1985），這隱涵著價值契合的確可以爲員工提供工作的方向、目標及力量，並激發個人的工作動機，進而促進工作成就與生涯發展。

第五、價值契合提供組織成員共同的信念、理念、規範及思考架構，能加速共識的形成，進而產生合作行爲，提昇成員的工作滿意與工作效能（Chatman, 1991）。由於價值通常具有穩定且不與時俱移的特性，因此個人與組織價值的契合不會隨時發生改變，對成員個人效能與組織效能所造成的效果也較爲持久。因此，根據理論上的推演與對過去文獻的回顧，個人與組織價值的契合對成員個人效能與組織效能具有正面效果：當員工個人與組織的價值互相契合，能夠促進個人的工作動機、較高的工作滿足、較不容易離職、表現較多公司沒有要求的角色外行爲，因而有助於個人與組織效能的提升。

當新進成員進入組織後，價值的契合將會有效的型塑其工作態度與行爲。價值的契合具有規範性統合(normative integration)的功能(Cameron & Freeman, 1989)，使組織成員樂於遵守其所認同的規範或表現組織所期待的行爲。由於成員對這些規範或期待的認同，因而能約束其行爲與態度，這是規則(rule)、科層制度(bureaucracy)及正式結構(formal structures)所無法做到的，尤其是當新進人員或組織成員遇到不熟悉的情境時，規範性統合的功能特別彰顯。例如，企業對於業務人員等邊際人員（boundary people）的管理，只能在業務範圍內來規範其行爲，許多灰色地帶是企業主管鞭長莫及的地方。但業務人員是公司的前線人員，代表公司與顧客互動，其言行舉止又與企業的形象息息相關。因此，若採取文化價值的人員控制機制，業務人員在價值契合的基礎上，便能依循組織的價值體系，展現企業所期望的行爲表現。

許多研究者（如 Organ, 1988）均認爲，任何組織系統的設計不可能完美無缺，若只依靠組織成員的角色內行爲（intrarole），可能難以有效達成組織目標，因而必須仰賴成員主動執行角色要求以外（extrarole）的行爲，以補足角色定義之不足，促進組織目標之達成。此種角色外行爲的表現，亦有賴價值的契合才能達成。總之，價值契合可激發組織成員的一體感與使命感，使組織成員瞭解工作的意義與目的，進而衍生出對組織的順從、價值內化、以及認同依附等行爲表現。

有關價值契合具有正面效果的論點，已經得到許多實證研究結果的支持（如**表一**所示）。綜合**表一**的結果，可歸納出個人與組織文化價值的契合，具有提升組織成員的組織承諾、工作滿足及組織公民行爲，降低成員的離職意願，增進成員的工作效能等正面功能。由於文化價值契合能有效用來提升員工的工作效能，因此有些學者認爲文化價值契合可用來作爲組織人員甄選的基礎（如 Chatman, 1991；O'Reilly, 1989；鄭伯壎、郭建志，2000），可應用組織文化價值的概念來設計人員甄選的工具。

表一 價值契合與個人效能的相關

研究者	契合指標	組織承諾	離職意願	工作滿足	自評績效	組織公民行為	個人成就發展
Chatman (1991)	**Q**		－	＋			
O'Reilly, Chatman, & Caldwell (1991)	**Q**	＋	－	＋			
Posner, Kouzes, &Schmidt(1985)	**Q**		－				＋
任金剛（1996）	**|D|、D′、D^2**	＋	－		＋	＋	
黃國隆、陳惠芳（1998）	**|D|**	＋					
郭建志（1992）	**|D|、Q**	＋	－	＋		＋	
鄭伯壎（1992）	**|D|、D**	＋				＋	
鄭伯壎、郭建志（1993）	**|D|、Q**	＋	－	＋		＋	

＋：正相關，－：負相關。Q：等距尺度相關，|D|：絕對差和，D′：代數差和，D：平方差和的平方根，D^2：平方差和。

文化價值契合與人員甄選

文化價值契合若要應用在組織人員甄選實務上，必須先證實其具有有效性。所謂的有效性，是指在現有的人員甄選工具條件下，文化價值契合具有遞增效度（incremental validity），能顯著增加對員工效能的預測力與解釋力，否則文化價值契合就缺乏人員甄選的實用價值（practical value）。綜觀目前組織所使用的甄選工具，大皆以工作要件（job requirement）及組織情境作爲發展的基礎，但這兩類甄選工具皆有其限制所在（鄭伯壎、郭建志，2000），因此我們認爲可從組織文化價值的概念來思考甄選工具，以提升人員衡鑑的效度。

組織若以工作要件來設計甄選工具，則其甄選標準常設定爲工作知識、工作技能、工作能力及重要個人屬性，強調個人與工作的契合（person-job fit），可使員工產生正向的工作行爲。例如員工個人的成長需求與工作所提供的成長機會能互相配合時，個人的工作動機、工作績效及工作滿足較高，曠職率與離職率則較低（Hackman & Oldham, 1980）。因此，組織選擇新進人員時，就需考慮員工個人與工作要件的適配性。

但人與工作契合的甄選方式，卻忽略了組織情境脈絡對員工個人的影響效果，它只能保證新進人員具有執行組織工作任務所需具備的工作知識、技能、能力及個人特徵，但卻無法顧及其執行工作角色的動機水準。例如，具高合作傾向的員工若進入強調個人主義的組織工作，其表現出的合作行爲較原來的個人水準低（Chatman & Barsade, 1995），可見得組織情境脈絡確實會影響成員的工作態度與行爲。工作者至職場工作，所要適應的不只是工作而已，還必須面對組織的情境脈絡，諸如組織的結構系統及工作團體等。

因此，有些組織在甄選人員時，除了工作要素的考量外，也考慮組織情境脈絡對成員的影響效果，即從個人-組織契合（person – organization fit）的觀點來建構組織的人員甄選，其中以工作性格最爲一般組織所採用（如 Bowen, Ledford, & Nathan, 1991；Tom, 1971）。以工作性格作爲組織人員甄選之考量，其基本邏輯是成員的人格特質若能配合組織性格，則其工作態度較佳，工作滿足感較高（Bretz, Ash, & Dreher, 1989）。而所謂的組織性格是指組織的薪酬體系、激勵制度、工作設計、溝通型態及生涯管理等。總言之，假若個人所處的組織情境能提供足夠的資源來滿足個人的需求，諸如個人成就感、工作尊嚴及個人目標等，則員工個人的表現較佳。

有一些間接的證據證明了上述觀點：Bretz 等人（1989）發現應徵者的成就需求會影響其對薪酬系統的偏好，高成就需求者喜歡個人式的計薪制度，而低成就需求者則偏好團體計薪制。另外，Burke 與 Deszca（1982）發現 A 型性格者偏好高標準、主動及具挑戰性的工作環境，而 B 型性格者則相反之。Tom（1971）發現工作應徵者對自我性格的描述，與他對最偏好的組織性格有較高的一致性，而與他最不偏好的組織性格有較低的一致性，顯示工作性格與組織性格的相似性會影響應徵者的求職選擇。再者，性格相似的員工若進入組織工作，他可以展現並實踐自己的自我概念（self-concept），如此有助於其工作態度與工作績效的提升。

以工作性格作爲組織人員甄選的標準，其關鍵要素在個人所處的組織能否提供足夠的資源來滿足其需求。如果組織的制度與結構產生變革，導致組織所提供的資源無法滿足員工時，則其工作態度可能會隨之改變。由此觀之，假若組織的制度與結構處在不穩定的狀態時，可能會影響工作性格的人員甄選效度。因此，就組織的人員甄選效度而言，我們認爲應加上文化價值契合的考量，以因應組織制度與結構的變動，確保人員甄選的品質。

由於文化價值契合建基在成員內化的規範信念上，具有穩定且不與時俱移的特性，如此可避免因組織資源的變動，而影響成員的工作態度與工作行爲，導致員工離職、缺勤與病假、工作態度不佳、勞工運動及集體協商等組織人力成本的提昇（Cascio, 1991）。再者，個人與組織價值契合具有提昇組織認同、促進人際間互動、降低角色模糊與角色衝突、衍生內在工作動機及促進合作行爲等正向功能，有助於個人工作效能與組織效能的提升。因此，在未來組織人員甄選實務上，應把文化價值契合作爲甄選的策略，以提昇組織人員甄選的品質。因爲從消極面來說，文化價值契合的甄選策略，可避免人員甄選的不當，導致組織成本的增加；從積極面而言，可以選用最適宜的人才進入組織，確保組織的人力素質，用以維持組織的競爭力，這對現今的企業來說，尤爲重要。

目前許多企業藉由併購、合併、聯合投資或策略聯盟的方式，來提昇其競爭優勢。在此情況下，企業的複雜性與測不準性大幅的提升，導致企業所需的優秀人才要件可能迥異於過去的標準，因而企業在人員甄選的策略上就必須有所更迭。例如許多美國跨國公司發現，旅美華人是最適合派往大陸的工作成員人選，因爲這些華人具備西方的教育背景與工作經驗，具有與本公司組織文化類似的價值，對華人文化亦有深刻地理解（樊景立、梁覺、謝貴枝, 1998）。顯然地，這樣的想法已經超出以工作要件或性格要件爲導向的甄選策略，而突顯出文化價值契合在甄選策略上的重要性。

當企業進行國際化時，常需要多元化的人力才能使海外企業順利運轉，其中尤以總公司的派外人員最爲重要。但總公司對派外人員的管理常有鞭長莫及的窘境，不但難以規範其業務內容，而且無法透過正式制度加以約束。因此，若要有效因應此問題，則可從人員甄選的角度切入，藉由文化價值契合的人員甄選策略來作爲問題解決的基礎，運用成員內化的價值與規範，作爲組織管理的運作機制。總之，傳統的個人與工作或個人與組織契合的甄選觀點，可能不再像以前環境穩定時那麼有效，我們必須從較持久的個人與組織文化價值契合的角度，仔細思考人員甄選的議題，如此才能因應未來環境的變動與挑戰。

研究目的

雖然許多學者提出文化價值契合在組織人員甄選上的應用概念，但實證性的研究卻相當欠缺，本研究旨在補足此缺口。本研究首先探討文化價值契合與工作性格對組織承諾、組織公民行爲、自評績效、出勤狀況及工作滿意等員工效能的影響效果。其次，在控制現有的人員甄選工具條件下，檢驗文化價值契合對員工效能的遞增預測效果，如此來證明文化價值契合在人員甄選上的有效性。總之，本研究的目的有二：第一，探討文化價值契合與工作性格對員工個人效能的影響效果；第二，探討文化價值契合對員工個人效能的遞增預測效度，以作爲文化價值契合未來應用在組織人員甄選的參考依據。

方法

受試者

本研究以一家民營高科技半導體產業公司爲研究對象，以其中 571 位員工爲研究樣本，其樣本組成特徵，包括性別、年齡、教育程度、職等及工作職稱等資料，如**表二**所示。

表二 樣本組成

項目	人數	百分比
性別		
男性	421	73.73%
女性	146	25.57%
未填	4	0.70%
年齡		
30 歲以下	279	48.86%
31 至 35 歲	224	39.23%
36 至 40 歲	46	8.06%
41 至 45 歲	11	1.93%
45 歲以上	6	1.05%
未填	5	0.87%
教育程度		
五專	35	6.13%
二專	87	15.24%
技術學院（含科技大學）	29	5.09%
普通大學	159	27.85%
研究所	226	39.58%
未填	35	6.13%
職等		
4	48	8.41%
5	107	18.74%
6	314	54.98%
7	89	15.59%
8	4	0.70%
9 及以上	4	0.70%
未填	5	0.88%
工作職稱		
工程師	358	62.70%
管理師	47	8.23%
其他	132	23.12%
未填	34	5.95%

研究工具

本研究之測量工具，測量下述變項：

個人與組織價值。價值量表乃研究者參考鄭伯壎(1990)、O'Reilly 等人(1991)及郭建志（1992）的量表自行編製而成。在編製的過程中，研究者依據 O'Reilly 等人(1991)的四項原則：可類推性（generality）、可區辨性（discriminability）、可讀性（readability）及非重疊性（nonredundancy）來萃取價值陳述句。爲了達至上述的淬取原則，研究者進行各個價值陳述句的因素歸類，刪除或合併語意過於接近或重複者，然後再剔除或修訂語意模糊者，並逐題討論與修定各個價值陳述句，進而確認每個陳述句的代表性、可讀性及可理解性，最後得到安定取向、專業取向、結果取向、勤奮取向、誠信取向、傳統取向及創新取向等七個價值向度，總共有 63 個價值陳述句。

此量表包括兩部分，第一部份測員工個人的價值，第二部份測組織的價值。測量方式採間接個人層次測量法（indirect individual-level measurement（Kristof, 1996），以同一受試者來測量其對個人價值與組織價值的知覺，屬於個人內的測量方式。本研究採九點量尺，量尺上標明「完全相反的價值」、「毫無關連」、「不重要」、「不太重要」、「有點重要」、「重要」、「相當重要」、「非常重要」及「最爲重要」九種選擇，而所謂的「完全相反的價值」，是指此價值陳述句與組織（或個人）所秉持的價值完全相對立；「毫無關連」則指此價值陳述句不存在於組織（或個人）的價值體系中，因此對組織（或個人）而言，此價值一點也不重要。受試者依題圈選最能代表個人意見的答案。計分時，依據受試者的反應分別給予「-1」至「7」的分數，每個受試者皆含有個人價值與組織價值分數。

將蒐集完之個人價值及組織價值資料進行因素分析，研究者採用主成份分析法來進行因素分析，以 varimax 進行直交轉軸，結果在個人價值及組織價值皆獲得專業取向、結果取向、勤奮取向、誠信取向、傳統取向及創新取向等六個價值向度。在個人價值部分，此六個因素的總變異解釋量為 64.78%，其 Cronbach's α 分別為 .85、.87、.85、.82、.80 及.70；在組織價值部分，此六個因素的總變異解釋量為 64.71%，其 Cronbach's α 分別為 .86、.84、.85、.84、.79 及.65，顯示此量表具有良好的內部一致性與因素結構的穩定度。

在契合指標的選擇方面，本研究選擇絕對差和（｜D｜）作為文化價值契合的指標，其計算公式為個人價值減去組織價值的絕對值。依據文化契合的意涵，不及與超過皆屬於不契合的情況，所以研究者選擇絕對差和不但能表達契合的意義，而且也能顧及原始分數的影響，應是測量契合的較佳指標（任金剛, 1996）。再者，本研究發現各因素契合度間的相關在.33 與.62 之間，各因素契合度與整體契合度之相關介於.63 與.79 之間，表示因素契合度間具有相當高的內部一致性。此外，將上述六個文化價值契合因素進行二秩因素分析（second-order factor analysis），結果得致單一文化價值契合因素，其因素負荷量皆大於.60，固有值爲 3.19，總變異解釋量爲 53.20%， Cronbach's α 爲 .82。由於本研究的主要目的在探討文化價值契合與工作性格對員工個人效能的相對預測效果，因此本研究對文化價值契合採取單一指標，而不採其因素來預測員工的工作效能。

工作性格。工作性格量表乃研究者依據工作分析法（job analysis），針對研究對象自行編製而成。在編製過程中，研究者以多元的方法來蒐集工作性格資料，包括：（1）團體訪談：針對研究對象之高階經理人、工程師及管理師進行最適工作性格訪談，總共進行三場 25 人次之團體訪談。（2）公司相關文獻資料收集：針對研究對象蒐集其報導資料、過去研究資料及網路上員工發表之資料，瞭解適合該公司文化的員工之可能工作性格特徵。（3）參考過去研究者所編製之工作性格測驗。研究者將蒐集完之資料進行內容分析，並萃取出工作性格陳述句，擬出初步之問卷，包括自主性、服從性、成就取向、自信心、壓力調適、反應性、合群協調、邏輯性及創造性等九個向度。此外，再經由 37 人之問卷預試結果，研究者剔除或修訂語意模糊或語意過於接近者，最後編成工作性格量表，共有 95 個題目。本研究採六點量尺，量尺上分別標明「非常不符合」至「非常符合」。

將蒐集完後的工作性格量表資料進行因素分析，研究者採用主成份分析法來進行因素分析，以 varimax 進行直交轉軸，結果獲得七個因素，分別爲成就取向、反應性、調適性、創造性、自信心、協調性及自主性等，此七個因素的總變異解釋量爲 58.98%，其 Cronbach's α

分別為 .85、.85、.77、.78、.74、.77 及.78，各因素間的相關在.31 與.66 之間，各因素與整體工作性格量表的相關介於.67 與.84 之間，顯示因素間具有相當高的內部一致性。此外，本研究以其中 120 個員工為樣本，檢驗工作性格對工作效能的預測效度，結果發現工作性格與當年度員工考績的相關達.42（$p<.001$），顯示工作性格量表具有相當良好的預測效度。

本研究將上述七個工作性格因素進行二秩因素分析（second-order factor analysis），結果獲得單一工作性格因素，其因素負荷量皆大於.67，固有值為 4.17，總變異解釋量為 59.59%，Cronbach's α 為.89。由於本研究目的在探討工作性格與文化價值契合對員工工作效能的相對預測效果，因此本研究對工作性格採取單一指標，而不採其因素來預測員工的工作效能。

組織承諾。組織承諾量表乃參考 O'Reilly 與 Chatman（1986）的量表編製而成，主要測量成員對組織的認同與投注程度。基本上，研究者選取其中的 5 個題目作為測量內容，包括「我常向我的朋友說：我服務的公司是相當理想的工作場所」、「我認為我個人的想法與公司的精神非常相似」、「我會很驕傲的告訴別人我是這個公司的一份子」、「為了公司，公司指派給我的任何工作我都願意接受」及「我願意花額外的努力，以協助公司成功」。本研究採六點量尺，量尺上分別標明「非常不符合」至「非常符合」。將蒐集完後的組織承諾量表資料進行因素分析，研究者採用主成份分析法來進行因素分析，結果獲得單一組織承諾因素，其固有值爲 3.02，總變異解釋量爲 60.45%，其 Cronbach's α爲 .83。

組織公民行為。組織公民行爲量表乃修正自郭建志（1992）的量表，主要測量成員的利他行爲（altruism），包括主動協助同仁及幫助組織達成目標等行爲。本研究選取其中五個題目來作爲測量內容，包括「我會主動提供新知或鼓勵同事進修，以激勵同仁」、「我會鼓舞士氣或製造輕鬆氣氛，以激勵同仁」、「我會主動積極爭取多數同仁的福利」、「我積極參與各種訓練，甚至下班後自費進修」及「當其他同仁工作量加重時，我會去幫忙直到他們度過難關」等。本研究採用六點量尺，量尺上分別標明「非常不符合」至「非常符合」。將蒐集完後的資料進行因素分析，研究者採用主成份分析法來進行因素分析，結果獲得單一組織公民行爲因素，其固有值爲 3.38，總變異解釋量爲 67.60%，其 Cronbach's α爲 .74。

自評績效。自評績效的測量採取主觀績效評定，由受試者自我評定其績效表現。於此題下方附有一量尺，從「1」到「10」，表示從「績效表現比同事差」到「績效表現比同事好」，受試者依此題圈選最能代表個人意見的答案。

出勤狀況。出勤狀況採主觀評定法，由受試者自我評定其出勤狀況。於此題下方附有一量尺，從「1」到「10」，表示從「出勤狀況比同事差」到「出勤狀況比同事好」，受試者依此題圈選最能代表個人意見的答案。

工作滿意。工作滿意量表採直接測量法，來測量受試者工作滿意的程度，直接測「整體來說，您對於您目前的工作是否滿意？」於此題下方附有一量尺，從「1」到「10」，表示從「非常不滿意」到「非常滿意」，受試者依此題圈選最能代表個人意見的答案。

個人背景資料。此部分的測量內容包括年齡、性別、教育程度、職等及工作性質。

研究步驟

藉由研究對象人事部門的協助，本研究得以蒐集到該公司的團體訪談資料、公司簡介、歷史資料、公司相關報導及經營哲學等檔案資料，用以編製工作性格量表，並與組織文化價值量表相互佐證。在問卷施測方面，由於團體施測有其事實上執行的困難，所以本研究委由該公司人事部門進行施測，施測完畢後再交給研究者。但在委任人事部門施測時，研究者擬了一份施測說明書，對其說明取樣與問卷施測的要點，包括：（1）樣本分配以主管、職員各 50%爲原則。（2）年資儘量在 2 年以上。（3）男女不拘但不要侷限或偏向某一性別。研究者在資料蒐集完畢後，則進行廢卷處理，將空白過多，反應偏差明顯的問卷予以剔除，然後再進行資料分析。

資料分析時，首先針對文化價值、工作性格、組織承諾及組織公民行爲進行因素分析，以獲致各量表之因素內容。此外，爲了瞭解研究變項間的關係，本研究也執行相關分析，探討個人人口統計變項、工作性格及文化價值契合等三類變項與組織承諾、工作滿意、離職意願、自評績效及組織公民行爲的關係。再者，爲了瞭解價值契合對員工個人效能是否具有遞增預測效度，本研究利用區段迴歸分析（block regression analysis）（Cliff, 1987），在控制人口統計變項與工作性格變項的前提下，驗證文化價值契合對員工個人效能的預測效果。

結果

研究變項之相關分析結果

各變項之簡單相關分析結果，如**表三**所示。由**表三**可知，在人口統計變項方面，年齡與工作性格（r =.02）及價值差距（r =-.04）的相關皆未達顯著水準，而與效標變項中的組織承諾（r =.14, p <.001）、組織公民行爲（r =.09, p <.05）及自評績效（r =.12, p<.01）皆達顯著正相關，而與出勤狀況（r =.01）及工作滿意（r =.07）的相關並不顯著，此結果顯示當員工的年齡越大，其對組織的承諾感較高，較易表現出組織公民行爲，而其績效表現也較好。性別與工作性格（r =-.06）的相關未達顯著水準，與價值差距（r =.11, p<.05）達顯著正相關，顯示男性員工比女性員工有較大的價值差距；性別與效標變項中的組織公民行爲呈顯著負相關（r =-.10, p<.05），而與其他效標變項的相關皆未達顯著水準，顯示女性員工表現出組織公民行爲的傾向較男性員工爲高。教育程

表三　各變項之相關分析

變項	平均數	標準差	A1	A2	A3	A4	A5	B1	B2	C1	C2	C3	C4	C5
個人特徵														
A1 年齡	1.66	.79												
A2 性別	1.26	.44	-.03											
A3 教育程	3.84	1.30	-.07	-.26***										
A4 職等	2.84	.87	.37***	-.29***	.51***									
A5 工作性	1.19	.39	.04	.28***	.01	.00								
預測變項														
B1 工作性	171.71	16.26	.02	-.06	.11*	.06	.05							
B2 價值差	30.06	17.28	-.04	.11*	.02	.03	.09	-.09						
效標變項														
C1 組織承	23.82	3.36	.14**	.00	-.04	.02	.12*	.43***	-.29***					
C2 公民行	22.22	3.18	.09*	-.10*	.02	.11**	.05	.59***	-.23***	.48***				
C3 自評績	8.06	1.06	.12**	.07	-.02	.07	.09	.36***	-.13**	.27***	.27***			
C4 出勤狀	8.85	1.15	.01	-.04	.02	.00	.05	.20***	-.09*	.22***	.15***	.34***		
C5 工作滿	7.86	1.43	.07	-.03	-.04	.00	.08	.17***	-.25***	.44***	.24***	.46***	.35***	

* $p<.05$, ** $p<.01$, *** $p<.001$

度與工作性格呈顯著正相關（$r = .11, p < .01$），顯示員工的教育程度越高，則其工作性格的屬性傾向就越高；教育程度與價值差距（$r = .02$）的相關未達顯著水準，且與所有效標變項的相關也皆未達顯著水準。職等與工作性格（$r = .06$）及價值差距（$r = .03$）的相關皆未達顯著水準，與效標變項中的組織公民行為（$r = .11, p < .01$）達顯著正相關，而與其他的效標變項則並不顯著，此結果顯示當員工的職等越高，則較易表現出組織公民行為。工作性質與工作性格（$r = .05$）及價值差距（$r = .09$）的相關皆未達顯著水準，與效標變項中的組織承諾（$r = .12, p < .05$）達顯著正相關，而與其他的效標變項則皆未達顯著水準，此結果顯示工程師比管理師表現出較高的組織承諾。

在預測變項方面，工作性格與價值差距（$r = -.09$）的相關未達顯著水準，與效標變項中的組織承諾（$r = .43, p < .001$）、組織公民行為（$r = .59, p < .001$）、自評績效（$r = .36, p < .001$）、出勤狀況（$r = .20, p < .001$）及工作滿意（$r = .17, p < .001$）皆呈顯著正相關，顯示員工若具有較高的工作性格屬性傾向，則其對組織的承諾感較高，較易表現出組織公民行為，績效表現較好，出勤狀況也較佳。價值差距與效標變項中的組織承諾（$r = -.29, p < .001$）、組織公民行為（$r = -.23, p < .001$）、自評績效（$r = -.13, p < .01$）、出勤狀況（$r = -.09, p < .05$）及工作滿意（$r = -.25, p < .001$）呈顯著負相關，顯示員工個人價值與組織價值差距愈大，則其對組織的承諾感愈低，較不易表現出組織公民行為，績效表現較差，出勤狀況較不佳，且其工作滿意較低。

從整個簡單相關的分析結果來看，可發現員工的年齡越大，其對組織的承諾感較高，較易表現出組織公民行爲，而其績效表現也較好；女性員工及較高職等的員工，則較易表現出組織公民行爲；工程師比管理師表現出較高的組織承諾。但整體而言，員工個人人口統計變項與效標變項間的相關雖互有顯著，但其相關係數則偏低，顯示人口統計變項與效標變項間的關係並不強。其次，本研究結果顯示，員工若具有較高的工作性格屬性傾向，則其對組織的承諾感較高，較易表現出組織公民行爲，績效表現較好，出勤狀況較佳，且其離職意願則較低，此意涵著員工的工作性格與工作效能間可能存有相當程度的關連性。此外，本結果發現工作性格與價值差距的相關不顯著，顯示此二者在概念上具有不同的建構內容。本研究也發現員工個人價值與組織價值差距愈大，則其對組織的承諾感愈低，較不易表現出組織公民行爲，績效表現則較差，出勤狀況較不佳，且其工作滿意則較低。由於本研究以絕對差和作爲契合的指標，價值差距越大，其契合度越低，因此本研究結果顯示當員工個人與組織價值契合度越高時，其組織承諾、組織公民行爲、自評績效、出勤狀況及工作滿意均較佳，顯示價值契合與員工效能間存有著正向的關連性。

區段迴歸分析結果

基於想瞭解文化價值契合與工作性格對員工個人效能（包括組織承諾、組織公民行為、自評績效、出勤狀況及工作滿意）的預測效果，以及文化價值契合對個人效能的遞增預測效度，本研究進行了區段迴歸分析，以檢驗價值契合與工作性格對員工個人效能的影響效果。在執行區段迴歸分析時，研究者針對每一個效標變項執行兩條迴歸分析，模式 A 先控制人口統計變項對效標變項的影響效果，接著再檢驗工作性格對效標變項的預測力。模式 B 除了控制人口統計變項之外，也控制工作性格對效標變項的影響效果，以瞭解價值契合對效標變項的遞增預測力與解釋力。經由此分析，可檢驗價值契合對於效標變項的遞增預測效度，其結果如**表四**所示。

在組織承諾的預測方面，在控制了人口統計變項後，可發現工作性格在模式 A 的 β 值爲.47（p <.001），區段變異解釋量（$\triangle R^2$）爲 21%（p <.001），均達顯著水準；在模式 B 的 β 值爲.44（p <.001），$\triangle R^2$ 爲 22%（p <.001），也皆達顯著水準，顯示在控制了人口統計變項後，工作性格對員工的組織承諾具有顯著的預測能力。價值差距在模式 B 的 β 值爲-.25（p <.001），$\triangle R^2$ 爲 6%（p <.001），皆達顯著水準。本研究結果顯示在控制了人口統計變項與工作性格後，價值差距對組織承諾仍具有顯著的預測力，且可增加對員工組織承諾 6%的變異解釋量。

在組織公民行爲的預測方面，在控制了人口統計變項後，可發現工作性格在模式 A 的 β 值爲.59（p <.001），$\triangle R^2$ 爲 35%（p <.001），均達顯著水準；在模式 B 的 β 值爲.59（p <.001），$\triangle R^2$ 爲 36%（p <.001），也皆達顯著水準，顯示在控制了人口統計變項後，工作性格對員工的組織公民行爲有顯著的預測力。價值差距在模式 B 的 β 值爲 -.15（p <.05），$\triangle R^2$ 爲 2%（p <.05），皆達顯著水準。本研究結果顯示在控制了人口統計變項與工作性格後，價值差距對組織公民行爲

表四　區段迴歸分析結果

預測變項	組織承諾		組織公民行為		自評績效		出勤狀況		工作滿意	
	A	B	A	B	A	B	A	B	A	B
人口統計變										
年齡	.15**	.14*	.05	.05	-.02	-.01	-.06	-.09	.04	.00
性別	-.07	-.06	-.08	-.08	-.06	-.05	-.09	-.06	-.11*	-.11*
教育程度	-.02	.00	-.07	-.06	-.16***	-.15*	-.04	-.03	-.08	-.05
職等	-.07	-.07	.09	.09	.21***	.21**	.04	.04	.01	.02
工作性質	.10*	.14**	.02	.03	.10	.10*	.08	.07	.11*	.14**
	(.03)*	(.04)*	(.02)	(.02)	(.04)**	(.05)**	(.01)	(.01)	(.02)	(.02)
工作性格	.47***	.44***	.59***	.59***	.38***	.35***	.21***	.21***	.22***	.21***
	(.21)***	(.22)***	(.35)***	(.36)***	(.14)***	(.13)***	(.04)***	(.05)***	(.05)***	(.05)***
價值差距		-.25***		-.15*		-.11*		-.11*		-.24***
		(.06)***		(.02)***		(.01)*		(.01)*		(.06)***
F 值	20.27***	22.73***	44.27***	36.66***	14.15***	11.37***	3.61**	3.67***	4.70***	7.47***
調整後 R^2	.23	.30	.42	.43	.17	.17	.04	.05	.06	.11
標準誤	2.94	2.84	4.46	4.43	1.01	1.02	1.21	1.22	1.45	1.41
df_1	6	7	6	7	6	7	6	7	6	7
df_2	377	344	354	325	378	346	378	346	379	346

括弧內的數字爲該區段的 R^2 值，* $p<.05$, ** $p<.01$, *** $p<.0.0$

仍具有顯著的預測力，且可增加對員工組織公民行爲 2%的變異解釋量。

在自評績效的預測方面，在控制了人口統計變項後，可發現工作性格在模式 A 的 β 值爲.38（$p<.001$），$\triangle R^2$ 爲 14%（$p<.001$），均達顯著水準；在模式 B 的 β 值爲.35（$p<.001$），$\triangle R^2$ 爲 13%（$p<.001$），也皆達顯著水準，顯示在控制了人口統計變項後，工作性格對員工的自評績效具有顯著的預測力。價值差距在模式 B 的 β 值爲-.11（$p<.05$），$\triangle R^2$ 爲 1%（$p<.05$），皆達顯著水準。本研究結果顯示在控制了人口統計變項與工作性格後，價值差距對自評績效仍具有顯著的預測力，且可增加對員工自評績效 1%的變異解釋量。

在出勤狀況的預測方面，在控制了人口統計變項後，可發現工作性格在模式 A 的 β 值爲.21（$p<.001$），$\triangle R^2$ 爲 4%（$p<.001$），均達顯著水準；在模式 B 的 β 值爲.21（$p<.001$），$\triangle R^2$ 爲 5%（$p<.001$），也皆達顯著水準，顯示在控制了人口統計變項後，工作性格對員工的出勤狀況具有顯著的預測力。價值差距在模式 B 的 β 值爲-.11（$p<.05$），$\triangle R^2$ 爲 1%（$p<.05$），皆達顯著水準。本結果顯示在控制了人口統計變項與工作性格後，價值差距對出勤狀況仍具有顯著的預測力，且可增加對員工出勤狀況 1%的變異解釋量。

在工作滿意的預測方面，在控制了人口統計變項後，可發現工作性格在模式 A 的 β 值爲.22（$p<.001$），$\triangle R^2$ 爲 5%（$p<.001$），均達顯著水準；在模式 B 的 β 值爲.21（$p<.001$），$\triangle R^2$ 爲 5%（$p<.001$），也皆達顯著水準，顯示在控制了人口統計變項後，工作性格對員工的工作滿意具有顯著的預測力。價值差距在模式 B 的 β 值爲-.24（$p<.001$），

$\triangle R^2$爲 6%（$p<.001$），皆達顯著水準。本研究結果顯示在控制了人口統計變項與工作性格後，價值差距對工作滿意仍具有顯著的預測力，且可增加對員工工作滿意 6%的變異解釋量。

就整個區段迴歸分析的結果而言，可發現不論是在模式 A 或模式 B，工作性格對組織承諾、組織公民行爲、自評績效、出勤狀況及工作滿意等五個效標變項皆有顯著的預測能力，且模式 A 與模式 B 的 β 值與$\triangle R^2$變化甚小，顯示工作性格對上述效標變項的預測能力，並不會受價值差距的影響，此意涵著工作性格與價值契合可能是兩個獨立的建構。此外，模式 B 旨在控制人口統計變項與工作性格後，檢驗價值契合對效標變項的預測效果，結果發現價值差距對組織承諾、組織公民行爲、自評績效、出勤狀況及工作滿意仍具有顯著的預測能力。由於本研究以絕對差和作爲契合的指標，價值差距越小，其契合度越高；價值差距越大，其契合度越低。因此，本研究結果顯示在效標變項的預測效果上，價值契合確實具有顯著的遞增預測效度，尤其是在組織承諾與工作滿意此二效標變項上，其變異解釋量的增加量皆爲 6%（$p<.001$），顯示相較於其它效標變項而言，價值契合對員工的組織承諾與工作滿意有較高的遞增解釋力。

討論

本研究的目的旨在探討文化價值契合與工作性格對員工個人效能的影響效果，並進一步檢驗價值契合的遞增預測效度，以作為文化價值契合未來應用在組織人員甄選上的參考依據。由本研究結果可知，在控制人口統計變項後，工作性格對組織承諾、組織公民行為、自評績效、出勤狀況及工作滿意等效標變項皆有顯著的預測力與解釋力，此結果證實了工作性格在組織人員甄選上的有效性，支持了 Bowen 等人（1991）、Burke 與 Deszca（1982）及 Tom（1971）的論點，當員工個人的人格特質若能配合組織性格時，則員工的個人效能則較高。此外，在控制人口統計變項與工作性格後，本研究也發現價值差距對效標變項仍具有顯著的預測力與解釋力，此意味著在員工個人效能的預測效果上，價值契合確實具有顯著的遞增預測效度，此結果也支持了 Chatman（1991）及 O'Reilly（1989）等人的論點，證實價值契合在人員甄選實務上的有效性。因為價值契合確實能有效增加解釋與預測員工的個人效能，此意涵著組織之人員甄選內容若能將文化價值契合納入考量，則勢必能提昇組織人員甄選之預測效度。

本研究結果也發現，工作性格與文化價值契合的相關並不顯著，其相關值為-.09；此外，在區段迴歸分析中，工作性格在模式 A 與模式 B 的 β 值與$\triangle R^2$變化甚小，顯示工作性格對效標變項的預測力，並不會因價值差距的影響而降低，此意涵著工作性格與價值契合可能是兩個獨立的構念，因此可同時用來預測員工的工作態度與工作行為，如此來提升組織人員甄選的預測效度。再者，我們也發現文化價值契合的遞增效度在組織承諾與工作滿意此二效標變項上特別顯著，其變異解釋量均增加 6%，顯示價值契合特別適用在員工的組織承諾與工作滿意的預測上。依據郭建志（1999）之文化價值契合與工作態度路徑分析（path analysis）結果，發現文化價值契合影響員工的道德性承諾與工具性承諾，道德性承諾與工具性承諾再影響員工的工作態度，諸如工作滿意與離職意願等。由此觀之，組織若能正確預測員工的組織承諾，勢必能進一步掌握員工的工作滿意與離職意願等工作態度，這可用來說明文化價值契合在組織人員甄選上所扮演的重要角色。

目前組織的人員甄選策略，大抵以結構式的甄選策略為主，例如強調以工作要件來設立甄選標準（如 Cascio, 1991）。有些組織則進一步採用情境式的甄選策略，例如強調以工作性格來建構組織的人員甄選內容（如 Bowen, *et al.*, 1991）。但依據本研究結果，組織若要有效地提昇人員甄選的效度，以降低組織的人事管理成本，上述的人員甄選內容組合就必須有所更新。人力資源管理實務者除了考量應徵者的工作要件與工作性格外，也必須從人與文化價值契合的角度，去仔細思考人員甄選的實質效果，如此才能提升人員甄選的預測效度。

未來的企業組織，可能常要面臨組織結構的變革、製造技術典範的移轉及文化多樣化（culture diversity）等內外在環境變動的衝擊，導致組織存有著高度的不確定性，員工在此情境下，可能會有焦慮感產生（Schein, 1985）。組織要因應此種變動，可藉由文化價值契合所提供的內化性統合規範，據以降低組織的不確定性，消彌員工的焦慮感。因爲成員可依循契合的價值內容，去思考組織有關的任務、目標及手段等方面的問題；同時，契合的價值內容亦可用來處理溝通、人際或團體關係、組織規範及其他組織行爲的課題，如此使成員不會感到無所適從或動則得咎（鄭伯壎，1993）。總而言之，價值契合不僅可作爲組織人員甄選的有效工具，亦可作爲組織變革管理與人員控制的運作機制。

組織若要導入文化價值契合的人員甄選策略，則它必須能在實務面上具體操作，如此才可彰顯其有用性（usefulness）。鄭伯壎與郭建志（2000）曾以四個階段來說明其具體之操作歷程，階段一爲個人與組織價值剖面圖（profile）的建立：當組織文化價值與個人價值經過仔細分析之後，可以選擇具有代表性的共同價值作爲量表發展的根據，接著再建立個人價值與組織價值的剖面圖。階段二爲個人價值與組織價值剖面圖的測量：可分爲直接測量法與間接測量法兩種，直接測量法是指直接詢問受試者價值契合的程度（如 Posner *et al.*, 1985），間接測量法則分別測量個人價值與組織文化價值的剖面圖（如 O'Reilly *et al.*, 1991）。

階段三爲文化契合度指標的選擇：契合指標可分成兩大類，一類是計算兩種剖面圖的差異和（sum of differences），另一類則是計算二個剖面圖的相關係數（Edwards, 1993），其中較常用的契合指標有平方差和（D^2，sum of squared difference）、絕對差和（｜D｜）、代數差和（D'，sum of algebraic differences）、以及等距尺度相關（Q）等四種指標。階段四爲效度係數的建立：在效標的選擇方面，可以工作態度、工作行爲或工作績效作爲預測效標。透過契合指標與效標變項間的分析，就可掌握文化價值契合在人員甄選上的效度係數。總之，組織若能選用適當的價值項目、剖面圖測量、契合指標及效標，將有助於提高組織價值與個人價值契合的衡鑑效度。根據此項效度，組織就能透過個人價值的測量，選擇價值類似的應徵者進入組織，而可收人盡其才之效。

在工業心理學中，許多人事測驗效度的建立，常以現有員工作爲研究樣本，此即所謂的「現任員工法」，例如工作現況法（job-status）與工作成分法（job-component）等。但一般而言，以現有員工作爲人事測驗效度建立的對象，常常會低估人事測驗的預測效能，其原因可能是現有員工經高度篩選而來，不適任員工早已離開組織等因素。由於本研究以現任員工爲研究樣本，因此在未來的研究中，研究者可以新進人員爲研究對象，用以建構一套更精確的預測效度。

雖然組織甄選價值契合的員工爲其工作，將有助於其工作效能的提升，但員工一旦進入組織，其價值可能受到組織社會化歷程（organizational socialization process）的影響，其文化價值契合度極可能產生變異。因此，在未來的研究中，可採用追蹤研究法，探討組織社會化歷程對文化價值契合的影響效果。此外，追蹤研究法尚有其附加價值，因爲縱貫式的研究可以探討文化價值契合的動態性，瞭解文化價值契合的變動歷程，如此將有助於組織實務工作者執行工作再設計（job redesign）與人力資源管理。

本研究在效標變項的測量上，採用員工自評式的主觀資料，諸如組織公民行爲、自評績效、組織承諾、工作滿意及出勤狀況等，如此可能導致預測變項與效標變項間的關係受到共同方法變異（Common Method Variance）的影響，因而無法真正區辨預測變項對效標變項的影響效果。在未來的研究中，除了採用傳統的自我報告式的員工效能測量外，應加入客觀的效標變項，諸如直接主管的績效評估、考績、實際出勤率或曠職率等效標變項。

本研究以一家高科技產業公司爲研究對象，證實文化價值契合對員工個人效能具有顯著的遞增預測效度，但本研究卻難以說明文化價值契合在產業間與組織間的可類推性。雖然組織的產業特徵及組織領導者的個人特質皆是文化價值的影響來源，但從文化價值契合的角度而言，縱使各個組織之文化內容有所不同，但只要新進人員的價值與組織價值是相契合，便能提升其工作態度與工作效能。因此，在未來的研究中，可探討不同產業或不同組織間的可類推性，以驗證文化價值契合在組織人員甄選的普遍有效性。

最後，本研究所使用的工作性格量表，是研究者針對研究對象編製而成的。基於以工作性格來指稱組織情境式的甄選內容（如 Bowen *et al.*, 1991；Tom, 1971），其理論基礎是應徵者需符合此組織的情境要件，即本文所指稱的工作性格，所以研究者特地針對此家組織，以工作分析法建構其適用的工作性格量表，以符合理論之依據。在未來的研究中，研究者可以納入其他的工作性格測驗，例如五大性格因素模型（如 Barrick & Mount, 1991）等，除了可用來瞭解與預測員工的工作態度與工作行爲外，並據以用來驗證文化價值契合在組織人員甄選的遞增效度。

參考文獻

任金剛（1996）：〈組織文化、組織氣候、及員工效能：一項微觀的探討〉。國立台灣大學商學研究所博士論文。

黃國隆、陳惠芳（1998）：〈資訊技術、組織價值觀與組織承諾之關係〉。《管理學報》，15，3，343-366。

郭建志（1992）：〈組織價值觀與個人效能：符合度研究途徑〉。國立台灣大學心理學研究所碩士論文。

郭建志（1999）：〈文化契合與效能：台灣集團企業之個案研究〉。國立台灣大學心理學研究所博士論文。

樊景立、梁覺、謝貴枝（1998）：〈跨越九七香港人力資源管理所面臨的挑戰〉。見鄭伯壎、黃國隆、郭建志（主編）：《海峽兩岸之人力資源管理》。台北：遠流出版社。

鄭伯壎（1990）：〈組織文化價值觀的數量衡鑑〉。《中華心理學刊》，32，31-49。

鄭伯壎（1992）：〈有效組織文化的探討：組織價值觀一致性與成員效能的關係〉。行政院國家科學委員會專題研究計畫成果報告。

鄭伯壎（1993）。〈組織價值觀與組織承諾、組織公民行爲、工作績效的關係：不同加權模式與差距模式之比較〉。《中華心理學刊》，35（1），43-58。

鄭伯壎、郭建志（1993）。〈組織價值觀與個人工作效能：符合度研究途徑〉。《中央研究院民族學研究所集刊》，75，69-103。

鄭伯壎、郭建志（2000）。〈衡鑑技術與人員甄選：一項新的策略〉。《中山管理評論》，8，3，399-425。

Ashforth, B., & Mael, F.(1989). Social identity theory and the organization. **Academy of Management Review,**14, 20-39.

Barrick, M. R., & Mount, M. K. (1991). The big five personality dimensions and job performance: A meta-analysis. **Personnel Psychology,** 44, 1-26.

Betz, M., & Judkins, B.(1975). The impact of voluntary association characteristics on selective attraction and socialization. **The Sociological Quarterly,** 16, 228-240.

Bowen, D. E., Ledford, G. E., Jr, & Nathan, B. R.(1991). Hiring for the organization not the job. **Academy of Management Executive,** 5, 35-51.

Boxx, W. R., Odom, R. Y., & Dunn, M. G. (1991). Organizational values and value congruency and their impact on satisfaction, commitment, and cohesion. **Public Personnel Management,** 20, 195-205.

Bretz, R. D., Jr, Ash, R. A., & Dreher, G. F.(1989). Do people make the place ? An examination of the attraction-selection-attrition hypothesis. **Personnel Psychology,** 42, 561-581.

Burke, R. J., & Deszca, E.(1982). Preferred organizational climates of Type A individuals. **Journal of Vocational Behavior,** 21, 50-59.

Cameron, K., & Freeman, S.(1989). Cultural congruence, strength, and type : Relationships to effectiveness. **Presentation to the Academy of Management Annual Convention, August 1989, Washington, DC.**

Cascio, W. F.(1991). Costing human resources：The financial impact of behavior in organizations(3rd ed.). **Boston：PWS-Kent.**

Chatman, J. A. (1989). Improving interactional organizational research: A model of person-organizational fit. **Academy of Management Review,** 14, 333-349.

Chatman, J. A. (1991). Matching people and organizations：Selection and socialization in public accounting firms. **Administrative Science Quarterly,** 36, 459-484.

Chatman, J. A., & Barsade, S. G. (1995). Personality, organizational culture, and cooperation: Evidence from a business simulation. **Administrative Science Quarterly,** 40, 423-443.

Cliff, N. (1987). **Analyzing multivariate data.** NY: Harcourt Brace Jovanovich.

Deal, T., & Kennedy, A.(1982). **Corporate cultures. Reading, MA: Addison -Wesley.**

Denison, D. R. (1984). Bringing corporate culture to the bottom line. **Organizational Dynamics,** 12, 4-22.

Edwards, J. R.(1993). Problems with the use of profiles similarity indices in the study of congruence in organizational research. **Personnel Psychology,** 46, 641-665.

Hackman, J. R., & Oldham, G.(1980). **Work redesign. Reading,** MA: Addison-Wesley.

Hall, D. T., Schneider, B., & Nygren, H. T.(1970). Personal factors in organizational identification. **Administrative Science Quarterly,** 15, 176-190.

Katz, D. & Kahn, R. L.(1978). **The social psychology of organizations.** New York：Wiley.

Kristof, A. L.(1996).Person-organization fit: an integrative review of its conceptualizations, measurement, and implications. **Personnel Psychology,** 49, 1-49.

Meglino, B. M., Ravlin, E. C., & Adkins, C. L. (1989). A work values approach to corporate culture: A field test of the value congruence process and its relationship to individual outcomes. **Journal of Applied Psychology,** 74(3), 424-432.

O'Reilly, C. A. (1989). Corporations, culture, and commitment: Motivation and social control in organizations. **California Management review,** 31(4), 9-25.

O'Reilly, C. A., & Chatman, J. A. (1986). Organizational commitment and psychological attachment: The effects of compliance, identification, and internalization on prosocial behavior. **Journal of Applied Psychology,** 71, 492-499.

O'Reilly, C. A., Chatman, J. A., & Caldwell, D. (1991). People and organizational culture: A profile comparison approach to assessing person-organization fit. **Academy of Management Journal, 34(3),** 487-516.

Organ, D. W.(1988). **Organizational citizenship behavior：The good soldier syndrome.** Lexington, MA：Lexington Books.

Parsons, T.(1951).**The social system.** New York：Free Press.

Peters, T. J., & Waterman, R. H. (1982). In search of excellence: Lessons from America's best-run companies. New York: Harper & Row

Pfeffer, J. (1981). Management as symbolic action: The creation and maintenance of organizational paradigms. In L. L. Cumming & B. M. Staw (Eds.), **Research in organizational behavior,** *3,* 1-52, Greenwich, CT: JAI Press.

Posner, B. Z., Kouzes, J. M., & Schmidt, W. H.(1985). Shared values make a difference：An empirical test of corporate culture. **Human Resource Management,** 24(3), 293-309.

Rokeach, M.(1973). **The nature of human values.** New York：Free Press.

Saffold, G. S. (1988). Culture traits, strength, and organizational performance: Moving beyond "strong" culture. **Academy of Management Review,** 13(4), 546-558.

Sathe, V. (1985). **Culture and related corporate realities.** Illinois: Homewood.

Schein, E. H.(1990). Organizational Culture. **American Psychologist,** 45(2),109-119.

Schein, E. H.(1985/1992). **Organizational culture and leadership.** San Francisco：Jossey-bass.

Sigelman, L.(1975). Reporting the news: An organizational analysis. **American Journal of Sociology,** 79, 132-151.

Tom, V. (1971). The role of personality and organizational images in the recruiting process. **Organizational Behavior and Human Performance,** 6, 573-592.

Wiener, Y. (1988). Forms of value systems: A focus on organizational effectiveness and cultural change and maintenance. **Academy of Management Review,** 13(4), 534-545.

Wilkins, A. L., & Ouchi, W. (1983). Efficient cultures: Exploring the relationship between culture and organizational performance. **Administrative Science Quarterly**, *28*, 468-481.

國家圖書館出版品預行編目資料

組織文化：員工層次的分析／鄭伯壎，郭建志，任金剛
編著．－－初版．－－臺北市：遠流，2001[民 90]
面；　公分．－－（大學館；UR032）（組織管
理系列叢書：1）

ISBN 957－32－4397－0（平裝）

1. 組織（管理）

494.2　　　　90009752